一橋大の数学

20ヵ年［第9版］

教学社編集部 編

教学社

はじめに

　本書を手にして，一橋大学合格を目指している諸君の中には，少なからず「数学」に不安を持っている方が多いと思います。そこで，数学の実力アップのための有効な方策を二つ紹介します。

　一つは，教科書や参考書の頻出例題を繰り返し解いて，基本的なテクニックや解法パターンを身につけることです。難しい問題を解くための解法の糸口を発見するには，基礎基本の充実が不可欠であることは，言うまでもありません。そのためには，教科書や参考書の頻出例題のカード（表に問題，裏に解答を記入）を作成し，休み時間や通学の際に繰り返し学習すると非常に効果的でしょう。

　もう一つは，少しレベルの高い難問を常に携行し，ああでもない，こうでもないと思考を巡らすことです。1つの問題に数日，1週間というような長い時間をかけて考えた末に，問題が解けたときの達成感は格別でしょう。その間，多くの失敗を繰り返したとしても，決して無駄な時間を過ごしたのではなく，多くの副産物を得ることができるはずです。じっくりと腰を据えて取り組むことによって，真の数学的な思考力が育まれるものなのです。

　さて，一橋大学の出題をみてみると，ほとんど毎年のように"整数の性質"と"確率"が出題されています。数学的な思考力をみるのに適した項目であるからであり，この傾向は続くものと考えられます。それだけに，本書の利用価値は非常に高く，上記の項目については，確実に得点できるように徹底的に学習しておきたいものです。

　最後に，上記のことを心掛けて実践し，数学の学力が向上したとしても，計算ミスなどはつきものです。ある程度の工夫をして計算の効率化・簡略化を図ることで計算ミスは減少しますが，もっとも大切なことは，計算ミスに気付くことです。日頃から検算を手際よくする習慣を身につけることが，計算力の養成には不可欠です。

　本書を使って学習され，数学に対するコンプレックスを取り除き，問題を解決することに喜びを感じていただくとともに，自信をもって入学試験に臨み，見事合格を勝ち取られることを心からお祈りいたします。

本書の構成と活用法

問題編

　問題編では，2004 年度〜2023 年度の 20 年間の一橋大学（前期日程）の数学の全問（102 問）および 2018 年度後期日程のデータの分析に関する 1 問（§7）を収録しました。学習しやすいように，§1 から §9 までテーマによって問題を分類しました。ただし，一橋大の問題はいくつかの分野を融合した問題がほとんどですから，最も主要なテーマと考えられる分野に分類しました。なお，§9 は現在の一橋大前期日程の出題範囲からは除外されており，参考までに掲載しています。また，A レベルから C レベルまで，問題の難易度を 3 つのランクに分けました。あくまで目安ですが，各レベルの問題数と難易度は次のとおりです。

　　A レベル：17 問。解答の方針を立てやすく，計算量も多くない問題。
　　B レベル：59 問。一橋大としての標準的問題。
　　C レベル：26 問。発展的な思考を要するか，計算量のとくに多い問題。
　　（なお，§9 の問題はレベルを省略しています）
　まずこの問題編の問題を自力で解いてみることが基本になります。

解答編

　解答編は **ポイント** と 〔解法〕から成ります。
　ポイント では問題を解くための方針や発想，基本的な考え方をできるだけ丁寧に述べました。問題を見てどうしても解き方が思い浮かばないときや解答に行き詰まったときは参考にして下さい。ただし，最初から **ポイント** に頼らず，まず自力で十分考えるようにしましょう。
　〔解法〕は「問題編」全問題の解答例を次の点に重点を置いて作成しました。

　　1　可能な限りわかりやすく丁寧な解説に努めました。そのため，計算や式変形等に冗長な部分もあるかと思います。答案にする際は，単純な計算などは省略し，簡潔に整理することも必要でしょう。
　　2　理解を助けるために必要と思われる参考図は，できるだけ多く掲載しました。
　　3　いくつかの解法が考えられるときは，さまざまな視点から解法を作成しました。問題が解けたと思っても，これらの解法をよく研究し，そこで用いられる考え方や技法・計算方法等を身につけるようにして下さい。

　なお，解答上のさまざまな注意点，発展的内容や問題の背景など参考となる事項をそれぞれ〔注〕，**参考** として随所に入れてあります。

（編集部注）本書に掲載されている入試問題の解答・解説は，出題校が公表したものではありません。

目 次

問題編

§1 整数の性質

番号	内　　　容	年度	レベル
1	$_nC_r$ を用いた不定方程式	2023 〔1〕	B
2	指数を含む不定方程式	2022 〔1〕	C
3	1000 以下の素数が 250 個以下である証明	2021 〔1〕	B
4	10^n を 2020 で割ったときの余りに関する問題	2020 〔1〕	C
5	各位の数の和に関する不等式や等式の問題	2018 〔1〕	B
6	連立不定方程式	2017 〔2〕	C
7	指数関数を含む不定方程式	2016 〔1〕	C
8	5つの数が素数になる整数問題	2014 〔1〕	C
9	方程式の整数解	2013 〔1〕	B
10	三角形の 3 辺の長さに関する整数問題	2012 〔1〕	B
11	方程式の整数解	2011 〔1〕	C
12	3 次方程式の解に関する整数問題	2010 〔1〕	B
13	方程式の整数解	2009 〔1〕	A
14	2 次方程式の解に関する整数問題	2008 〔1〕	B
15	3 次方程式の解に関する整数問題	2007 〔1〕	B
16	3 文字についての整数問題	2006 〔1〕	C
17	3 次方程式の解に関する整数問題	2005 〔1〕	B
18	図形と方程式，三角関数，整数問題	2004 〔2〕	B

　整数の性質はほとんど毎年 1 題ずつ出題され，必出といっても過言ではない。数学で好成績を挙げるためには，必ず学習しておきたい分野である。

　整数問題の特徴として，特別な知識が他の項目ほど多くないという点がある。その分，数式のみでなく言葉による論証が重視される分野であるともいえるだろう。取っつきにくいといわれる整数問題の解法にも，ある程度決まった手順はあるので，本セクションでその手順を学ぶとともに，頭の中で考えたことを数学的な文章に書き上げる練習をしてもらいたい。

1
2023年度 〔1〕　　　　　　　　　　　　Level B

n を 2 以上 20 以下の整数，k を 1 以上 $n-1$ 以下の整数とする。

$$_{n+2}C_{k+1}=2\left(_nC_{k-1}+_nC_{k+1}\right)$$

が成り立つような整数の組 $(n,\ k)$ を求めよ。

2
2022年度 〔1〕　　　　　　　　　　　　Level C

$2^a3^b+2^c3^d=2022$ を満たす 0 以上の整数 $a,\ b,\ c,\ d$ の組を求めよ。

3
2021年度 〔1〕　　　　　　　　　　　　Level B

1000 以下の素数は 250 個以下であることを示せ。

4
2020年度 〔1〕　　　　　　　　　　　　Level C

以下の問いに答えよ。

(1)　10^{10} を 2020 で割った余りを求めよ。

(2)　100 桁の正の整数で各位の数の和が 2 となるもののうち，2020 で割り切れるものの個数を求めよ。

5 　2018 年度〔1〕　　　　　　　　　　　　Level B

正の整数 n の各位の数の和を $S(n)$ で表す。たとえば
$$S(3)=3,\ S(10)=1+0=1,\ S(516)=5+1+6=12$$
である。

(1)　$n\geqq10000$ のとき，不等式 $n>30S(n)+2018$ を示せ。

(2)　$n=30S(n)+2018$ を満たす n を求めよ。

6 　2017 年度〔2〕　　　　　　　　　　　　Level C

連立方程式
$$\begin{cases} x^2=yz+7 \\ y^2=zx+7 \\ z^2=xy+7 \end{cases}$$
を満たす整数の組 $(x,\ y,\ z)$ で $x\leqq y\leqq z$ となるものを求めよ。

7 　2016 年度〔1〕　　　　　　　　　　　　Level C

$6\cdot3^{3x}+1=7\cdot5^{2x}$ を満たす 0 以上の整数 x をすべて求めよ。

8 　2014 年度〔1〕　　　　　　　　　　　　Level C

$a-b-8$ と $b-c-8$ が素数となるような素数の組 $(a,\ b,\ c)$ をすべて求めよ。

9 　2013 年度〔1〕　　　　　　　　　　　　Level B

$3p^3-p^2q-pq^2+3q^3=2013$ を満たす正の整数 $p,\ q$ の組をすべて求めよ。

10 2012 年度 〔1〕 Level B

1つの角が 120° の三角形がある。この三角形の3辺の長さ x, y, z は $x < y < z$ を満たす整数である。

(1) $x + y - z = 2$ を満たす x, y, z の組をすべて求めよ。

(2) $x + y - z = 3$ を満たす x, y, z の組をすべて求めよ。

(3) a, b を0以上の整数とする。$x + y - z = 2^a 3^b$ を満たす x, y, z の組の個数を a と b の式で表せ。

11 2011 年度 〔1〕 Level C

(1) 自然数 x, y は，$1 < x < y$ および

$$\left(1 + \frac{1}{x}\right)\left(1 + \frac{1}{y}\right) = \frac{5}{3}$$

をみたす。x, y の組をすべて求めよ。

(2) 自然数 x, y, z は，$1 < x < y < z$ および

$$\left(1 + \frac{1}{x}\right)\left(1 + \frac{1}{y}\right)\left(1 + \frac{1}{z}\right) = \frac{12}{5}$$

をみたす。x, y, z の組をすべて求めよ。

12 2010 年度 〔1〕 Level B

実数 p, q, r に対して，3次多項式 $f(x)$ を $f(x) = x^3 + px^2 + qx + r$ と定める。実数 a, c, および0でない実数 b に対して，$a + bi$ と c はいずれも方程式 $f(x) = 0$ の解であるとする。ただし，i は虚数単位を表す。

(1) $y = f(x)$ のグラフにおいて，点 $(a, f(a))$ における接線の傾きを $s(a)$ とし，点 $(c, f(c))$ における接線の傾きを $s(c)$ とする。$a \neq c$ のとき，$s(a)$ と $s(c)$ の大小を比較せよ。

(2) さらに，a, c は整数であり，b は0でない整数であるとする。次を証明せよ。
 (i) p, q, r はすべて整数である。
 (ii) p が2の倍数であり，q が4の倍数であるならば，a, b, c はすべて2の倍数である。

13 2009 年度 〔1〕 Level A

2以上の整数 m, n は $m^3 + 1^3 = n^3 + 10^3$ をみたす。m, n を求めよ。

14 2008 年度 〔1〕 Level B

k を正の整数とする。$5n^2 - 2kn + 1 < 0$ をみたす整数 n が，ちょうど1個であるような k をすべて求めよ。

15 2007 年度 〔1〕 Level B

m を整数とし，$f(x) = x^3 + 8x^2 + mx + 60$ とする。

(1) 整数 a と，0 ではない整数 b で，$f(a+bi) = 0$ をみたすものが存在するような m をすべて求めよ。ただし，i は虚数単位である。

(2) (1)で求めたすべての m に対して，方程式 $f(x) = 0$ を解け。

16 2006 年度 〔1〕 Level C

次の条件(a)，(b)をともにみたす直角三角形を考える。ただし，斜辺の長さを p，その他の 2 辺の長さを q，r とする。
  (a) p，q，r は自然数で，そのうちの少なくとも 2 つは素数である。
  (b) $p + q + r = 132$

(1) q，r のどちらかは偶数であることを示せ。

(2) p，q，r の組をすべて求めよ。

17 2005 年度 〔1〕 Level B

k は整数であり，3 次方程式
  $$x^3 - 13x + k = 0$$
は 3 つの異なる整数解をもつ。k とこれらの整数解をすべて求めよ。

18

2004 年度 〔2〕

Level B

a, b, c は整数で，$a<b<c$ をみたす。放物線 $y=x^2$ 上に 3 点 A$(a,\ a^2)$，B$(b,\ b^2)$，C$(c,\ c^2)$ をとる。

(1) ∠BAC $=60°$ とはならないことを示せ。ただし，$\sqrt{3}$ が無理数であることを証明なしに用いてよい。

(2) $a=-3$ のとき，∠BAC $=45°$ となる組 $(b,\ c)$ をすべて求めよ。

§2 場合の数・確率

番号	内　　　容	年度	レベル
19	A，B，Cの3人がさいころを順番に投げてゲームに勝つ確率	2023〔5〕	A
20	n回目に赤玉を取り出す確率	2022〔5〕	B
21	サイコロを3回投げて定積分が0になる確率	2021〔5〕	A
22	点の合計がちょうどnになる確率	2020〔5〕	B
23	9個のマスに3枚のコインを置く置き方の確率	2019〔5〕	A
24	3個のさいころの出た目の積がkとなる確率	2018〔3〕	B
25	n回の操作後，硬貨が2枚とも裏になっている確率	2016〔3〕	B
26	ある自然数と互いに素な整数の個数	2015〔1〕	B
27	正n角形の頂点から4個を選んで2本の直線を作ったときの平行になる確率	2015〔3〕	C
28	硬貨を投げるときの確率	2014〔5〕	C
29	サイコロを投げるときの確率	2013〔5〕	C
30	1の目がサイコロの上面にある確率，期待値	2012〔5〕	B
31	2人がサイコロを投げ合うときの確率	2011〔5〕	B
32	サイコロを投げるときの確率	2010〔5〕	B
33	点の移動の確率，反復試行の確率	2009〔5〕	C
34	$2n$枚のカードをn枚ずつに分ける確率	2008〔5〕	B
35	カードを取り出すときの確率	2007〔5〕	A
36	カードの数字の和・積についての確率	2006〔5〕	C
37	2人が対戦するゲームについての確率	2005〔5〕	B
38	カードを取り出すときの確率	2004〔5〕	C

　場合の数・確率も，ほぼ毎年出題されている。整数の性質とともに苦手とする受験生が多い分野で，差がつきやすい。また，計算の結果が正しいかどうかが判断しづらいため解きにくい分野でもある。数え漏れや重複を防ぐため，日頃から計算の仕方をいくつか考えたり数え上げたりして，検算する習慣をつけておこう。また，一橋大の場合の数・確率の問題は数列（主に漸化式）との融合問題であることも多い。一般の数nを含んだ問題に対する慣れも必要であり，手を着けにくいと思われるが，逆に検算はしやすいともいえる。

　場合の数・確率は「数学A」の範囲であるため，早い時期から準備が可能である。数列とともに準備を万端にしておけば，むしろ得点源にすることができるだろう。

19　2023 年度　〔5〕　　　　　　　　　　　Level　A

　A，B，Cの3人が，A，B，C，A，B，C，A，… という順番にさいころを投げ，最初に1を出した人を勝ちとする。だれかが1を出すか，全員が n 回ずつ投げたら，ゲームを終了する。A，B，Cが勝つ確率 P_A, P_B, P_C をそれぞれ求めよ。

20　2022 年度　〔5〕　　　　　　　　　　　Level　B

　中身の見えない2つの箱があり，1つの箱には赤玉2つと白玉1つが入っており，もう1つの箱には赤玉1つと白玉2つが入っている。どちらかの箱を選び，選んだ箱の中から玉を1つ取り出して元に戻す，という操作を繰り返す。

(1)　1回目は箱を無作為に選び，2回目以降は，前回取り出した玉が赤玉なら前回と同じ箱，前回取り出した玉が白玉なら前回とは異なる箱を選ぶ。n 回目に赤玉を取り出す確率 p_n を求めよ。

(2)　1回目は箱を無作為に選び，2回目以降は，前回取り出した玉が赤玉なら前回と同じ箱，前回取り出した玉が白玉なら箱を無作為に選ぶ。n 回目に赤玉を取り出す確率 q_n を求めよ。

21　2021 年度　〔5〕　　　　　　　　　　　Level　A

　サイコロを3回投げて出た目を順に a, b, c とするとき，
$$\int_{a-3}^{a+3} (x-b)(x-c)\,dx = 0$$
となる確率を求めよ。

22 2020 年度 〔5〕 Level B

n を正の整数とする。1 枚の硬貨を投げ，表が出れば 1 点，裏が出れば 2 点を得る。この試行を繰り返し，点の合計が n 以上になったらやめる。点の合計がちょうど n になる確率を p_n で表す。

(1) p_1, p_2, p_3, p_4 を求めよ。

(2) $|p_{n+1} - p_n| < 0.01$ を満たす最小の n を求めよ。

23 2019 年度 〔5〕 Level A

左下の図のような縦 3 列横 3 列の 9 個のマスがある。異なる 3 個のマスを選び，それぞれに 1 枚ずつコインを置く。マスの選び方は，どれも同様に確からしいものとする。縦と横の各列について，点数を次のように定める。

- その列に置かれているコインが 1 枚以下のとき，0 点
- その列に置かれているコインがちょうど 2 枚のとき，1 点
- その列に置かれているコインが 3 枚のとき，3 点

縦と横のすべての列の点数の合計を S とする。たとえば，右下の図のようにコインが置かれている場合，縦の 1 列目と横の 2 列目の点数が 1 点，他の列の点数が 0 点であるから，$S = 2$ となる。

(1) $S = 3$ となる確率を求めよ。

(2) $S = 1$ となる確率を求めよ。

(3) $S = 2$ となる確率を求めよ。

24　2018年度〔3〕　　　　　　　　　　　　　Level B

3個のさいころを投げる。

(1)　出た目の積が6となる確率を求めよ。

(2)　出た目の積が k となる確率が $\dfrac{1}{36}$ であるような k をすべて求めよ。

25　2016年度〔3〕　　　　　　　　　　　　　Level B

　硬貨が2枚ある。最初は2枚とも表の状態で置かれている。次の操作を n 回行ったあと，硬貨が2枚とも裏になっている確率を求めよ。

[操作]　2枚とも表，または2枚とも裏のときには，2枚の硬貨両方を投げる。
　　　　表と裏が1枚ずつのときには，表になっている硬貨だけを投げる。

26　2015年度〔1〕　　　　　　　　　　　　　Level B

　n を2以上の整数とする。n 以下の正の整数のうち，n との最大公約数が1となるものの個数を $E(n)$ で表す。たとえば
$$E(2)=1,\ E(3)=2,\ E(4)=2,\ \cdots,\ E(10)=4,\ \cdots$$
である。

(1)　$E(1024)$ を求めよ。

(2)　$E(2015)$ を求めよ。

(3)　m を正の整数とし，p と q を異なる素数とする。$n=p^m q^m$ のとき $\dfrac{E(n)}{n} \geqq \dfrac{1}{3}$ が成り立つことを示せ。

27 2015年度〔3〕 Level C

n を4以上の整数とする。正 n 角形の2つの頂点を無作為に選び，それらを通る直線を l とする。さらに，残りの $n-2$ 個の頂点から2つの頂点を無作為に選び，それらを通る直線を m とする。直線 l と m が平行になる確率を求めよ。

28 2014年度〔5〕 Level C

数直線上の点Pを次の規則で移動させる。一枚の硬貨を投げて，表が出ればPを $+1$ だけ移動させ，裏が出ればPを原点に関して対称な点に移動させる。Pは初め原点にあるとし，硬貨を n 回投げた後のPの座標を a_n とする。

(1) $a_3=0$ となる確率を求めよ。

(2) $a_4=1$ となる確率を求めよ。

(3) $n \geqq 3$ のとき，$a_n=n-3$ となる確率を n を用いて表せ。

29 2013年度〔5〕 Level C

サイコロを n 回投げ，k 回目に出た目を a_k とする。また，s_n を

$$s_n = \sum_{k=1}^{n} 10^{n-k} a_k$$

で定める。

(1) s_n が4で割り切れる確率を求めよ。

(2) s_n が6で割り切れる確率を求めよ。

(3) s_n が7で割り切れる確率を求めよ。

30 2012年度 〔5〕 Level B

最初に1の目が上面にあるようにサイコロが置かれている。その後，4つの側面から1つの面を無作為に選び，その面が上面になるように置き直す操作を n 回繰り返す。なお，サイコロの向かい合う面の目の数の和は7である。

(1) 最後に1の目が上面にある確率を求めよ。

(2) 最後に上面にある目の数の期待値を求めよ。

31 2011年度 〔5〕 Level B

AとBの2人が，1個のサイコロを次の手順により投げ合う。
　1回目はAが投げる。
　1，2，3の目が出たら，次の回には同じ人が投げる。
　4，5の目が出たら，次の回には別の人が投げる。
　6の目が出たら，投げた人を勝ちとしそれ以降は投げない。

(1) n 回目にAがサイコロを投げる確率 a_n を求めよ。

(2) ちょうど n 回目のサイコロ投げでAが勝つ確率 p_n を求めよ。

(3) n 回以内のサイコロ投げでAが勝つ確率 q_n を求めよ。

32 2010年度〔5〕 Level B

n を 3 以上の自然数とする。サイコロを n 回投げ，出た目の数をそれぞれ順に X_1, X_2, $\cdots$, X_n とする。$i=2$, 3, $\cdots$, n に対して $X_i = X_{i-1}$ となる事象を A_i とする。

(1) A_2, A_3, $\cdots$, A_n のうち少なくとも 1 つが起こる確率 p_n を求めよ。

(2) A_2, A_3, $\cdots$, A_n のうち少なくとも 2 つが起こる確率 q_n を求めよ。

33 2009年度〔5〕 Level C

X, Y, Z と書かれたカードがそれぞれ 1 枚ずつある。この中から 1 枚のカードが選ばれたとき，xy 平面上の点 P を次の規則にしたがって移動する。
- X のカードが選ばれたとき，P を x 軸の正の方向に 1 だけ移動する。
- Y のカードが選ばれたとき，P を y 軸の正の方向に 1 だけ移動する。
- Z のカードが選ばれたとき，P は移動せずそのままの位置にとどまる。

(1) n を正の整数とする。最初，点 P を原点の位置におく。X のカードと Y のカードの 2 枚から無作為に 1 枚を選び，P を，上の規則にしたがって移動するという試行を n 回繰り返す。
 (i) n 回の試行の後に P が到達可能な点の個数を求めよ。
 (ii) P が到達する確率が最大の点をすべて求めよ。

(2) n を正の 3 の倍数とする。最初，点 P を原点の位置におく。X のカード，Y のカード，Z のカードの 3 枚のカードから無作為に 1 枚を選び，P を，上の規則にしたがって移動するという試行を n 回繰り返す。
 (i) n 回の試行の後に P が到達可能な点の個数を求めよ。
 (ii) P が到達する確率が最大の点をすべて求めよ。

34 2008 年度 〔5〕 Level B

n を 3 以上の整数とする。$2n$ 枚のカードがあり，そのうち赤いカードの枚数は 6，白いカードの枚数は $2n-6$ である。これら $2n$ 枚のカードを，箱Aと箱Bに n 枚ずつ無作為に入れる。2つの箱の少なくとも一方に赤いカードがちょうど k 枚入っている確率を p_k とする。

(1) p_2 を n の式で表せ。さらに，p_2 を最大にする n をすべて求めよ。

(2) $p_1+p_2<p_0+p_3$ をみたす n をすべて求めよ。

35 2007 年度 〔5〕 Level A

1 が書かれたカードが 1 枚，2 が書かれたカードが 1 枚，…，n が書かれたカードが 1 枚の全部で n 枚のカードからなる組がある。この組から 1 枚を抜き出し元にもどす操作を 3 回行う。抜き出したカードに書かれた数を a, b, c とするとき，得点 X を次の規則(i), (ii)に従って定める。

(i) a, b, c がすべて異なるとき，X は a, b, c のうちの最大でも最小でもない値とする。

(ii) a, b, c のうちに重複しているものがあるとき，X はその重複した値とする。

$1 \leq k \leq n$ をみたす k に対して，$X=k$ となる確率を p_k とする。

(1) p_k を n と k で表せ。

(2) p_k が最大となる k を n で表せ。

36 2006 年度 〔5〕 Level C

1，2，3，4が1つずつ記された4枚のカードがある。これらのカードから1枚を抜き出し元に戻すという試行を n 回繰り返す。抜き出した n 個の数の和を X_n とし，積を Y_n とする。

(1) $X_n \leq n+3$ となる確率を n で表せ。

(2) Y_n が8で割り切れる確率を n で表せ。

37 2005 年度 〔5〕 Level B

AとBの2人があるゲームを繰り返し行う。1回ごとのゲームでAがBに勝つ確率は p，BがAに勝つ確率は $1-p$ であるとする。n 回目のゲームで初めてAとBの双方が4勝以上になる確率を x_n とする。

(1) x_n を p と n で表せ。

(2) $p = \dfrac{1}{2}$ のとき，x_n を最大にする n を求めよ。

38 2004 年度 〔5〕 Level C

n 枚のカードがあり，1枚目のカードに1，2枚目のカードに2，…，n 枚目のカードに n が書かれている。これらの n 枚のカードから無作為に1枚を取り出してもとに戻し，もう一度無作為に1枚を取り出す。取り出されたカードに書かれている数をそれぞれ x, y とする。また，k を n の約数とする。

(1) $x+y$ が k の倍数となる確率を求めよ。

(2) さらに，$k = pq$ とする。ただし，p, q は異なる素数である。xy が k の倍数となる確率を求めよ。

§3 数　列

番号	内　　容	年度	レベル
39	第1象限の格子点に番号がつけられた数列（群数列）	2023〔4〕	C
40	一般項にガウス記号を含んだ数列の和	2021〔2〕	A
41	3項間漸化式で定義された数列と平方数でない項の存在の証明	2019〔1〕	B
42	3項間漸化式と三角関数	2016〔2〕	B
43	三角関数で表された数列の和の計算	2015〔5〕〔I〕	B
44	隣接3項間漸化式，10で割ったときの余りの周期性	2010〔4〕	C
45	数列を係数とする2次関数	2007〔2〕	B
46	三角関数の最大値	2005〔3〕	C

　数列は図形，整数の性質，場合の数・確率などと融合した形で出題されることが極めて多く，本セクション以外の問題でも数列の知識を必要とする問題は多い。特に，漸化式と確率の融合問題は多く，これらは§2に収録されているのでよく練習してほしい。

39 2023年度 〔4〕 Level C

xy 平面上で，x 座標と y 座標がともに正の整数であるような各点に，下の図のような番号をつける。点 (m, n) につけた番号を $f(m, n)$ とする。

たとえば，$f(1, 1) = 1$，$f(3, 4) = 19$ である。

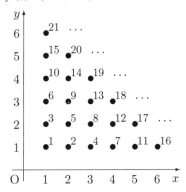

(1) $f(m, n) + f(m+1, n+1) = 2f(m, n+1)$ が成り立つことを示せ。

(2) $f(m, n) + f(m+1, n) + f(m, n+1) + f(m+1, n+1) = 2023$ となるような整数の組 (m, n) を求めよ。

40 2021年度 〔2〕 Level A

実数 x に対し，x を超えない最大の整数を $[x]$ で表す。数列 $\{a_k\}$ を

$$a_k = 2^{[\sqrt{k}]} \quad (k = 1, 2, 3, \cdots)$$

で定義する。正の整数 n に対して

$$b_n = \sum_{k=1}^{n^2} a_k$$

を求めよ。

41　2019 年度　〔1〕　　　　　　　　　　　　　Level　B

p を自然数とする。数列 $\{a_n\}$ を

$$a_1 = 1, \quad a_2 = p^2, \quad a_{n+2} = a_{n+1} - a_n + 13 \quad (n = 1, \ 2, \ 3, \ \cdots)$$

により定める。数列 $\{a_n\}$ に平方数でない項が存在することを示せ。

42　2016 年度　〔2〕　　　　　　　　　　　　　Level　B

θ を実数とし，数列 $\{a_n\}$ を

$$a_1 = 1, \quad a_2 = \cos\theta, \quad a_{n+2} = \frac{3}{2}a_{n+1} - a_n \quad (n = 1, \ 2, \ 3, \ \cdots)$$

により定める。すべての n について $a_n = \cos(n-1)\theta$ が成り立つとき，$\cos\theta$ を求めよ。

43　2015 年度　〔5〕〔Ⅰ〕　　　　　　　　　　　Level　B

数列 $\{a_k\}$ を $a_k = k + \cos\left(\dfrac{k\pi}{6}\right)$ で定める。n を正の整数とする。

(1) $\displaystyle\sum_{k=1}^{12n} a_k$ を求めよ。

(2) $\displaystyle\sum_{k=1}^{12n} a_k{}^2$ を求めよ。

44
2010 年度　〔4〕 Level C

0 以上の整数 a_1, a_2 があたえられたとき，数列 $\{a_n\}$ を

$$a_{n+2} = a_{n+1} + 6a_n$$

により定める。

(1)　$a_1 = 1$, $a_2 = 2$ のとき，a_{2010} を 10 で割った余りを求めよ。

(2)　$a_2 = 3a_1$ のとき，$a_{n+4} - a_n$ は 10 の倍数であることを示せ。

45
2007 年度　〔2〕 Level B

数列 $\{a_n\}$, $\{b_n\}$, $\{c_n\}$ を

$$a_1 = 2, \quad a_{n+1} = 4a_n$$
$$b_1 = 3, \quad b_{n+1} = b_n + 2a_n$$
$$c_1 = 4, \quad c_{n+1} = \frac{c_n}{4} + a_n + b_n$$

と順に定める。放物線 $y = a_n x^2 + 2b_n x + c_n$ を H_n とする。

(1)　H_n は x 軸と 2 点で交わることを示せ。

(2)　H_n と x 軸の交点を P_n, Q_n とする。$\sum_{k=1}^{n} P_k Q_k$ を求めよ。

46 2005 年度 〔3〕 Level C

$0°\leqq\theta<360°$ をみたす θ と正の整数 m に対して，$f_m(\theta)$ を次のように定める。

$$f_m(\theta)=\sum_{k=0}^{m}\sin(\theta+60°\times k)$$

(1) $f_5(\theta)$ を求めよ。

(2) θ が $0°\leqq\theta<360°$ の範囲を動くとき，$f_4(\theta)$ の最大値を求めよ。

(3) m がすべての正の整数を動き，θ が $0°\leqq\theta<360°$ の範囲を動くとき，$f_m(\theta)$ の最大値を求めよ。

§4 平面図形

番号	内　　　容	年度	レベル
47	必要十分条件と不等式が表す領域	2022〔3〕	B
48	三角形の成立条件と2変数関数の値域を求める問題	2021〔3〕	B
49	3個の動点が半径1の円周上にあるときの内積の最大値・最小値	2020〔3〕	C
50	ベクトルで表された点の軌跡	2019〔2〕	A
51	円と直線とで囲まれた部分の面積のとりうる値の範囲	2018〔2〕	B
52	不等式で与えられた領域の面積の最小値	2017〔4〕	B
53	正三角形の面積のとりうる値の範囲	2015〔2〕	C
54	円周上の点から点への写像	2014〔3〕	C
55	2定点と円周上の動点で作る三角形の面積の最大値	2013〔2〕	B
56	折れ線の長さの和の最小値	2011〔2〕	B
57	放物線と円が共有点をもつ条件，軌跡	2009〔3〕	C
58	正三角形を折り返すことによる点の移動	2009〔4〕	B
59	2つの不等式の表す領域の包含関係	2008〔3〕	B
60	2つの正三角形の共通部分の面積	2006〔2〕	A
61	ベクトルの大きさの最大値・最小値	2006〔3〕	C
62	図形と方程式，三角比の図形への応用	2005〔2〕	B
63	正六角形の内部の正方形・長方形の面積の最大値	2004〔1〕	B

平面図形

　ここでは，三角関数，図形と方程式，平面ベクトルなどを用いて解く平面図形の問題全般を扱う。

　ここで扱う問題は複数の解法があるものが多い。図形の特徴をしっかり捉えて解法を選ぶことが極めて重要であるが，一つの解法に固執せず，行き詰まったら別の解法も考えてみることが大切である。また，問題に図が付いていないことがほとんどなので，正確な図が自分で描けるように日頃からよく練習しておきたい。

47 2022 年度 〔3〕 Level B

次の問いに答えよ。

(1) 実数 x, y について，「$|x-y| \leq x+y$」であることの必要十分条件は「$x \geq 0$ かつ $y \geq 0$」であることを示せ。

(2) 次の不等式で定まる xy 平面上の領域を図示せよ。
$$|1+y-2x^2-y^2| \leq 1-y-y^2$$

48 2021 年度 〔3〕 Level B

次の問いに答えよ。

(1) a, b を実数とし，2 次方程式 $x^2-ax+b=0$ が実数解 α, β をもつとする。ただし，重解の場合は $\alpha=\beta$ とする。3 辺の長さが 1, α, β である三角形が存在する (a, b) の範囲を求め図示せよ。

(2) 3 辺の長さが 1, α, β である三角形が存在するとき，
$$\frac{\alpha\beta+1}{(\alpha+\beta)^2}$$
の値の範囲を求めよ。

49 2020 年度 〔3〕 Level C

半径 1 の円周上に 3 点 A，B，C がある。内積 $\overrightarrow{AB} \cdot \overrightarrow{AC}$ の最大値と最小値を求めよ。

50 2019 年度 〔2〕 Level A

原点をOとする座標平面上の点Qは円 $x^2+y^2=1$ 上の $x\geqq0$ かつ $y\geqq0$ の部分を動く。点Qと点 A$(2,\ 2)$ に対して

$$\overrightarrow{OP}=(\overrightarrow{OA}\cdot\overrightarrow{OQ})\overrightarrow{OQ}$$

を満たす点Pの軌跡を求め，図示せよ。

51 2018 年度 〔2〕 Level B

$-1\leqq t\leqq1$ とし，曲線 $y=\dfrac{x^2-1}{2}$ 上の点 $\left(t,\ \dfrac{t^2-1}{2}\right)$ における接線を l とする。半円 $x^2+y^2=1$ $(y\leqq0)$ と l で囲まれた部分の面積を S とする。S のとりうる値の範囲を求めよ。

52 2017 年度 〔4〕 Level B

正の実数 $a,\ b,\ c$ は $a+b+c=1$ を満たす。連立不等式

$$|ax+by|\leqq1,\quad |cx-by|\leqq1$$

の表す xy 平面の領域を D とする。D の面積の最小値を求めよ。

53 2015 年度 〔2〕 Level C

座標平面上の原点をOとする。点 A$(a,\ 0)$，点 B$(0,\ b)$ および点Cが

$$OC=1,\quad AB=BC=CA$$

を満たしながら動く。

(1) $s=a^2+b^2$，$t=ab$ とする。s と t の関係を表す等式を求めよ。

(2) △ABC の面積のとりうる値の範囲を求めよ。

54　2014年度　〔3〕　　　　　　　　　　　Level　C

円 $C : x^2+y^2=1$ 上の点Pにおける接線を l とする。点 $(1, 0)$ を通り l と平行な直線を m とする。直線 m と円 C の $(1, 0)$ 以外の共有点をP′とする。ただし，m が直線 $x=1$ のときはP′を $(1, 0)$ とする。

円 C 上の点 $\mathrm{P}(s, t)$ から点 $\mathrm{P}'(s', t')$ を得る上記の操作をTと呼ぶ。

(1)　s', t' をそれぞれ s と t の多項式として表せ。

(2)　点Pに操作Tを n 回繰り返して得られる点を P_n とおく。Pが $\left(\dfrac{\sqrt{3}}{2}, \dfrac{1}{2}\right)$ のとき，P_1, P_2, P_3 を図示せよ。

(3)　正の整数 n について，$\mathrm{P}_n=\mathrm{P}$ となるような点Pの個数を求めよ。

55　2013年度　〔2〕　　　　　　　　　　　Level　B

平面上の4点O，A，B，Cが

　　OA$=4$，OB$=3$，OC$=2$，$\overrightarrow{\mathrm{OB}}\cdot\overrightarrow{\mathrm{OC}}=3$

を満たすとき，△ABCの面積の最大値を求めよ。

56

点Oを中心とする半径 r の円周上に，2点A，Bを $\angle\text{AOB}<\dfrac{\pi}{2}$ となるようにとり $\theta=\angle\text{AOB}$ とおく。この円周上に点Cを，線分 OC が線分 AB と交わるようにとり，線分 AB 上に点Dをとる。また，点Pは線分 OA 上を，点Qは線分 OB 上を，それぞれ動くとする。

(1) CP＋PQ＋QC の最小値を r と θ で表せ。

(2) $a=\text{OD}$ とおく。DP＋PQ＋QD の最小値を a と θ で表せ。

(3) さらに，点Dが線分 AB 上を動くときの DP＋PQ＋QD の最小値を r と θ で表せ。

57

p, q を実数とする。放物線 $y=x^2-2px+q$ が，中心 $(p,\ 2q)$ で半径1の円と中心 $(p,\ p)$ で半径1の円の両方と共有点をもつ。この放物線の頂点が存在しうる領域を xy 平面上に図示せよ。

58

一辺の長さが2の正三角形 ABC を平面上におく。△ABC を1つの辺に関して 180° 折り返すという操作を繰り返し行う。辺 BC に関する折り返しを T_A，辺 CA に関する折り返しを T_B，辺 AB に関する折り返しを T_C とする。△ABC は，最初3点 A，B，Cがそれぞれ平面上の3点 O，B′，C′ の上に置かれているとする。

(1) T_A, T_C, T_B, T_C, T_A の順に折り返し操作を施したときの頂点Aの移り先をP とする。また，T_A, T_C, T_B, T_A, T_C, T_B, T_A の順に折り返し操作を施したときの頂点Aの移り先をQとする。$\theta=\angle\text{POQ}$ とするとき，$\cos\theta$ の値を求めよ。

(2) 整数 k, l に対して，$\overrightarrow{\text{OR}}=3k\overrightarrow{\text{OB}'}+3l\overrightarrow{\text{OC}'}$ により定められる点Rは，T_A, T_B, T_C の折り返し操作を組み合わせることにより，点Aの移り先になることを示せ。

59 2008 年度 〔3〕 Level B

a を正の実数とする。点 (x, y) が，不等式 $x^2 \leqq y \leqq x$ の定める領域を動くとき，常に $\frac{1}{2} \leqq (x-a)^2 + y \leqq 2$ となる。a の値の範囲を求めよ。

60 2006 年度 〔2〕 Level A

座標平面上に1辺の長さが2の正三角形 ABC がある。ただし，△ABC の重心は原点の位置にあり，辺 BC は x 軸と平行である。また，頂点Aは y 軸上にあって y 座標は正であり，頂点Cの x 座標は正である。直線 $y=x$ に関して3点A，B，Cと対称な点を，それぞれ A′，B′，C′ とする。

(1) C′ の座標を求めよ。

(2) △ABC と △A′B′C′ が重なる部分の面積を求めよ。

61 2006 年度 〔3〕 Level C

大きさがそれぞれ5，3，1の平面上のベクトル $\vec{a}, \vec{b}, \vec{c}$ に対して，$\vec{z} = \vec{a} + \vec{b} + \vec{c}$ とおく。

(1) $\vec{a}, \vec{b}, \vec{c}$ を動かすとき，$|\vec{z}|$ の最大値と最小値を求めよ。

(2) $\vec{a}$ を固定し，$\vec{a} \cdot \vec{z} = 20$ をみたすように $\vec{b}, \vec{c}$ を動かすとき，$|\vec{z}|$ の最大値と最小値を求めよ。

62 2005 年度 〔2〕 Level B

原点を中心とする半径 1 の円を C とし，$0 < a < 1$，$b > 1$ とする。A $(a,\ 0)$ と N $(0,\ 1)$ を通る直線が C と交わる点のうち N と異なるものを P とおく。また，B $(b,\ 0)$ と N を通る直線が C と交わる点のうち N と異なるものを Q とおく。

(1) P の座標を a で表せ。

(2) AQ∥PB のとき，AN・BN $= 2$ となることを示せ。

(3) AQ∥PB，∠ANB $= 45°$ のとき，a の値を求めよ。

63 2004 年度 〔1〕 Level B

H を 1 辺の長さが 1 の正六角形とする。

(1) H の中にある正方形のうち，1 辺が H の 1 辺と平行なものの面積の最大値を求めよ。

(2) H の中にある長方形のうち，1 辺が H の 1 辺と平行なものの面積の最大値を求めよ。

§5 空間図形

番号	内　　容	年度	レベル
64	四面体の体積の最大値	2023〔3〕	B
65	線分が通過することによってできる立体の体積	2022〔4〕	C
66	四面体の体積の最大値	2018〔4〕	B
67	空間内の3直線に対し垂線の足を順次定めていく図形と漸化式	2017〔5〕	C
68	空間内の2つの円周上にそれぞれある動点間の距離の最大・最小	2015〔4〕	B
69	球に外接する直円錐の表面積の最小値	2014〔4〕	B
70	球面上の点と原点との距離の最大値	2013〔4〕	B
71	点の軌跡，点の動きうる領域とその面積	2012〔4〕	C
72	三角形の面積に関する不等式の証明	2011〔4〕	B
73	四面体の頂点から対面に下ろした垂線の長さと交点	2010〔3〕	B
74	正四面体の辺上の点でできる三角形の面積	2008〔4〕	A

　ここでは，空間ベクトルを中心とした，空間図形の問題を扱う。

　空間図形の問題は，図形の「切り方」を見つけて適切な面の断面図を描くことがポイントとなる。そのためには，問題に記述されている条件に合った空間図形のきれいな見取り図を描くことが大切であり，また，対称性を見つけ出すということも重要であることが多い。

　中には，これとは逆に空間ベクトルを用いてほぼ計算のみで完答できるようなものもある。いずれにせよ，ベクトルの性質をよく理解しておくことが重要である。

64

2023 年度 〔3〕　　　　　　　　　　　　　　　　**Level B**

原点を O とする座標空間内に 3 点 A $(-3, 2, 0)$，B $(1, 5, 0)$，C $(4, 5, 1)$ がある。P は $|\overrightarrow{PA}+3\overrightarrow{PB}+2\overrightarrow{PC}| \leqq 36$ を満たす点である。4 点 O，A，B，P が同一平面上にないとき，四面体 OABP の体積の最大値を求めよ。

65

2022 年度 〔4〕　　　　　　　　　　　　　　　　**Level C**

t を実数とし，座標空間に点 A $(t-1, t, t+1)$ をとる。また，$(0, 0, 0)$，$(1, 0, 0)$，$(0, 1, 0)$，$(1, 1, 0)$，$(0, 0, 1)$，$(1, 0, 1)$，$(0, 1, 1)$，$(1, 1, 1)$ を頂点とする立方体を D とする。点 P が D の内部およびすべての面上を動くとき，線分 AP の動く範囲を W とし，W の体積を $f(t)$ とする。

(1) $f(-1)$ を求めよ。

(2) $f(t)$ のグラフを描き，$f(t)$ の最小値を求めよ。

66

2018 年度 〔4〕　　　　　　　　　　　　　　　　**Level B**

p，q を正の実数とする。原点を O とする座標空間内の 3 点 P $(p, 0, 0)$，Q $(0, q, 0)$，R $(0, 0, 1)$ は $\angle PRQ = \dfrac{\pi}{6}$ を満たす。四面体 OPQR の体積の最大値を求めよ。

67 2017 年度 〔5〕 Level C

xy 平面上の直線 $x=y+1$ を k, yz 平面上の直線 $y=z+1$ を l, xz 平面上の直線 $z=x+1$ を m とする。直線 k 上に点 $P_1(1,\ 0,\ 0)$ をとる。l 上の点 P_2 を $P_1P_2\perp l$ となるように定め, m 上の点 P_3 を $P_2P_3\perp m$ となるように定め, k 上の点 P_4 を $P_3P_4\perp k$ となるように定める。以下, 同様の手順で l, m, k, l, m, k, …上の点 P_5, P_6, P_7, P_8, P_9, P_{10}, …を定める。

⑴　点 P_2, P_3 の座標を求めよ。

⑵　線分 P_nP_{n+1} の長さを n を用いて表せ。

68 2015 年度 〔4〕 Level B

xyz 空間において, 原点を中心とする xy 平面上の半径 1 の円周上を点 P が動き, 点 $(0,\ 0,\ \sqrt{3})$ を中心とする xz 平面上の半径 1 の円周上を点 Q が動く。

⑴　線分 PQ の長さの最小値と, そのときの点 P, Q の座標を求めよ。

⑵　線分 PQ の長さの最大値と, そのときの点 P, Q の座標を求めよ。

69 2014 年度 〔4〕 Level B

半径 1 の球が直円錐に内接している。この直円錐の底面の半径を r とし, 表面積を S とする。

⑴　S を r を用いて表せ。

⑵　S の最小値を求めよ。

70 2013年度 〔4〕   Level B

t を正の定数とする。原点をOとする空間内に，2点 A $(2t,\ 2t,\ 0)$，B $(0,\ 0,\ t)$ がある。また動点Pは

$$\overrightarrow{OP}\cdot\overrightarrow{AP}+\overrightarrow{OP}\cdot\overrightarrow{BP}+\overrightarrow{AP}\cdot\overrightarrow{BP}=3$$

を満たすように動く。OP の最大値が3となるような t の値を求めよ。

71 2012年度 〔4〕   Level C

xyz 空間内の平面 $z=2$ 上に点Pがあり，平面 $z=1$ 上に点Qがある。直線 PQ と xy 平面の交点をRとする。

(1) P $(0,\ 0,\ 2)$ とする。点Qが平面 $z=1$ 上で点 $(0,\ 0,\ 1)$ を中心とする半径1の円周上を動くとき，点Rの軌跡の方程式を求めよ。

(2) 平面 $z=1$ 上に4点 A $(1,\ 1,\ 1)$, B $(1,\ -1,\ 1)$, C $(-1,\ -1,\ 1)$, D $(-1,\ 1,\ 1)$ をとる。点Pが平面 $z=2$ 上で点 $(0,\ 0,\ 2)$ を中心とする半径1の円周上を動き，点Qが正方形 ABCD の周上を動くとき，点Rが動きうる領域を xy 平面上に図示し，その面積を求めよ。

72 2011 年度 〔4〕 Level B

a, b, c を正の定数とする。空間内に 3 点 A $(a, 0, 0)$, B $(0, b, 0)$, C $(0, 0, c)$
がある。

⑴ 辺 AB を底辺とするとき, △ABC の高さを a, b, c で表せ。

⑵ △ABC, △OAB, △OBC, △OCA の面積をそれぞれ S, S_1, S_2, S_3 とする。た
だし, O は原点である。このとき, 不等式
$$\sqrt{3}S \geqq S_1 + S_2 + S_3$$
が成り立つことを示せ。

⑶ ⑵の不等式において等号が成り立つための条件を求めよ。

73 2010 年度 〔3〕 Level B

原点を O とする xyz 空間内で, x 軸上の点 A, xy 平面上の点 B, z 軸上の点 C を,
次をみたすように定める。
$$\angle OAC = \angle OBC = \theta, \quad \angle AOB = 2\theta, \quad OC = 3$$
ただし, A の x 座標, B の y 座標, C の z 座標はいずれも正であるとする。さらに,
△ABC 内の点のうち, O からの距離が最小の点を H とする。また, $t = \tan\theta$ とおく。

⑴ 線分 OH の長さを t の式で表せ。

⑵ H の z 座標を t の式で表せ。

74 2008 年度 〔4〕 Level A

　正四面体 OABC の 1 辺の長さを 1 とする。辺 OA を 2:1 に内分する点を P，辺 OB を 1:2 に内分する点を Q とし，$0<t<1$ をみたす t に対して，辺 OC を $t:1-t$ に内分する点を R とする。

(1)　PQ の長さを求めよ。

(2)　△PQR の面積が最小となるときの t の値を求めよ。

§6 微・積分法

番号	内　　　容	年度	レベル
75	３次関数と２次関数のグラフの両方に接する直線が存在する条件	2023〔2〕	B
76	三角形の面積の最大値	2022〔2〕	A
77	円と放物線の位置関係，放物線と接線とy軸で囲まれた部分の面積の最大値	2021〔4〕	B
78	絶対値記号が付いた定積分の計算	2020〔4〕	A
79	３次関数の接線および３次関数のグラフと接線で囲まれた部分の面積	2019〔3〕	B
80	２円に接する円の中心が三角形の１頂点である三角形の面積の最大値	2019〔4〕	B
81	２次関数と３次関数のグラフで囲まれた２つの部分の面積が等しくなる条件	2018〔5〕	A
82	２変数の対数関数の最大・最小	2017〔1〕	A
83	絶対値記号が付いた３次関数の最大値の最小	2016〔4〕	B
84	放物線と接線および２直線で囲まれた２つの部分の面積の和の最小値	2014〔2〕	A
85	２つの線分と放物線で囲まれた部分の面積の最小値	2013〔3〕	B
86	３次関数と正方形の共有点の個数	2012〔2〕	B
87	放物線上の点の移動	2012〔3〕	B
88	直線と放物線で囲まれた部分の面積の最小値	2011〔3〕	A
89	３次関数のグラフの点対称性	2010〔2〕	B
90	三角関数の最大・最小，領域，面積	2009〔2〕	B
91	直線と放物線で囲まれた部分の面積	2007〔3〕	B
92	３次関数の最大値	2007〔4〕	B
93	３次関数の接線	2006〔4〕	B
94	２つの放物線で囲まれた部分の面積	2005〔4〕	C
95	３次関数と２次関数の共通接線	2004〔4〕	B

　微・積分法の問題は比較的手を着けやすい受験生が多いだろう。しかし，一橋大の微分法の問題では，係数，定義域などに必ずといってよいほど文字定数が含まれる。文字定数の範囲による場合分けはよく練習しておかないと，方針を立てたまではよいが中盤から途方に暮れるといった事態に陥ってしまう。

　また，積分の面積計算では煩雑なものが多い。そのため，計算を省力化できる公式は必ず身につけ，限りある時間を節約できるようにしたい。

75 2023 年度 〔2〕　　　　Level B

a を正の実数とする。2 つの曲線 $C_1 : y = x^3 + 2ax^2$ および $C_2 : y = 3ax^2 - \dfrac{3}{a}$ の両方に接する直線が存在するような a の範囲を求めよ。

76 2022 年度 〔2〕　　　　Level A

$0 \le \theta < 2\pi$ とする。座標平面上の 3 点 O$(0, 0)$，P$(\cos\theta, \sin\theta)$，Q$(1, 3\sin 2\theta)$ が三角形をなすとき，△OPQ の面積の最大値を求めよ。

77 2021 年度 〔4〕　　　　Level B

$k > 0$ とする。円 C を $x^2 + (y-1)^2 = 1$ とし，放物線 S を $y = \dfrac{1}{k}x^2$ とする。

(1) C と S が共有点をちょうど 3 個持つときの k の範囲を求めよ。

(2) k が(1)の範囲を動くとき，C と S の共有点のうちで x 座標が正の点を P とする。P における S の接線と S と y 軸とによって囲まれる領域の面積の最大値を求めよ。

78 2020 年度 〔4〕　　　　Level A

$x > 0$ に対し
$$F(x) = \frac{1}{x}\int_{2-x}^{2+x} |t-x|\, dt$$
と定める。$F(x)$ の最小値を求めよ。

79 2019 年度 〔3〕 Level B

$f(x) = x^3 - 3x + 2$ とする。また，α は 1 より大きい実数とする。曲線 $C : y = f(x)$ 上の点 $P(\alpha, f(\alpha))$ における接線と x 軸の交点を Q とする。点 Q を通る C の接線の中で傾きが最小のものを l とする。

(1) l と C の接点の x 座標を α の式で表せ。

(2) $\alpha = 2$ とする。l と C で囲まれた部分の面積を求めよ。

80 2019 年度 〔4〕 Level B

原点を O とする座標平面上に，点 $(2, 0)$ を中心とする半径 2 の円 C_1 と，点 $(1, 0)$ を中心とする半径 1 の円 C_2 がある。点 P を中心とする円 C_3 は C_1 に内接し，かつ C_2 に外接する。ただし，P は x 軸上にないものとする。P を通り x 軸に垂直な直線と x 軸の交点を Q とするとき，三角形 OPQ の面積の最大値を求めよ。

81 2018 年度 〔5〕 Level A

a を実数とし，$f(x) = x - x^3$，$g(x) = a(x - x^2)$ とする。2 つの曲線 $y = f(x)$，$y = g(x)$ は $0 < x < 1$ の範囲に共有点を持つ。

(1) a のとりうる値の範囲を求めよ。

(2) $y = f(x)$ と $y = g(x)$ で囲まれた 2 つの部分の面積が等しくなるような a の値を求めよ。

82 2017 年度 〔1〕 Level A

実数 a, b は $a \geqq 1$, $b \geqq 1$, $a+b=9$ を満たす。

(1) $\log_3 a + \log_3 b$ の最大値と最小値を求めよ。

(2) $\log_2 a + \log_4 b$ の最大値と最小値を求めよ。

83 2016 年度 〔4〕 Level B

a を実数とし, $f(x) = x^3 - 3ax$ とする。区間 $-1 \leqq x \leqq 1$ における $|f(x)|$ の最大値を M とする。M の最小値とそのときの a の値を求めよ。

84 2014 年度 〔2〕 Level A

$0 < t < 1$ とし, 放物線 $C : y = x^2$ 上の点 (t, t^2) における接線を l とする。C と l と x 軸で囲まれる部分の面積を S_1 とし, C と l と直線 $x = 1$ で囲まれる部分の面積を S_2 とする。$S_1 + S_2$ の最小値を求めよ。

85 2013 年度 〔3〕 Level B

原点を O とする xy 平面上に, 放物線 $C : y = 1 - x^2$ がある。C 上に 2 点 $P(p, 1-p^2)$, $Q(q, 1-q^2)$ を $p < q$ となるようにとる。

(1) 2 つの線分 OP, OQ と放物線 C で囲まれた部分の面積 S を, p と q の式で表せ。

(2) $q = p + 1$ であるとき S の最小値を求めよ。

(3) $pq = -1$ であるとき S の最小値を求めよ。

86

2012 年度　〔2〕　　　　　　　　　　　　　　　　　Level B

a を 0 以上の定数とする。関数 $y = x^3 - 3a^2x$ のグラフと方程式 $|x| + |y| = 2$ で表される図形の共有点の個数を求めよ。

87

2012 年度　〔3〕　　　　　　　　　　　　　　　　　Level B

定数 a, b, c, d に対して，平面上の点 (p, q) を点 $(ap + bq, cp + dq)$ に移す操作を考える。ただし，$(a, b, c, d) \neq (1, 0, 0, 1)$ である。k を 0 でない定数とする。放物線 $C : y = x^2 - x + k$ 上のすべての点は，この操作によって C 上に移る。

(1) a, b, c, d を求めよ。

(2) C 上の点 A における C の接線と，点 A をこの操作によって移した点 A′ における C の接線は，原点で直交する。このときの k の値および点 A の座標をすべて求めよ。

88

2011 年度　〔3〕　　　　　　　　　　　　　　　　　Level A

xy 平面上に放物線 $C : y = -3x^2 + 3$ と 2 点 A $(1, 0)$，P $(0, 3p)$ がある。線分 AP と C は，A とは異なる点 Q を共有している。

(1) 定数 p の存在する範囲を求めよ。

(2) S_1 を，C と線分 AQ で囲まれた領域とし，S_2 を，C，線分 QP，および y 軸とで囲まれた領域とする。S_1 と S_2 の面積の和が最小となる p の値を求めよ。

89 2010 年度 〔2〕 Level B

a を実数とする。傾きが m である 2 つの直線が，曲線 $y = x^3 - 3ax^2$ とそれぞれ点 A，点 B で接している。

(1) 線分 AB の中点を C とすると，C は曲線 $y = x^3 - 3ax^2$ 上にあることを示せ。

(2) 直線 AB の方程式が $y = -x - 1$ であるとき，a，m の値を求めよ。

90 2009 年度 〔2〕 Level B

(1) 任意の角 θ に対して，$-2 \leqq x\cos\theta + y\sin\theta \leqq y + 1$ が成立するような点 (x, y) の全体からなる領域を xy 平面上に図示し，その面積を求めよ。

(2) 任意の角 α，β に対して，$-1 \leqq x^2\cos\alpha + y\sin\beta \leqq 1$ が成立するような点 (x, y) の全体からなる領域を xy 平面上に図示し，その面積を求めよ。

91 2007 年度 〔3〕 Level B

放物線 $y = ax^2 + bx$ $(a > 0)$ を C とする。C 上に異なる 2 点 P，Q をとり，その x 座標をそれぞれ p，q $(0 < p < q)$ とする。

(1) 線分 OQ と C で囲まれた部分の面積が，$\triangle$OPQ の面積の $\dfrac{3}{2}$ 倍であるとき，p と q の関係を求めよ。ただし，O は原点を表す。

(2) Q を固定して P を動かす。$\triangle$OPQ の面積が最大となるときの p を q で表せ。また，そのときの $\triangle$OPQ の面積と，線分 OQ と C で囲まれた部分の面積との比を求めよ。

92 2007 年度 〔4〕 Level B

a を定数とし，$f(x) = x^3 - 3ax^2 + a$ とする。$x \leqq 2$ の範囲で $f(x)$ の最大値が 105 となるような a をすべて求めよ。

93 2006 年度 〔4〕 Level B

a, b を正の定数とする。関数 $y = x^3 - ax$ のグラフと，点 $(0, 2b^3)$ を通る直線はちょうど 2 点 P，Q を共有している。ただし，P の x 座標は負，Q の x 座標は正である。

(1) 直線 PQ の方程式を a と b で表せ。

(2) P および Q の座標を a と b で表せ。

(3) $\angle POQ = 90°$ となる b が存在するような a の値の範囲を求めよ。ただし，O は原点である。

94 2005 年度 〔4〕 Level C

a を定数とし，x の 2 次関数 $f(x)$，$g(x)$ を次のように定める。
$$f(x) = x^2 - 3$$
$$g(x) = -2(x-a)^2 + \frac{a^2}{3}$$

(1) 2 つの放物線 $y = f(x)$ と $y = g(x)$ が 2 つの共有点をもつような a の範囲を求めよ。

(2) (1)で求めた範囲に属する a に対して，2 つの放物線によって囲まれる図形を C_a とする。C_a の面積を a で表せ。

(3) a が(1)で求めた範囲を動くとき，少なくとも 1 つの C_a に属する点全体からなる図形の面積を求めよ。

95

2004 年度 〔4〕

a は実数とし, $f(x) = x^3 + ax^2 - 8a^2x$, $g(x) = 3ax^2 - 9a^2x$ とおく。

(1) 曲線 $y = f(x)$ と $y = g(x)$ の共有点 P において両方の曲線と接する直線が存在する。このとき P の座標を a で表せ。

(2) 次の条件(i)および(ii)をみたす直線 l が 3 本存在するような点 (u, v) の範囲を図示せよ。
   (i) l は点 (u, v) を通る。
   (ii) l は曲線 $y = f(x)$ と $y = g(x)$ の共有点 P において両方の曲線と接する。

§7 データの分析

番号	内　　　容	年度	レベル
96	標準偏差に関する不等式の証明	2018(後期)〔5〕[Ⅱ]	B
97	相関係数とデータの決定	2016〔5〕[Ⅱ]	B
98	2つの変量について，分散，相関係数などを計算してデータを決定する問題	2015〔5〕[Ⅱ]	A

　2015年度の入試から導入されたデータの分析が，選択問題の1つとして出題された時期があった。いずれも分散，標準偏差，共分散，相関係数の公式を正しく使えるかをみる問題で，難しくはない。なお，二次試験におけるデータの分析は出題がごくわずかなため演習する機会がほとんどないことを踏まえて，演習量の確保を目的に後期日程で出題された問題（96）も記載した。この分野も二次試験前にはきちんと学習しておこう。

96   2018年度(後期) 〔5〕[Ⅱ]   Level B

15個の実数 x_1, x_2, $\cdots$, x_{15} からなるデータがある。このデータの平均値を $\bar{x}$, 標準偏差を s とする。

(1) $|x_i - \bar{x}| > 4s$ を満たす x_i は存在しないことを証明せよ。

(2) $|x_i - \bar{x}| > 2s$ を満たす x_i の個数は3以下であることを証明せよ。

97   2016年度 〔5〕[Ⅱ]   Level B

x は0以上の整数である。次の表は2つの科目XとYの試験を受けた5人の得点をまとめたものである。

	①	②	③	④	⑤
科目Xの得点	x	6	4	7	4
科目Yの得点	9	7	5	10	9

(1) $2n$ 個の実数 a_1, a_2, $\cdots$, a_n, b_1, b_2, $\cdots$, b_n について, $a = \dfrac{1}{n}\displaystyle\sum_{k=1}^{n} a_k$, $b = \dfrac{1}{n}\displaystyle\sum_{k=1}^{n} b_k$ とすると,

$$\sum_{k=1}^{n} (a_k - a)(b_k - b) = \sum_{k=1}^{n} a_k b_k - nab$$

が成り立つことを示せ。

(2) 科目Xの得点と科目Yの得点の相関係数 r_{XY} を x で表せ。

(3) x の値を2増やして r_{XY} を計算しても値は同じであった。このとき, r_{XY} の値を四捨五入して小数第1位まで求めよ。

データの分析

98

a, b, c は異なる 3 つの正の整数とする。次のデータは 2 つの科目 X と Y の試験を受けた 10 人の得点をまとめたものである。

	①	②	③	④	⑤	⑥	⑦	⑧	⑨	⑩
科目 X の得点	a	c	a	b	b	a	c	c	b	c
科目 Y の得点	a	b	b	b	a	a	b	a	b	a

科目 X の得点の平均値と科目 Y の得点の平均値とは等しいとする。

(1) 科目 X の得点の分散を $s_X{}^2$, 科目 Y の得点の分散を $s_Y{}^2$ とする。$\dfrac{s_X{}^2}{s_Y{}^2}$ を求めよ。

(2) 科目 X の得点と科目 Y の得点の相関係数を，四捨五入して小数第 1 位まで求めよ。

(3) 科目 X の得点の中央値が 65，科目 Y の得点の標準偏差が 11 であるとき，a, b, c の組を求めよ。

§8 その他の項目

番号	内　　　容	年度	レベル
99	$\tan\theta$ を含んだ三角方程式の解の個数	2020〔2〕	A
100	次数を決定させてから整式を求めるタイプの恒等式の問題	2017〔3〕	B
101	2つのベクトルの大きさの比のとりうる値の範囲	2016〔5〕〔I〕	C
102	3次方程式の解と係数の関係	2008〔2〕	B

　ここでは，§1〜§7に含まれない項目の問題を扱う。2次関数・2次方程式，三角比，式と証明・高次方程式，三角関数，指数・対数関数などの項目の一つを単独に扱うものである。一橋大では融合問題で出題されることが多いが，いずれにしても，すべての項目を満遍なく学習しておくことが大切である。

その他の項目

99　2020 年度　〔2〕　　　　　　　　　　　　　Level A

a を定数とし，$0 \le \theta < \pi$ とする。方程式
$$\tan 2\theta + a \tan \theta = 0$$
を満たす θ の個数を求めよ。

100　2017 年度　〔3〕　　　　　　　　　　　　Level B

$P(0) = 1$，$P(x+1) - P(x) = 2x$ を満たす整式 $P(x)$ を求めよ。

101　2016 年度　〔5〕〔 I 〕　　　　　　　　　　Level C

平面上の 2 つのベクトル $\vec{a}$ と $\vec{b}$ は零ベクトルではなく，$\vec{a}$ と $\vec{b}$ のなす角度は 60° である。このとき
$$r = \frac{|\vec{a} + 2\vec{b}|}{|2\vec{a} + \vec{b}|}$$
のとりうる値の範囲を求めよ。

102　2008 年度　〔2〕　　　　　　　　　　　　Level B

3 次方程式 $x^3 + ax^2 + bx + c = 0$ は異なる 3 つの解 p, q, r をもつ。さらに，$2p^2 - 1$，$2q - 1$，$2r - 1$ も同じ方程式の異なる 3 つの解である。a, b, c, p, q, r の組をすべて求めよ。

§9 複素数平面

番号	内　　　容	年度
103	複素数平面上にある異なる3点の位置関係	2004〔3〕

　ここで扱う問題は，現在の一橋大前期日程の出題範囲からは外れているため，受験勉強としては特に必要となるものではないが，一橋大の出題傾向を知るための参考として役立ててもらいたい。

　なお，本セクションの位置づけから，Level とポイントの表示を省略している。

103　2004年度　〔3〕

複素数平面上に異なる 3 点 z, z^2, z^3 がある。

(1) z, z^2, z^3 が同一直線上にあるような z をすべて求めよ。

(2) z, z^2, z^3 が二等辺三角形の頂点になるような z の全体を複素数平面上に図示せよ。また，z, z^2, z^3 が正三角形の頂点になるような z をすべて求めよ。

解答編

§1 整数の性質

1　2023 年度 〔1〕　　　　　　　　　　Level B

n を 2 以上 20 以下の整数，k を 1 以上 $n-1$ 以下の整数とする。
$$_{n+2}C_{k+1}=2\,(_{n}C_{k-1}+_{n}C_{k+1})$$
が成り立つような整数の組 (n, k) を求めよ。

> **ポイント**　まず $_{n}C_{r}=\dfrac{n!}{r!\,(n-r)!}$ を用いて $_{n+2}C_{k+1}=2\,(_{n}C_{k-1}+_{n}C_{k+1})$ を n, k についての
> 不定方程式に変形する。ここから，（整数）×（整数）=（整数）　……（＊）の形にできる
> かどうかを考えるのが基本だが，$4k^{2}-4nk+n^{2}-n-2=0$ から（＊）の形に変形すること
> はできないので，次に，実数条件（（実数）$^{2}\geqq0$）を用いて n, もしくは k を絞り込むこ
> とができないかを考える。さらに，n の範囲が 2 以上 20 以下であることが利用できる
> ように k について平方完成するとよい。$(2k-n)^{2}=n+2$ より通常は $(2k-n)^{2}\geqq0$ から
> $n+2\geqq0$ として n を絞ることができるが，本問では n を絞ることができないため，左辺
> が平方数より，右辺の $n+2$ も平方数になることに注目して n を絞り込むとよい。

解法

n, k は整数，$2\leqq n\leqq20$, $1\leqq k\leqq n-1$
$_{n+2}C_{k+1}=2\,(_{n}C_{k-1}+_{n}C_{k+1})$ より
$$\frac{(n+2)!}{(k+1)!\,(n-k+1)!}=2\left\{\frac{n!}{(k-1)!\,(n-k+1)!}+\frac{n!}{(k+1)!\,(n-k-1)!}\right\}$$
両辺に $\dfrac{(k+1)!\,(n-k+1)!}{n!}$ を掛けると
$$(n+2)\,(n+1)=2\{(k+1)\,k+(n-k+1)\,(n-k)\}$$
$$4k^{2}-4nk+n^{2}-n-2=0$$
$$(2k-n)^{2}=n+2　\cdots\cdots①$$
①の左辺は平方数より，①の右辺も平方数であり，$4\leqq n+2\leqq22$ であるから
$$n+2=4,\ 9,\ 16　つまり　n=2,\ 7,\ 14$$
に限られる。

- $n=2$ のとき

①に代入すると，$(2k-2)^{2}=4$ であるから
$$k=0,\ 2$$

これらの k は $1 \leqq k \leqq n-1$（$=1$）を満たさない。

• $n=7$ のとき

①に代入すると，$(2k-7)^2 = 9$ であるから

$\qquad k = 2,\ 5$

これらの k は $1 \leqq k \leqq n-1$（$=6$）を満たす。

• $n=14$ のとき

①に代入すると，$(2k-14)^2 = 16$ であるから

$\qquad k = 5,\ 9$

これらの k は $1 \leqq k \leqq n-1$（$=13$）を満たす。

よって，求める整数の組 $(n,\ k)$ は

$\qquad (n,\ k) = (7,\ 2),\ (7,\ 5),\ (14,\ 5),\ (14,\ 9)$　……（答）

〔注〕　組合せに関する性質「${}_n\mathrm{C}_k = {}_{n-1}\mathrm{C}_k + {}_{n-1}\mathrm{C}_{k-1}$」を用いると，与えられた等式の左辺は

$$\begin{aligned}
{}_{n+2}\mathrm{C}_{k+1} &= {}_{n+1}\mathrm{C}_{k+1} + {}_{n+1}\mathrm{C}_k \\
&= ({}_n\mathrm{C}_{k+1} + {}_n\mathrm{C}_k) + ({}_n\mathrm{C}_k + {}_n\mathrm{C}_{k-1}) \\
&= {}_n\mathrm{C}_{k+1} + 2{}_n\mathrm{C}_k + {}_n\mathrm{C}_{k-1}
\end{aligned}$$

となり，${}_{n+2}\mathrm{C}_{k+1} = 2({}_n\mathrm{C}_{k-1} + {}_n\mathrm{C}_{k+1})$ に代入すると

$$\begin{aligned}
{}_n\mathrm{C}_{k+1} + 2{}_n\mathrm{C}_k + {}_n\mathrm{C}_{k-1} &= 2({}_n\mathrm{C}_{k-1} + {}_n\mathrm{C}_{k+1}) \\
2{}_n\mathrm{C}_k &= {}_n\mathrm{C}_{k+1} + {}_n\mathrm{C}_{k-1} \quad ({}_n\mathrm{C}_{k+1} - {}_n\mathrm{C}_k = {}_n\mathrm{C}_k - {}_n\mathrm{C}_{k-1})
\end{aligned}$$

となる。よって，本問は「${}_n\mathrm{C}_{k-1},\ {}_n\mathrm{C}_k,\ {}_n\mathrm{C}_{k+1}$ がこの順で等差数列となるような整数の組 $(n,\ k)$（$2 \leqq n \leqq 20,\ 1 \leqq k \leqq n-1$）を求めよ」という問題である。

2022 年度 〔1〕 Level C

$2^a3^b + 2^c3^d = 2022$ を満たす 0 以上の整数 a, b, c, d の組を求めよ。

ポイント $2^a3^b + 2^c3^d = 2022$ が $X + Y =$(偶数)の形をしているので、まず、X と Y の偶奇が一致することに注目し、X と Y がともに奇数のときと偶数のとき、つまり、2^a3^b と 2^c3^d がともに奇数のときと偶数のときに場合分けする。

次に、$2022 = 2 \cdot 3 \cdot 337$ と素因数分解できるから、2022 は「2 の倍数だが、4 の倍数ではない数」……Ⓐ、かつ、「3 の倍数だが、9 の倍数ではない数」……Ⓑ である。そこで、2^a3^b と 2^c3^d がともに奇数のとき、Ⓑ より、「$b \leq 1$ または $d \leq 1$」となることが予測できるので、そのことを示すために背理法を用いるとよい。あとは $b = 0$, 1 のときと $d = 0$, 1 のときについて具体的に調べるとよい。

次に、2^a3^b と 2^c3^d がともに偶数のときもまず、Ⓐ より「$a \leq 1$ または $c \leq 1$」となることが予測できるので、先程と同様に背理法で示すとよい。あとは $a = 1$ のときと $c = 1$ のときについてそれぞれ $b = 0$, 1 と $d = 0$, 1 のときを具体的に調べるとよい。

解 法

a, b, c, d は 0 以上の整数である。

$$2^a3^b + 2^c3^d = 2022 \ (= 2 \cdot 3 \cdot 337) \quad \cdots\cdots ①$$

①の右辺は偶数であるから、2^a3^b と 2^c3^d の偶奇は一致する。

(i) 2^a3^b と 2^c3^d がともに奇数のとき

$a = c = 0$ であるから、①は

$$3^b + 3^d = 2 \cdot 3 \cdot 337 \quad \cdots\cdots ①'$$

$b \geq 2$ かつ $d \geq 2$ とすると、①′ の左辺は 9 の倍数となるが、①′ の右辺は 3 の倍数であって 9 の倍数ではないから、①′ は成り立たない。

よって、$b \leq 1$ または $d \leq 1$ であり、$b \leq 1$ のときをまず考える。

・$b = 0$ のとき

①′ の左辺は $1 + 3^d$ で 3 の倍数ではないから、①′ は成り立たない。

・$b = 1$ のとき

①′ は

$$3 + 3^d = 2 \cdot 3 \cdot 337 \quad \text{つまり} \quad 3^{d-1} = 673 \quad \cdots\cdots ①''$$

3^{d-1} は単調増加で、$3^5 = 243$, $3^6 = 729$ より①″ を満たす 0 以上の整数 d は存在しない。したがって、$b \leq 1$ ではなく、$d \leq 1$ についても同様に成り立たない。

(ii) 2^a3^b と 2^c3^d がともに偶数のとき($a \geq 1$ かつ $c \geq 1$ のとき)

$a \geq 2$ かつ $c \geq 2$ とすると、①の左辺は 4 の倍数となるが、①の右辺は 2 の倍数であっ

て 4 の倍数ではないから，①は成り立たない。

よって，(ii)の条件から，$a=1$ または $c=1$ である。

さらに，$b \geqq 2$ かつ $d \geqq 2$ とすると，(i)と同様の議論となるため，$b \leqq 1$ または $d \leqq 1$ である。

(ア)　$a=1$ のとき

①は
$$2 \cdot 3^b + 2^c 3^d = 2 \cdot 3 \cdot 337$$
$$3^b + 2^{c-1} 3^d = 3 \cdot 337 \quad \cdots\cdots ②$$

・$b=0$ のとき，②は
$$1 + 2^{c-1} 3^d = 1011$$
$$2^{c-1} 3^d = 1010 = 2 \cdot 5 \cdot 101 \quad \cdots\cdots ②'$$

右辺は 5 の倍数であるから，②′ は成り立たない。

・$b=1$ のとき，②は
$$3 + 2^{c-1} 3^d = 1011$$
$$2^{c-1} 3^d = 1008 = 2^4 \cdot 3^2 \cdot 7 \quad \cdots\cdots ②''$$

右辺は 7 の倍数であるから，②″ は成り立たない。

・$d=0$ のとき，②は
$$3^b + 2^{c-1} = 3 \cdot 337 \quad \cdots\cdots ②'''$$

$b=0$ のとき，②‴ は
$$1 + 2^{c-1} = 1011$$
$$2^{c-1} = 1010 = 2 \cdot 5 \cdot 101 \quad \cdots\cdots ③$$

右辺は 5 の倍数であるから，③は成り立たない。

$b \geqq 1$ のとき，②‴ の右辺は 3 の倍数であるから，②‴ は成り立たない。

したがって，$d=0$ のとき，②‴ を満たす 0 以上の整数 b, c は存在しない。

・$d=1$ のとき，②は
$$3^b + 2^{c-1} 3 = 3 \cdot 337$$
$$2^{c-1} = 337 - 3^{b-1} \quad \cdots\cdots ④$$

ここで，$2^{c-1} > 0$ より，$337 - 3^{b-1} > 0$ であるから
$$3^{b-1} < 337$$

これを満たす 0 以上の整数 b は，$3^5 = 243$，$3^6 = 729$ より
$$b = 0, \ 1, \ 2, \ 3, \ 4, \ 5, \ 6$$

に限られる。

このとき，④の右辺の値は次のようになる。

b	0	1	2	3	4	5	6
$337 - 3^{b-1}$	$\dfrac{1010}{3}$	336	334	328	310	256	94

よって，④を満たす 0 以上の整数 b, c は

$\qquad (b,\ c) \doteqdot (5,\ 9)$

のみである。

(イ) $c = 1$ のとき

(ア)の a と c, b と d を入れ換えたものになるから

$\qquad (d,\ a) = (5,\ 9)$

のみである。

以上から，①を満たす 0 以上の整数 a, b, c, d の組は

$\qquad (a,\ b,\ c,\ d) = \left.\begin{matrix} (1,\ 5,\ 9,\ 1) \\ (9,\ 1,\ 1,\ 5) \end{matrix}\right\}$ ……(答)

3

1000 以下の素数は 250 個以下であることを示せ。

ポイント　1000 以下の素数が 250 個以下であることを示すには，1 以上 1000 以下の素数でない整数が 750 個以上あることを示せばよい。そこで，2 の倍数または 3 の倍数または 5 の倍数または 7 の倍数であるものの個数を調べればよいのだが，4 つの集合の和集合の要素の個数を求めるのはとても煩雑になるため，まず 2 の倍数または 3 の倍数または 5 の倍数の和集合の要素の個数を次の公式を用いて調べる。

$$n(A \cup B \cup C)$$
$$= n(A) + n(B) + n(C) - n(A \cap B) - n(B \cap C) - n(C \cap A) + n(A \cap B \cap C)$$

3 つの集合の和集合の要素の個数が 750 個以上なければ，次に，7 以上の素数を因数にもつ整数の個数を調べていくとよい。

解法

1 以上 1000 以下の素数が 250 個以下であることを示すには，1 以上 1000 以下の素数でない整数が 750 個以上あることを示せばよい。

そこで，まず，1 以上 1000 以下の整数で 2 の倍数または 3 の倍数または 5 の倍数であるものの個数を調べる。4 つの集合 U, A, B, C を

$U = \{ x \mid x$ は整数, $1 \leq x \leq 1000 \}$

$A = \{ x \mid x \in U, x$ は 2 の倍数$\}$

$B = \{ x \mid x \in U, x$ は 3 の倍数$\}$

$C = \{ x \mid x \in U, x$ は 5 の倍数$\}$

と定めると

$A \cap B = \{ x \mid x \in U, x$ は 6 の倍数$\}$

$B \cap C = \{ x \mid x \in U, x$ は 15 の倍数$\}$

$C \cap A = \{ x \mid x \in U, x$ は 10 の倍数$\}$

$A \cap B \cap C = \{ x \mid x \in U, x$ は 30 の倍数$\}$

である。実数 x に対し，x を超えない最大の整数を $[x]$ で表すと，それぞれの集合の要素の個数は以下のようになる。

$$n(A) = \left[\frac{1000}{2}\right] = 500, \quad n(B) = \left[\frac{1000}{3}\right] = 333, \quad n(C) = \left[\frac{1000}{5}\right] = 200$$

$$n(A \cap B) = \left[\frac{1000}{6}\right] = 166, \quad n(B \cap C) = \left[\frac{1000}{15}\right] = 66, \quad n(C \cap A) = \left[\frac{1000}{10}\right] = 100$$

$$n(A \cap B \cap C) = \left[\frac{1000}{30}\right] = 33$$

これより，1以上1000以下の整数で，2の倍数または3の倍数または5の倍数であるものの個数は

$$n(A \cup B \cup C)$$
$$= n(A) + n(B) + n(C) - n(A \cap B) - n(B \cap C) - n(C \cap A) + n(A \cap B \cap C)$$
$$= 500 + 333 + 200 - 166 - 66 - 100 + 33$$
$$= 734 \text{個}$$

である。このうち，素数でない整数の個数は，素数2，3，5の3個が含まれているから

$$734 - 3 = 731 \text{個}$$

である。

次に，素数7，11，13などを因数にもつ$A \cup B \cup C$に属さないUの要素の個数を調べる。$31 \times 31 = 961 \, (\leqq 1000)$に注意すると，$U$の要素であって$A \cup B \cup C$に属さない素数でない整数として

$$p \times q \quad (p \leqq q) \quad \begin{pmatrix} p = 7, & 11, & 13, & 17, & 19, & 23, & 29, & 31 \\ q = 7, & 11, & 13, & 17, & 19, & 23, & 29, & 31 \end{pmatrix}$$

などがある。これらの個数は，$p < q$として${}_8C_2 = 28$個，$p = q$として8個あるから，全部で

$$28 + 8 = 36 \text{個}$$

ある。よって，1以上1000以下の整数で，素数でない整数は少なくとも

$$731 + 36 = 767 \text{個}$$

あるから，1000以下の素数は250個以下である。　　　　　　　　　（証明終）

〔注〕　7以上の素数を因数にもつ整数$p \times q$を次のように設定してギリギリ750個を超えるようにしてもよい。

$$p \times q \quad (p < q) \quad \begin{pmatrix} p = 7, & 11, & 13, & 17, & 19, & 23, & 29 \\ q = 7, & 11, & 13, & 17, & 19, & 23, & 29 \end{pmatrix}$$

これを満たす個数は，${}_7C_2 = 21$個であるから，素数でない整数は，少なくとも

$$731 + 21 = 752 \text{個}$$

ある。

以下の問いに答えよ。

(1)　10^{10} を 2020 で割った余りを求めよ。

(2)　100 桁の正の整数で各位の数の和が 2 となるもののうち，2020 で割り切れるものの個数を求めよ。

ポイント　(1)　整数 a を整数 b で割ったときの余り r は周期性があるから，まず，10^1, 10^2, 10^3, … をそれぞれ 2020 で割って余りの周期性を見つける。周期が p とわかれば，(＊)を用いて

$$\left(\begin{matrix}10^l \text{ を } 2020 \text{ で} \\ \text{割ったときの余り}\end{matrix}\right) = \left(\begin{matrix}10^{l+p} \text{ を } 2020 \text{ で} \\ \text{割ったときの余り}\end{matrix}\right)$$

を導き，10^{10} を 2020 で割った余りを求める。
「整数 a, b と正の整数 m について

$$(a-b \text{ が } m \text{ の倍数}) \Longleftrightarrow \left(\begin{matrix}a, \ b \text{ をそれぞれ } m \text{ で} \\ \text{割ったときの余りは等しい}\end{matrix}\right)」\quad \cdots\cdots(＊)$$

(2)　求める正の整数を「2 が 1 個でそれ以外の位が 0 のとき」と「1 が 2 個でそれ以外の位が 0 のとき」の場合に分けて考える。「1 が 2 個でそれ以外の位が 0 のとき」は，その整数を $10^{99}+10^i$（i は 0 以上 98 以下の整数）と表し，k を正の整数として

$$10^n \equiv \begin{cases} 10 & (n=1 \text{ のとき}) \\ 100 & (n=4k-2 \text{ のとき}) \\ 1000 & (n=4k-1 \text{ のとき}) \\ 1920 & (n=4k \text{ のとき}) \\ 1020 & (n=4k+1 \text{ のとき}) \end{cases}$$

を使って考えるとよい。

解法

以下，合同式はすべて mod 2020 とする。

(1)

$$\left. \begin{aligned} 10^1 &\equiv 10 \\ 10^2 &\equiv 100 \\ 10^3 &\equiv 1000 \\ 10^4 &\equiv 1920 \\ 10^5 &= 10^4 \cdot 10 \equiv 1920 \cdot 10 = 19200 \equiv 1020 \\ 10^6 &= 10^5 \cdot 10 \equiv 1020 \cdot 10 = 10200 \equiv 100 \end{aligned} \right\} \quad \cdots\cdots①$$

であるから，l が 2 以上の整数のとき

$$10^{l+4} - 10^l = 10^{l-2}(10^6 - 10^2)$$
$$= 10^{l-2} \cdot 999900$$
$$= 2020 \cdot 495 \cdot 10^{l-2}$$

となる。

これより，$l \geqq 2$ のとき

$$\begin{pmatrix} 10^l \text{ を } 2020 \text{ で} \\ \text{割ったときの余り} \end{pmatrix} = \begin{pmatrix} 10^{l+4} \text{ を } 2020 \text{ で} \\ \text{割ったときの余り} \end{pmatrix}$$

が成り立つ。

このことと①より，n, k を正の整数として

$$10^n \equiv \begin{cases} 10 & (n=1 \text{ のとき}) \\ 100 & (n=4k-2 \text{ のとき}) \\ 1000 & (n=4k-1 \text{ のとき}) \\ 1920 & (n=4k \text{ のとき}) \\ 1020 & (n=4k+1 \text{ のとき}) \end{cases} \quad \cdots\cdots②$$

である。

よって，$10 = 4 \cdot 3 - 2$ と②より，10^{10} を 2020 で割った余りは

　　　100　……(答)

(2)　100 桁の正の整数で各位の数の和が 2 となるものを N とすると

　　(i)　$N = 2 \cdot 10^{99}$

　　(ii)　$N = 10^{99} + 10^i$　(i は 0 以上 98 以下の整数)

と表せる。

(i)のとき

$99 = 4 \cdot 25 - 1$ と②より，$10^{99} \equiv 1000$ であるから

　　　$2 \cdot 10^{99} \equiv 2 \cdot 1000 = 2000$

よって，N は 2020 で割り切れない。

(ii)のとき

$10^{99} \equiv 1000$ より

　　　$10^{99} + 10^i \equiv 1000 + 10^i$

となるから，N が 2020 で割り切れるのは

　　　$10^i \equiv 1020$

のときである。

よって，②より

　　　$i = 4k + 1$　(i は 0 以上 98 以下の整数)

となり，これを満たす k の値は，$k \geqq 1$ に注意して

$\qquad k = 1,\ 2,\ 3,\ \cdots,\ 24$

したがって，N のうち，2020 で割り切れるものの個数は，(i)，(ii)より

$\qquad$ 24 個　……(答)

〔注〕　(1) 実際に割り算をすると

$\qquad\qquad 10^{10} = 2020 \cdot 4950495 + 100$

$\quad$ となる。

5

正の整数 n の各位の数の和を $S(n)$ で表す。たとえば

$$S(3) = 3, \quad S(10) = 1 + 0 = 1, \quad S(516) = 5 + 1 + 6 = 12$$

である。

(1)　$n \geqq 10000$ のとき，不等式 $n > 30S(n) + 2018$ を示せ。

(2)　$n - 30S(n) + 2018$ を満たす n を求めよ。

ポイント　(1)　〔解法1〕「$n \geqq 10^{k-1}$（k は 5 以上の整数)」という n の条件が不等式で
与えられているので，各位の和 $S(n)$ についても不等式 $\underbrace{9+9+9+\cdots+9}_{k \text{ 個}} \geqq S(n)$,

すなわち $9k \geqq S(n)$ で表される。この 2 つの不等式（$n \geqq 10^{k-1}$, $9k \geqq S(n)$)を用いて，
「$n > 30S(n) + 2018$」を「$10^{k-1} > 270k + 2018$」と言い換えることができ，この形は数
学的帰納法で示すのが定石である。
〔解法2〕　各位の数を次のようにすべて文字置きする。

$$n = 10^4 q + 10^3 a + 10^2 b + 10 c + d$$

　　　　（q は 1 以上の整数，a, b, c, d は 0 以上 9 以下の整数）

このとき，$S(n) = S(q) + a + b + c + d$ であるから，不等式 $S(q) \leqq q$ と，$a \geqq 0$, $b \geqq 0$,
$c \leqq 9$, $d \leqq 9$ を用いて示すのもよい。
(2)　(1)より，n が 4 桁以下の整数とわかるから

$$n = 10^3 a + 10^2 b + 10 c + d$$

とおき，$n = 30S(n) + 2018$ に代入して不定方程式を作る。このとき，1 の位に注目す
ると d の値がすぐにわかる。a, b, c については 1 つずつ範囲を絞って求めるとよい。

解法 1

(1)　n の桁数を k（$\geqq 5$）とおくと

$$n \geqq 10^{k-1} \quad \cdots\cdots ①, \quad 9k \geqq S(n) \quad \cdots\cdots ②$$

である。
$30S(n) + 2018$ と②より

$$30 \cdot 9k + 2018 \geqq 30S(n) + 2018$$

すなわち

$$270k + 2018 \geqq 30S(n) + 2018 \quad \cdots\cdots ③$$

よって，まず，5 以上の自然数 k に対して

$$10^{k-1} > 270k + 2018 \quad \cdots\cdots (*)$$

が成り立つことを数学的帰納法で示す。

(i) $k=5$ のとき

$$10^{k-1} = 10^4 = 10000$$

$$270k + 2018 = 270 \cdot 5 + 2018 = 3368$$

であるから, (＊)は $k=5$ のとき成り立つ。

(ii) $k=m$ $(\geqq 5)$ のとき

$$10^{m-1} > 270m + 2018$$

が成り立つと仮定する。

$k=m+1$ のとき

$$10^m - \{270(m+1) + 2018\}$$

$$= 10 \cdot 10^{m-1} - (270m + 2288)$$

$$> 10(270m + 2018) - (270m + 2288) \quad (仮定より)$$

$$= 2430m + 17892 > 0 \quad (m \geqq 5 \text{ より})$$

であるから

$$10^m > 270(m+1) + 2018$$

よって, (＊)は $k=m+1$ のときも成り立つ。

(i), (ii)より, 5以上の自然数 k に対して(＊)は成り立つ。

したがって, ①, ③, (＊)より

$$n \geqq 10^{k-1} > 270k + 2018 \geqq 30S(n) + 2018$$

すなわち

$$n > 30S(n) + 2018 \hspace{4cm} (証明終)$$

(2) (1)より, $n = 30S(n) + 2018$ ……(※) を満たす正の整数 n は, $n < 10^4$ であるから, a, b, c, d を0以上9以下の整数とすると

$$n = 10^3 a + 10^2 b + 10c + d$$

とおける。これより, $S(n) = a + b + c + d$ であるから, (※)は

$$10^3 a + 10^2 b + 10c + d = 30(a + b + c + d) + 2018 \quad \cdots\cdots④$$

であり, 右辺の1の位は8であるから, $d=8$ である。

これを④に代入すると

$$10^3 a + 10^2 b + 10c + 8 = 30(a + b + c + 8) + 2018$$

$$97a = 225 - 7b + 2c \quad \cdots\cdots⑤$$

となる。

ここで, $0 \leqq b \leqq 9$, $0 \leqq c \leqq 9$ より

$$-63 \leqq -7b + 2c \leqq 18$$

$$162 \leqq 225 - 7b + 2c \leqq 243$$

であるから，⑤を代入して
$$162 \leqq 97a \leqq 243$$
これを満たす a の値は，$a=2$ である。
さらに，$a=2$ を⑤に代入すると
$$97 \cdot 2 = 225 - 7b + 2c$$
$$7b = 2c + 31 \quad \cdots\cdots⑥$$
⑥の右辺は奇数であるから，b は奇数である。
また，$0 \leqq c \leqq 9$ より
$$31 \leqq 2c + 31 \leqq 49$$
であるから，⑥を代入して
$$31 \leqq 7b \leqq 49$$
これを満たす奇数 b の値は，$b=5$, 7 である。
$b=5$, 7 を⑥に代入すると，b, c の組は
$$(b,\ c) = (5,\ 2),\ (7,\ 9)$$
よって，求める n の値は
$$2528,\ 2798 \quad \cdots\cdots(答)$$

解法 2

(1) $n \geqq 10^4$ であるから，q を 1 以上の整数，a, b, c, d を 0 以上 9 以下の整数とすると
$$n = 10^4 q + 10^3 a + 10^2 b + 10c + d$$
と表せ，このとき
$$S(n) = S(q) + a + b + c + d$$
である。これらのことと，$S(q) \leqq q$, $a \geqq 0$, $b \geqq 0$, $c \leqq 9$, $d \leqq 9$ に注意すると
$$n - \{30S(n) + 2018\}$$
$$= (10^4 q + 10^3 a + 10^2 b + 10c + d) - 30\{S(q) + a + b + c + d\} - 2018$$
$$= 10^4 q - 30S(q) + 970a + 70b - 20c - 29d - 2018$$
$$\geqq 10^4 q - 30q + 970 \cdot 0 + 70 \cdot 0 - 20 \cdot 9 - 29 \cdot 9 - 2018$$
$$= 9970q - 2459$$
$$\geqq 9970 \cdot 1 - 2459 \quad (q \geqq 1 \text{ より})$$
$$> 0$$
であるから
$$n > 30S(n) + 2018 \quad\quad\quad\quad\quad (証明終)$$

6 2017 年度 〔2〕 Level C

連立方程式

$$\begin{cases} x^2 = yz + 7 \\ y^2 = zx + 7 \\ z^2 = xy + 7 \end{cases}$$

を満たす整数の組 $(x,\ y,\ z)$ で $x \leqq y \leqq z$ となるものを求めよ。

ポイント 文字に対称性があることと「$x^2,\ y^2,\ z^2,\ xy,\ yz,\ zx$」という 6 項があることから，$x^2 + y^2 + z^2 \geqq xy + yz + zx$ を証明するときによく使う式変形

$$x^2 + y^2 + z^2 - xy - yz - zx = \frac{1}{2}\{(x-y)^2 + (y-z)^2 + (z-x)^2\}$$

を用いて $A^2 + B^2 + C^2 =$ (定数) の形を作る。さらに，$x \leqq y \leqq z$ より，$A = y - x$, $B = z - y$, $C = z - x$ とおくと，$0 \leqq A \leqq C$, $0 \leqq B \leqq C$ となるから，これを用いて C の値を絞る。絞り方については，次の 2 つの問題の解き方のテクニックをイメージするとよいだろう。

$x,\ y,\ z$ は自然数で，$x \leqq y \leqq z$ とする。

問題 1　$xyz = x + y + z$ を満たす $x,\ y,\ z$ の組を求めよ。

$x + y + z \leqq z + z + z$ より　$xyz \leqq 3z$　つまり　$xy \leqq 3$

問題 2　$\dfrac{1}{x} + \dfrac{1}{y} + \dfrac{1}{z} = 1$ を満たす $x,\ y,\ z$ の組を求めよ。

$\dfrac{1}{x} + \dfrac{1}{y} + \dfrac{1}{z} \leqq \dfrac{1}{x} + \dfrac{1}{x} + \dfrac{1}{x}$ より　$1 \leqq \dfrac{3}{x}$　つまり　$x \leqq 3$

また，文字に対称性があることと，文字に大小設定 $(x \leqq y \leqq z)$ があることから，〔**解法 2**〕のように y の値を絞ってもよいが，まず，$x < 0$ になることを示そう。

いずれの解法にせよ，不定方程式の問題において，文字の大小設定がされているときは，そのことを利用して，ある文字について値を絞ることが常套手段となる。

解法 1

$x,\ y,\ z$ は整数で，$x \leqq y \leqq z$ であり

$$\begin{cases} x^2 = yz + 7 & \cdots\cdots① \\ y^2 = zx + 7 & \cdots\cdots② \\ z^2 = xy + 7 & \cdots\cdots③ \end{cases}$$

① + ② + ③ より

$$x^2 + y^2 + z^2 = xy + yz + zx + 21$$

$$x^2 + y^2 + z^2 - xy - yz - zx = 21$$

$$\frac{1}{2}\{(x-y)^2 + (y-z)^2 + (z-x)^2\} = 21$$

$$(y-x)^2 + (z-y)^2 + (z-x)^2 = 42 \quad \cdots\cdots ④$$

ここで，$A=y-x$，$B=z-y$，$C=z-x$ とおくと，$x \leqq y \leqq z$ より

$$0 \leqq A \leqq C, \quad 0 \leqq B \leqq C \quad \cdots\cdots ⑤$$

であり，④は

$$A^2 + B^2 + C^2 = 42 \quad \cdots\cdots ④'$$

④′，⑤より

$$C^2 \leqq A^2 + B^2 + C^2 \leqq C^2 + C^2 + C^2 \quad つまり \quad C^2 \leqq 42 \leqq 3C^2$$

となるから

$$14 \leqq C^2 \leqq 42$$

これを満たす 0 以上の整数 C は

$$C = 4, \ 5, \ 6$$

に限られる。

$C=4$ のとき，④′ に代入すると

$$A^2 + B^2 + 4^2 = 42 \quad つまり \quad A^2 + B^2 = 26$$

これを満たす 0 以上の整数 A，B の組は $(A, B) = (1, 5)$，$(5, 1)$ であるが，$C=4$ より，いずれも⑤に反するから適さない。

$C=5$ のとき，④′ に代入すると

$$A^2 + B^2 + 5^2 = 42 \quad つまり \quad A^2 + B^2 = 17$$

これを満たす 0 以上の整数 A，B の組は

$$(A, B) = (1, 4), \ (4, 1)$$

これより

$$(y-x, \ z-y, \ z-x) = (1, 4, 5), \ (4, 1, 5)$$

- $(y-x, \ z-y, \ z-x) = (1, 4, 5)$ のとき

  $y=x+1$，$z=x+5$ であるから，これらを①に代入すると

  $$x^2 = (x+1)(x+5) + 7 \quad つまり \quad x = -2$$

  となるから

  $$y = -1, \ z = 3$$

  これは②，③も満たす。

- $(y-x, \ z-y, \ z-x) = (4, 1, 5)$ のとき

  $y=x+4$，$z=x+5$ であるから，これらを①に代入すると

  $$x^2 = (x+4)(x+5) + 7 \quad つまり \quad x = -3$$

  となるから

  $$y = 1, \ z = 2$$

  これは②，③も満たす。

$C=6$ のとき，④′ に代入すると

$$A^2 + B^2 + 6^2 = 42 \quad \text{つまり} \quad A^2 + B^2 = 6$$

これを満たす 0 以上の整数 A, B は存在しない。

したがって，求める整数 x, y, z の組は

$$(x, y, z) = (-3, 1, 2), (-2, -1, 3) \quad \cdots\cdots (\text{答})$$

解 法 2

$$\begin{cases} x^2 = yz + 7 & \cdots\cdots ⑦ \\ y^2 = zx + 7 & \cdots\cdots ④ \\ z^2 = xy + 7 & \cdots\cdots ⑦ \end{cases}$$

$$x \leqq y \leqq z \qquad \cdots\cdots ⑤$$

$x \geqq 0$ とすると，⑦，⑤ より

$$x^2 \leqq yz < yz + 7 = x^2 \quad \text{つまり} \quad x^2 < x^2$$

となり，矛盾が生じるから

$$x < 0 \quad \cdots\cdots ④$$

$z \leqq 0$ とすると，⑤ より，$x \leqq y \leqq z \leqq 0$ であり，このことと⑦より

$$z^2 \leqq xy < xy + 7 = z^2 \quad \text{つまり} \quad z^2 < z^2$$

となり，矛盾が生じるから

$$z > 0 \quad \cdots\cdots ⑩$$

よって，④，⑩ より

$$zx < 0$$

このことと④より

$$zx = y^2 - 7 < 0 \quad \text{つまり} \quad y^2 < 7$$

これを満たす整数 y は

$$y = 0, \pm 1, \pm 2$$

に限られる。

・$y = 0$ のとき

　⑦に代入すると，$x^2 = 7$ となり，これを満たす整数 x は存在しない。

・$y = \pm 1$ のとき

　④に代入すると

$$1 = zx + 7 \quad \text{つまり} \quad zx = -6$$

　これを満たす整数 x, z で④，⑩を満たすのは

$$(x, z) = (-1, 6), (-2, 3), (-3, 2), (-6, 1)$$

　であるが，これらのうち⑦，⑦を満たすのは

　$y = 1$ のとき　　$(x, z) = (-3, 2)$

　$y = -1$ のとき　$(x, z) = (-2, 3)$

- $y = \pm 2$ のとき

　④に代入すると

$$4 = zx + 7 \quad \text{つまり} \quad zx = -3$$

　これを満たす整数 x, z で㋔, ㋛を満たすのは

$$(x, \ z) = (-1, \ 3), \ (-3, \ 1)$$

　であるが，これらのうち㋔を満たすのは

$$(x, \ y, \ z) = (-1, \ 2, \ 3), \ (-3, \ -2, \ 1)$$

　これらはいずれも㋐ (㋒) を満たさない。

したがって，求める整数 x, y, z の組は

$$(x, \ y, \ z) = (-3, \ 1, \ 2), \ (-2, \ -1, \ 3) \quad \cdots\cdots(\text{答})$$

7

$6 \cdot 3^{3x} + 1 = 7 \cdot 5^{2x}$ を満たす 0 以上の整数 x をすべて求めよ。

ポイント 3^{3x} と 5^{2x}，つまり，27^x と 25^x の数の増え方の速さは次のようになる。

x	0	1	2	3	4	⋯
27^x	1	27	729	19683	531441	⋯
25^x	1	25	625	15625	390625	⋯

これより，x が 3 以上の整数のときは

$\qquad 6 \cdot 3^{3x} + 1 > 7 \cdot 5^{2x}$ ……（*）

と予想されるから，$x = 0$, 1, 2 をそれぞれ代入して解を求めればよく，あとは，$x \geqq 3$ のとき，（*）が成り立つことをどのように示すかを次の解法をベースにして考える。

〔解法 1〕 確率の問題において，$p_{n+1} > p_n$ を満たす n の値の範囲を求めるとき，

$p_{n+1} - p_n > 0$ と変形せず，$\dfrac{p_{n+1}}{p_n} > 1$ と変形してから n の値の範囲を求めるという考え方をよくするので，この発想を用いて示すとよい。

〔解法 2〕 数列において，「n が 5 以上の自然数のとき，$2^n > n^2$ を示せ」という問題では，数学的帰納法を用いるのが定石であるから，この考え方を用いて示すとよい。

解 法 1

$\qquad 6 \cdot 3^{3x} + 1 = 7 \cdot 5^{2x}$ ……①

$x = 0$ のとき，（左辺）$= 7$，（右辺）$= 7$ であるから，①は成立する。

$x = 1$ のとき，（左辺）$= 163$，（右辺）$= 175$ であるから，①は成立しない。

$x = 2$ のとき，（左辺）$= 4375$，（右辺）$= 4375$ であるから，①は成立する。

x が 3 以上の整数のとき

$\qquad 6 \cdot 3^{3x} + 1 > 7 \cdot 5^{2x}$ すなわち $\dfrac{6}{7}\left(\dfrac{27}{25}\right)^x + \dfrac{1}{7 \cdot 5^{2x}} > 1$

を示す。

$\dfrac{27}{25} > 1$ より，$\dfrac{6}{7}\left(\dfrac{27}{25}\right)^x$ は単調増加するから，$x \geqq 3$ のとき

$\qquad \dfrac{6}{7}\left(\dfrac{27}{25}\right)^x \geqq \dfrac{6}{7}\left(\dfrac{27}{25}\right)^3 = \dfrac{118098}{109375} > 1$

よって，$x \geqq 3$ のとき，$\dfrac{6}{7}\left(\dfrac{27}{25}\right)^x > 1$，$\dfrac{1}{7 \cdot 5^{2x}} > 0$ であるから

$$\frac{6}{7}\left(\frac{27}{25}\right)^x+\frac{1}{7\cdot 5^{2x}}>1$$

したがって，x が 3 以上の整数のとき

$$6\cdot 3^{3x}+1>7\cdot 5^{2x}$$

が成立するから，①を満たす 3 以上の整数 x は存在しない。

ゆえに，①を満たす 0 以上の整数 x は

$$x=0,\ 2\ \ \cdots\cdots(\text{答})$$

解法 2

（「$x=2$ のとき，①は成立する」までは〔**解法 1**〕に同じ）

x が 3 以上の整数のとき

$$6\cdot 3^{3x}+1>7\cdot 5^{2x}\ \ \cdots\cdots(*)$$

が成り立つことを数学的帰納法で示す。

〔I〕 $x=3$ のとき

（左辺）$=118099$，（右辺）$=109375$ であるから，$(*)$ は成立する。

〔II〕 $x=k\ (\geqq 3)$ のとき

$(*)$ が成立，つまり，$6\cdot 3^{3k}+1>7\cdot 5^{2k}\ \ \cdots\cdots$㋐ が成立すると仮定する。

$x=k+1$ のとき

$$\begin{aligned}
\{6\cdot 3^{3(k+1)}+1\}-7\cdot 5^{2(k+1)}&=6\cdot 27\cdot 3^{3k}-25\cdot 7\cdot 5^{2k}+1\\
&>6\cdot 27\cdot 3^{3k}-25(6\cdot 3^{3k}+1)+1\quad (\text{㋐より})\\
&=6(27-25)\cdot 3^{3k}-24\\
&=12\cdot 3^{3k}-24\\
&\geqq 12\cdot 3^9-24\quad (k\geqq 3\ \text{より})\\
&>0
\end{aligned}$$

となるから

$$6\cdot 3^{3(k+1)}+1>7\cdot 5^{2(k+1)}$$

よって，$(*)$ は $x=k+1$ のときも成立する。

〔I〕，〔II〕より，3 以上の整数 x に対して $(*)$ は成立する。

ゆえに，①を満たす 0 以上の整数 x は

$$x=0,\ 2\ \ \cdots\cdots(\text{答})$$

8

$a-b-8$ と $b-c-8$ が素数となるような素数の組 $(a,\ b,\ c)$ をすべて求めよ。

ポイント 素数がたくさんある問題では，偶数の素数 2 が含まれることを見つけること
で問題が解ける場合が多い。そこで，まず 5 つの素数 $a,\ b,$
$c,\ a-b-8,\ b-c-8$ の中に偶数の素数 2 がないかを偶奇に
注目して調べる。見つけたならば，そのことを用いて $a,\ b$
を c で表す。c の場合分けについては，右の表のように具体
的な奇数の素数を代入してみることにより考えるとよい（表
中の（ ）は 3 で割ったときの余り，◯は 3 の倍数である）。

c	$c+10$	$c+20$
3(0)	13	23
5(2)	⑮	25
7(1)	17	㉗
11(2)	㉑	31
13(1)	23	㉝

解法

$a-b-8$ と $b-c-8$ は素数より

    $a-b-8>0,\ \ b-c-8>0$

すなわち

    $a>b+8,\ \ b>c+8$

$a,\ b,\ c$ は素数より，$a,\ b$ は 8 より大きい素数であり，奇数である。

よって，$a-b-8$ は，（奇数）−（奇数）−（偶数）より，偶数の素数である。したがっ
て，偶数の素数は 2 のみより

    $a-b-8=2$ すなわち $a=b+10$ ……①

(i) c が奇数の素数のとき

  $b-c-8$ は偶数の素数となるから，偶数の素数は 2 のみより

    $b-c-8=2$ すなわち $b=c+10$ ……②

  ①，②より

    $c,\ b=c+10,\ a=c+20$ ……③

はすべて素数である。

ここで，c を 3 で割ったときの余りにより分類して考える。

 (ア) c が 3 の倍数のとき

c は素数より，$c=3$ に限られる。

  このとき，③より

    $b=13,\ a=23$

となり，$a,\ b$ はともに素数であるから，適する。

(イ) c を 3 で割ると 1 余るとき

素数 c は，ある自然数 m を用いて，$c = 3m + 1$ と表せる。

このとき，③より

$$a = (3m + 1) + 20 = 3(m + 7)$$

よって，a は 24 以上の 3 の倍数となるから，適さない。

(ウ) c を 3 で割ると 2 余るとき

素数 c は，ある自然数 m' を用いて，$c = 3m' + 2$ と表せる。

このとき，③より

$$b = (3m' + 2) + 10 = 3(m' + 4)$$

よって，b は 15 以上の 3 の倍数となるから，適さない。

したがって，(ア), (イ), (ウ)より

$$(a, \ b, \ c) = (23, \ 13, \ 3)$$

(ii) c が偶数の素数，つまり，$c = 2$ のとき

$b - c - 8 = b - 10$ は，b が 8 より大きい奇数の素数であるから，奇数の素数となる。

そこで，$b - 10 = p$ とおくと

$$b = p + 10$$

これと①より

$$p, \ b = p + 10, \ a = p + 20$$

はすべて素数である。

p は奇数より，(i)と同様に p を 3 で割った余りにより分類して考えると

$$(p, \ b, \ a) = (3, \ 13, \ 23)$$

以上，(i), (ii)より

$$(a, \ b, \ c) = (23, \ 13, \ 2), \ (23, \ 13, \ 3) \quad \cdots\cdots (\text{答})$$

9 2013 年度 〔1〕 Level B

$3p^3 - p^2q - pq^2 + 3q^3 = 2013$ を満たす正の整数 p, q の組をすべて求めよ。

ポイント 不定方程式の問題であるから，まず $AB =$ (整数) の形にならないかを考える。つまり，左辺の因数分解を考える。次に，約数に注目して整数 A, B の値を求めると，$(p+q)(3p^2-4pq+3q^2)=3\cdot11\cdot61$ より，$p+q>0$ に注意して

$p+q$	1	3	11	33	61	183	671	2013
$3p^2-4pq+3q^2$	2013	671	183	61	33	11	3	1

の 8 組がある。すべてを調べるのは大変であるから，2 つの因数の大小を調べて組数を減らす。

また，p, q の連立方程式を解くときは，方程式が対称式で表されているから，まず $p+q$, pq の値を求め，次に p, q を 2 解にもつ 2 次方程式 $x^2-(p+q)x+pq=0$ を作って答えを導く。

解法

$$3p^3 - p^2q - pq^2 + 3q^3 = 2013 \quad \cdots\cdots①$$

①を変形すると

$$3(p^3+q^3) - pq(p+q) = 2013$$
$$3(p+q)(p^2-pq+q^2) - pq(p+q) = 2013$$
$$(p+q)\{3(p^2-pq+q^2) - pq\} = 2013$$
$$(p+q)(3p^2-4pq+3q^2) = 2013$$

p, q は正の整数より

$$2 \leq p+q \leq p^2+q^2 \leq p^2+q^2+2(p-q)^2 = 3p^2-4pq+3q^2$$

となるから，$2013 = 3\cdot11\cdot61$ であることに注意すると

$$\begin{cases} p+q = 3,\ 11,\ 33 \\ 3p^2-4pq+3q^2 = 671,\ 183,\ 61 \end{cases}$$

すなわち

$$\begin{cases} p+q = 3,\ 11,\ 33 \\ 3(p+q)^2 - 10pq = 671,\ 183,\ 61 \end{cases}$$

ここで，$p+q$, pq について解くと

$$\begin{cases} p+q = 3,\ 11,\ 33 \\ pq = -\dfrac{322}{5},\ 18,\ \dfrac{1603}{5} \end{cases}$$

p, q は正の整数より, pq は正の整数となるから

$$\begin{cases} p+q=11 \\ pq\ =18 \end{cases}$$

これより, p, q を2解にもつ2次方程式の1つは

$$x^2-11x+18=0 \quad \text{すなわち} \quad (x-2)(x-9)=0$$

これを解くと $\quad x=2,\ 9$ （これらは正の整数である）

よって, 求める p, q の組は

$$(p,\ q)=(2,\ 9),\ (9,\ 2) \quad \cdots\cdots(\text{答})$$

10 2012 年度 〔1〕 Level B

1 つの角が $120°$ の三角形がある。この三角形の 3 辺の長さ x, y, z は $x<y<z$ を満たす整数である。

(1) $x+y-z=2$ を満たす x, y, z の組をすべて求めよ。

(2) $x+y-z=3$ を満たす x, y, z の組をすべて求めよ。

(3) a, b を 0 以上の整数とする。$x+y-z=2^a3^b$ を満たす x, y, z の組の個数を a と b の式で表せ。

ポイント (1)・(2) 三角形の辺と角に関する性質「AB<AC $\Longleftrightarrow$ ∠C<∠B」を用いて，まず，$120°$ の角の対辺の長さが与えられた条件より z になることを押さえる。これより，余弦定理を用いて x, y, z の関係式 $z^2=x^2+y^2+xy$ を作り，これと $x+y-z=2$(3) を連立すると $xy+ax+by=c$ のタイプの不定方程式が導かれる。次に，$(x+b)(y+a)=d$ の形に変形するとよい。
(3) $(x-2^{a+1}3^b)(y-2^{a+1}3^b)=2^{2a}3^{2b+1}$ を満たす整数の組数を調べるには，$2^{2a}3^{2b+1}$ の約数の個数に着目すればよく，次の事項を用いる。
「$N=a^pb^qc^r$ (a, b, c：素数 p, q, r：0 以上の整数) において，N の正の約数の個数は $(p+1)(q+1)(r+1)$ 個」
また，負の約数の存在にも注意する。

解法

(1) 与えられた条件を満たす三角形の内角のうち，最大角は $120°$ となるから，この角の対辺が最長辺となり，$x<y<z$ より，その長さは z である。

これより，余弦定理を用いると

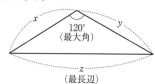

$$z^2=x^2+y^2-2xy\cos120°$$
$$z^2=x^2+y^2+xy \quad \cdots\cdots①$$

ここで，$x+y-z=2$ より

$$z=x+y-2 \quad \cdots\cdots②$$

②を①に代入すると

$$(x+y-2)^2=x^2+y^2+xy$$
$$xy-4x-4y+4=0$$
$$(x-4)(y-4)=12 \quad \cdots\cdots③$$

x, y は整数より，$x-4$，$y-4$ は整数であり，さらに，$0<x<y$ より，$-4<x-4<y-4$ であるから

$$(x-4,\ y-4)=(1,\ 12),\ (2,\ 6),\ (3,\ 4)$$
$$(x,\ y)=(5,\ 16),\ (6,\ 10),\ (7,\ 8)$$

②より z を求めると，③を満たす x, y, z の組は

$$(x,\ y,\ z)=(5,\ 16,\ 19),\ (6,\ 10,\ 14),\ (7,\ 8,\ 13)\quad\cdots\cdots\text{(答)}$$

これらは $0<x<y<z$ を満たす。

(2)　$x+y-z=3$ より

$$z=x+y-3\quad\cdots\cdots④$$

④を①に代入すると

$$(x+y-3)^2=x^2+y^2+xy$$
$$xy-6x-6y+9=0$$
$$(x-6)(y-6)=27\quad\cdots\cdots⑤$$

x, y は整数より，$x-6$，$y-6$ は整数であり，さらに，$0<x<y$ より，$-6<x-6<y-6$ であるから

$$(x-6,\ y-6)=(1,\ 27),\ (3,\ 9)$$
$$(x,\ y)=(7,\ 33),\ (9,\ 15)$$

④より z を求めると，⑤を満たす x, y, z の組は

$$(x,\ y,\ z)=(7,\ 33,\ 37),\ (9,\ 15,\ 21)\quad\cdots\cdots\text{(答)}$$

これらは $0<x<y<z$ を満たす。

(3)　$x+y-z=2^a3^b$ より

$$z=x+y-2^a3^b\quad\cdots\cdots⑥$$

⑥を①に代入すると

$$(x+y-2^a3^b)^2=x^2+y^2+xy$$
$$xy-2\cdot2^a3^bx-2\cdot2^a3^by+(2^a3^b)^2=0$$
$$(x-2\cdot2^a3^b)(y-2\cdot2^a3^b)=3(2^a3^b)^2\quad\cdots\cdots⑦$$

ここで，$y<z$ に⑥を代入すると

$$y<x+y-2^a3^b\qquad x>2^a3^b$$

さらに，$x<y$ より　　$y>2^a3^b$

また，⑦より，$x-2\cdot2^a3^b$，$y-2\cdot2^a3^b$ は同符号である。

(i)　$x-2\cdot2^a3^b<0$ かつ $y-2\cdot2^a3^b<0$ のとき

$x>2^a3^b$，$y>2^a3^b$ より

$$-2^a3^b<x-2\cdot2^a3^b<0,\quad -2^a3^b<y-2\cdot2^a3^b<0$$

となるから

$$0 < (x - 2 \cdot 2^a 3^b)(y - 2 \cdot 2^a 3^b) < (2^a 3^b)^2$$

よって，⑦は成り立たない。

(ii) $x - 2 \cdot 2^a 3^b > 0$ かつ $y - 2 \cdot 2^a 3^b > 0$ のとき

⑦より

$$(x - 2^{a+1} 3^b)(y - 2^{a+1} 3^b) = 2^{2a} 3^{2b+1} \quad \cdots\cdots ⑦'$$

ここで，$2^{2a} 3^{2b+1}$ の正の約数の個数は $(2a+1)\{(2b+1)+1\}$ 個，すなわち，$(2a+1)(2b+2)$ 個である。

よって，⑦' を満たす整数の組 $(x - 2^{a+1} 3^b, \ y - 2^{a+1} 3^b)$ は，$x < y$ の大小関係を無視すると，$(2a+1)(2b+2)$ 組ある。

ところで，⑦' の右辺が平方数ではないから $x \neq y$ である。

よって，$x < y$ のときと $x > y$ のときとで整数の組数は等しくなるので，求める組の個数は

$$\frac{(2a+1)(2b+2)}{2} = (2a+1)(b+1) \ \text{個} \quad \cdots\cdots(答)$$

11

(1) 自然数 x, y は，$1<x<y$ および

$$\left(1+\frac{1}{x}\right)\left(1+\frac{1}{y}\right)=\frac{5}{3}$$

をみたす。x, y の組をすべて求めよ。

(2) 自然数 x, y, z は，$1<x<y<z$ および

$$\left(1+\frac{1}{x}\right)\left(1+\frac{1}{y}\right)\left(1+\frac{1}{z}\right)=\frac{12}{5}$$

をみたす。x, y, z の組をすべて求めよ。

ポイント (1) 与えられた方程式を展開して整理すると，$axy+bx+cy+d=0$ の形となる。この形の等式は $AB=$ (整数) に変形できるから，これより，約数と倍数に着目して求める。また，〔解法2〕のように，不等式 $1<x<y$ に着目して x の範囲を絞り込んでいってもよい。

(2) 未知数が3つある等式に対して，$ABC=$ (整数) の形を作るのは大変であるから，不等式 $1<x<y<z$ に着目して，x の範囲を絞り込んでいくとよい。その後は(1)の〔解法1〕と同様に $AB=$ (整数) の形に変形して求める。

解 法 1

(1) $\left(1+\dfrac{1}{x}\right)\left(1+\dfrac{1}{y}\right)=\dfrac{5}{3}$ の分母を払って

$$3(x+1)(y+1)=5xy$$

$$2xy-3x-3y=3$$

$$xy-\frac{3}{2}x-\frac{3}{2}y=\frac{3}{2}$$

$$\left(x-\frac{3}{2}\right)\left(y-\frac{3}{2}\right)=\frac{3}{2}+\frac{9}{4}$$

$$(2x-3)(2y-3)=15 \quad \cdots\cdots①$$

x, y は自然数より，$2x-3$, $2y-3$ は整数であり，さらに $1<x<y$ より，$-1<2x-3<2y-3$ であるから，①を満たす $2x-3$, $2y-3$ の組は

$$(2x-3,\ 2y-3)=(1,\ 15),\ (3,\ 5)$$

これを解いて

$$(x,\ y)=(2,\ 9),\ (3,\ 4)$$

よって，求める x, y の組は

$$(x,\ y)=(2,\ 9),\ (3,\ 4)\quad\cdots\cdots(\text{答})$$

(2) $\left(1+\dfrac{1}{x}\right)\left(1+\dfrac{1}{y}\right)\left(1+\dfrac{1}{z}\right)=\dfrac{12}{5}\quad\cdots\cdots②$

$1<x<y<z$ より，$\dfrac{1}{x}>\dfrac{1}{y}>\dfrac{1}{z}$ であるから

$$1+\dfrac{1}{x}>1+\dfrac{1}{y}>1+\dfrac{1}{z}$$

これより

$$\left(1+\dfrac{1}{x}\right)\left(1+\dfrac{1}{x}\right)\left(1+\dfrac{1}{x}\right)>\left(1+\dfrac{1}{x}\right)\left(1+\dfrac{1}{y}\right)\left(1+\dfrac{1}{z}\right)$$

となるから，②が成り立つとき

$$\left(1+\dfrac{1}{x}\right)^{3}>\dfrac{12}{5}\quad\cdots\cdots③$$

$x\geqq3$ のとき

$$\left(1+\dfrac{1}{x}\right)^{3}\leqq\left(1+\dfrac{1}{3}\right)^{3}=\dfrac{64}{27}<\dfrac{12}{5}$$

であるから，③を満たす x は存在しない。

よって，$1<x$ より

$$x=2$$

このとき，②は次のように変形できる。

$$\dfrac{3}{2}\left(1+\dfrac{1}{y}\right)\left(1+\dfrac{1}{z}\right)=\dfrac{12}{5}$$

$$\left(1+\dfrac{1}{y}\right)\left(1+\dfrac{1}{z}\right)=\dfrac{8}{5}$$

$$5(y+1)(z+1)=8yz$$

$$3yz-5y-5z=5$$

$$yz-\dfrac{5}{3}y-\dfrac{5}{3}z=\dfrac{5}{3}$$

$$\left(y-\dfrac{5}{3}\right)\left(z-\dfrac{5}{3}\right)=\dfrac{5}{3}+\dfrac{25}{9}$$

$$(3y-5)(3z-5)=40\quad\cdots\cdots④$$

$y,\ z$ は自然数より，$3y-5,\ 3z-5$ は整数であり，さらに $x<y<z$ より

$$3x-5<3y-5<3z-5$$

$x=2$ なので

$$1<3y-5<3z-5$$

よって，④を満たす $3y-5,\ 3z-5$ の組は

$$(3y-5,\ 3z-5)=(2,\ 20),\ (4,\ 10),\ (5,\ 8)$$

これを解いて

$$(y, z) = \left(\frac{7}{3}, \frac{25}{3}\right),\ (3,\ 5),\ \left(\frac{10}{3}, \frac{13}{3}\right)$$

y, z は自然数より

$$(y, z) = (3,\ 5)$$

したがって，求める x, y, z の組は

$$(x,\ y,\ z) = (2,\ 3,\ 5) \quad \cdots\cdots (\text{答})$$

解法 2

(1)　$\left(1 + \dfrac{1}{x}\right)\left(1 + \dfrac{1}{y}\right) = \dfrac{5}{3}$　……①

$1 < x < y$ より，$\dfrac{1}{x} > \dfrac{1}{y}$ であるから

$$1 + \frac{1}{x} > 1 + \frac{1}{y}$$

これより

$$\left(1 + \frac{1}{x}\right)\left(1 + \frac{1}{x}\right) > \left(1 + \frac{1}{x}\right)\left(1 + \frac{1}{y}\right)$$

となるから，①が成り立つとき

$$\left(1 + \frac{1}{x}\right)^2 > \frac{5}{3}　\cdots\cdots ②$$

$x \geqq 4$ のとき

$$\left(1 + \frac{1}{x}\right)^2 \leqq \left(1 + \frac{1}{4}\right)^2 = \frac{25}{16} < \frac{5}{3}$$

であるから，②を満たす x は存在しない。

よって，$1 < x$ より

$$x = 2,\ 3$$

$x = 2$ のとき，①は

$$\frac{3}{2}\left(1 + \frac{1}{y}\right) = \frac{5}{3} \qquad 1 + \frac{1}{y} = \frac{10}{9}$$

$$y = 9$$

$x = 3$ のとき，①は

$$\frac{4}{3}\left(1 + \frac{1}{y}\right) = \frac{5}{3} \qquad 1 + \frac{1}{y} = \frac{5}{4}$$

$$y = 4$$

したがって，求める x, y の組は

$$(x,\ y) = (2,\ 9),\ (3,\ 4) \quad \cdots\cdots (\text{答})$$

12

2010 年度　〔1〕 　　　　　　　　　　　　　　　Level　B

実数 p, q, r に対して，3次多項式 $f(x)$ を $f(x)=x^3+px^2+qx+r$ と定める。実数 a, c, および 0 でない実数 b に対して，$a+bi$ と c はいずれも方程式 $f(x)=0$ の解であるとする。ただし，i は虚数単位を表す。

(1)　$y=f(x)$ のグラフにおいて，点 $(a,\ f(a))$ における接線の傾きを $s(a)$ とし，点 $(c,\ f(c))$ における接線の傾きを $s(c)$ とする。$a \neq c$ のとき，$s(a)$ と $s(c)$ の大小を比較せよ。

(2)　さらに，a, c は整数であり，b は 0 でない整数であるとする。次を証明せよ。
　(i)　p, q, r はすべて整数である。
　(ii)　p が 2 の倍数であり，q が 4 の倍数であるならば，a, b, c はすべて 2 の倍数である。

ポイント　(1) $f(x)=0$ は実数係数の方程式であるから，虚数解 $a+bi$ と共役な複素数 $a-bi$ も $f(x)=0$ の解になることをまず押さえる。次に $s(a)$ と $s(c)$ の大小関係を調べるには，p, q, r と a, b, c との関係式を作っておく必要があるから，3次方程式の解と係数の関係を用いて p, q, r を a, b, c で表しておく。

「3次方程式の解と係数の関係
　$Ax^3+Bx^2+Cx+D=0\ (A \neq 0)$ の解を α, β, γ とすると
　　$\alpha+\beta+\gamma=-\dfrac{B}{A}$, $\alpha\beta+\beta\gamma+\gamma\alpha=\dfrac{C}{A}$, $\alpha\beta\gamma=-\dfrac{D}{A}$」

(2)(ii) k, l を整数として，$p=2k$, $q=4l$ とおいて 3 次方程式の解と係数の関係を用いると，$a^2+b^2=4\times(整数)$ の形を作ることができるから，n_1, n_2 を整数として，$(a,\ b)=(2n_1,\ 2n_2)$, $(2n_1,\ 2n_2+1)$, $(2n_1+1,\ 2n_2)$, $(2n_1+1,\ 2n_2+1)$ のときについて考えるとよい。

解法

$a+bi$（a, b は実数，$b \neq 0$）が実数係数の 3 次方程式
　　$x^3+px^2+qx+r=0$
の解であるから，$a-bi$ も解である。
よって，$a+bi$, $a-bi$, c が 3 つの解であるから，解と係数の関係より
$$\begin{cases} (a+bi)+(a-bi)+c=-p \\ (a+bi)(a-bi)+(a+bi)c+(a-bi)c=q \\ (a+bi)(a-bi)c=-r \end{cases}$$

したがって

$$\begin{cases} p = -2a - c & \cdots\cdots① \\ q = a^2 + b^2 + 2ac & \cdots\cdots② \\ r = -(a^2 + b^2)\,c & \cdots\cdots③ \end{cases}$$

(1) $f'(x) = 3x^2 + 2px + q$ であるから，$y = f(x)$ 上の点 $(a,\ f(a))$ における接線の傾き $s(a)$ は

$$s(a) = f'(a) = 3a^2 + 2pa + q$$

同様に，点 $(c,\ f(c))$ における接線の傾き $s(c)$ は

$$s(c) = f'(c) = 3c^2 + 2pc + q$$

よって

$$\begin{aligned} s(c) - s(a) &= 3c^2 + 2pc + q - (3a^2 + 2pa + q) \\ &= 3(c^2 - a^2) + 2p(c - a) \\ &= (c - a)\{3(c + a) + 2p\} \\ &= (c - a)\{3(c + a) + 2(-2a - c)\} \quad (①より) \\ &= (c - a)^2 > 0 \quad (\because\ a \neq c) \end{aligned}$$

したがって

$$s(c) > s(a) \quad \cdots\cdots(答)$$

(2) (i) 整数どうしの和，差，積は整数であるから，$a,\ b,\ c$ が整数のとき，①，②，③より，$p,\ q,\ r$ はすべて整数である。　　　　　　　　　　　　　　(証明終)

(ii) $p = 2k$，$q = 4l$（$k,\ l$ は整数）とおく。①より

$$c = -2a - p = -2a - 2k = 2(-a - k)$$

$a,\ k$ は整数であるから，c は 2 の倍数である。

$c = 2m$（m は整数）とおくと，②より

$$a^2 + b^2 = q - 2ac = 4l - 4am = 4(l - am)$$

$l,\ a,\ m$ は整数であるから，$a^2 + b^2$ は 4 の倍数となる。

ここで，$n_1,\ n_2$ を整数として

$$(a,\ b) = (2n_1,\ 2n_2),\ (2n_1,\ 2n_2 + 1),\ (2n_1 + 1,\ 2n_2),\ (2n_1 + 1,\ 2n_2 + 1)$$

の 4 つの場合について考える。

$(a,\ b) = (2n_1,\ 2n_2)$ のとき

$$a^2 + b^2 = (2n_1)^2 + (2n_2)^2 = 4(n_1^2 + n_2^2)$$

$(a,\ b) = (2n_1,\ 2n_2 + 1)$ のとき

$$a^2 + b^2 = (2n_1)^2 + (2n_2 + 1)^2 = 4(n_1^2 + n_2^2 + n_2) + 1$$

$(a,\ b) = (2n_1 + 1,\ 2n_2)$ のとき

$$a^2 + b^2 = (2n_1 + 1)^2 + (2n_2)^2 = 4(n_1{}^2 + n_2{}^2 + n_1) + 1$$

$(a,\ b) = (2n_1 + 1,\ 2n_2 + 1)$ のとき

$$a^2 + b^2 = (2n_1 + 1)^2 + (2n_2 + 1)^2 = 4(n_1{}^2 + n_2{}^2 + n_1 + n_2) + 2$$

したがって，$a^2 + b^2$ が 4 の倍数となるのは，a, b がともに偶数のときである。

以上より，a, b, c はすべて 2 の倍数である。　　　　　　　　　　（証明終）

13 2009 年度 〔1〕 Level A

2 以上の整数 m, n は $m^3 + 1^3 = n^3 + 10^3$ をみたす。m, n を求めよ。

ポイント 一般に，1 つの方程式に 2 文字以上が含まれているとき，解は無数組あり，不定方程式という。例えば，$AB = 6$ の解は，A の値を適当に定めれば，それに対応する B の値が決まるので，無数組存在する。しかし，A, B が整数である場合は，$(A, B) = \pm(1, 6)$, $\pm(2, 3)$, $\pm(3, 2)$, $\pm(6, 1)$ の 8 組だけとなる。したがって，不定方程式を解くとき，$AB = (整数)$ の形を作るのが常套手段である。本問では，方程式 $m^3 + 1^3 = n^3 + 10^3$ を $(m-n)(m^2 + mn + n^2) = 3^3 \times 37$ と変形すると

$m - n$	1	3	9	27	37	111	333	999
$m^2 + mn + n^2$	999	333	111	37	27	9	3	1

となるが，すべてを調べるのは大変であるから，$m^2 + mn + n^2 > m - n$ であることを活用する。

解 法

方程式 $m^3 + 1^3 = n^3 + 10^3$ を変形すると

$$m^3 - n^3 = 999$$

$$(m-n)(m^2 + mn + n^2) = 3^3 \times 37 \quad \cdots\cdots ①$$

ここで，m, n は 2 以上の整数であり，$m^3 - n^3 > 0$ であるから

$$m - n > 0 \quad \cdots\cdots ②$$

また

$$m^2 + mn + n^2 - (m - n) = m(m-1) + mn + n^2 + n > 0 \quad (m \geqq 3, \ n \geqq 2 \ \text{より})$$

$$m^2 + mn + n^2 > m - n \quad \cdots\cdots ③$$

①，②，③より

$$(m-n, \ m^2 + mn + n^2) = (1, 999), \ (3, 333), \ (9, 111), \ (27, 37)$$

(i) $m - n = 1$ のとき，$m = n + 1$ を $m^2 + mn + n^2 = 999$ に代入して

$$(n+1)^2 + (n+1)n + n^2 = 3n^2 + 3n + 1 = 3n(n+1) + 1 = 999$$

右辺は 3 の倍数であるが，左辺は 3 の倍数ではないので，解なし。

(ii) $m - n = 3$ のとき，$m = n + 3$ を $m^2 + mn + n^2 = 333$ に代入して

$$(n+3)^2 + (n+3)n + n^2 = 3n^2 + 9n + 9 = 333$$

$$n^2 + 3n - 108 = 0 \qquad (n+12)(n-9) = 0$$

$n \geqq 2$ より $\quad n = 9$

このとき $\quad m = 12$

(iii) $m-n=9$ のとき, $m=n+9$ を $m^2+mn+n^2=111$ に代入して

$$(n+9)^2+(n+9)n+n^2=3n^2+27n+81=111$$

$$n^2+9n-10=0 \qquad (n+10)(n-1)=0$$

$n \geqq 2$ より, 解なし。

(iv) $m-n=27$ のとき, $m=n+27$ を $m^2+mn+n^2=37$ に代入して

$$(n+27)^2+(n+27)n+n^2=3n^2+81n+729=37$$

(左辺)>37 であるから, 解なし。

以上より $m=12,\ n=9$ ……(答)

14

k を正の整数とする。$5n^2-2kn+1<0$ をみたす整数 n が，ちょうど 1 個であるような k をすべて求めよ。

ポイント　〔解法 1〕　$y=f(n)=5n^2-2kn+1$ のグラフを考えて解く。$f(0)=1$ で，軸が $n=\dfrac{k}{5}>0$ であることから，$f(1)$ の符号によって場合分けする。

〔解法 2〕　すべての正の整数 k について調べることはできないので，最低限必要な条件により k の値を絞り込む。

(i)　2 次不等式が解をもつ。

(ii)　$5n^2-2kn+1=5(n-\alpha)(n-\beta)<0$　$(\alpha<\beta)$　のとき
　　　$\beta-\alpha>2$ ならば必ず 2 個以上の整数解を含む。したがって，$\beta-\alpha\leqq2$ でなければならないが，これは必要条件である。
　　　例えば，$\beta-\alpha\leqq2$ であっても
　　　　　$(n-0.9)(n-2.1)<0$
　　　の解は，$0.9<n<2.1$ であり，整数解が 2 個（$n=1,~2$）ある。
　　　必要条件で得られたものについて十分性を調べる。

解 法 1

$f(n)=5n^2-2kn+1$ とおいて，$f(n)<0$ をみたす整数 n が，ちょうど 1 個であるような正の整数 k を求める。

(i)　$f(1)<0$ のとき

　$f(0)=1>0$ より，$f(2)\geqq0$ であればよい。

$$f(1)=2(3-k)<0$$

　　より　　$k>3$

$$f(2)=21-4k\geqq0$$

　　より　　$k\leqq\dfrac{21}{4}$

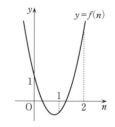

$$3<k\leqq\dfrac{21}{4}$$

　k は正の整数であるから　　$k=4,~5$

(ii)　$f(1)=0$ すなわち $k=3$ のとき

$$f(n)=5n^2-6n+1=(5n-1)(n-1)<0$$

　　より　　$\dfrac{1}{5}<n<1$

であるから，$f(n)<0$ をみたす整数 n は存在しない。

(iii) $f(1)>0$ すなわち $k<3$ のとき

　k は正の整数であるから，$k=1$, 2 で，このとき

$$f(n)=5\left(n-\frac{k}{5}\right)^2+1-\frac{k^2}{5}\geqq 1-\frac{k^2}{5}>0$$

より，$f(n)<0$ をみたす整数 n は存在しない。

以上，(i)〜(iii)より　　$k=4$, 5 ……(答)

解法 2

2次不等式 $5n^2-2kn+1<0$ をみたす整数 n が存在するためには，解が存在することが必要であるから，$5n^2-2kn+1=0$ の判別式を D とすると

$$\frac{D}{4}=k^2-5>0$$

$k>0$ より　　$k>\sqrt{5}$　……①

①のとき，$5n^2-2kn+1=0$ の解は $n=\dfrac{k\pm\sqrt{k^2-5}}{5}$ であるから，2次不等式は

$$5\left(n-\frac{k-\sqrt{k^2-5}}{5}\right)\left(n-\frac{k+\sqrt{k^2-5}}{5}\right)<0$$

$$\frac{k-\sqrt{k^2-5}}{5}<n<\frac{k+\sqrt{k^2-5}}{5}$$

これをみたす整数 n が，ちょうど1個であるためには，少なくとも

$$\frac{k+\sqrt{k^2-5}}{5}-\frac{k-\sqrt{k^2-5}}{5}=\frac{2\sqrt{k^2-5}}{5}\leqq 2$$

が成立することが必要である。

よって　　$\sqrt{k^2-5}\leqq 5$

両辺とも正であるから，2乗して

　　$k^2-5\leqq 25$　　　$k^2-30\leqq 0$

$k>0$ より　　$0<k\leqq\sqrt{30}$　……②

①，②より　　$\sqrt{5}<k\leqq\sqrt{30}$

k は整数であるから　　$k=3$, 4, 5

(i) $k=3$ のとき

　　$5n^2-6n+1<0$　つまり　$(n-1)(5n-1)<0$

　よって

$$\frac{1}{5}<n<1$$

　これをみたす整数 n は存在しない。

(ii)　$k=4$ のとき

$$5n^2-8n+1<0 \quad \text{つまり} \quad 5\left(n-\frac{4-\sqrt{11}}{5}\right)\left(n-\frac{4+\sqrt{11}}{5}\right)<0$$

よって

$$\frac{4-\sqrt{11}}{5}<n<\frac{4+\sqrt{11}}{5}$$

$3<\sqrt{11}<4$ より，これをみたす整数 n は 1 個（$n=1$）である。

(iii)　$k=5$ のとき

$$5n^2-10n+1<0 \quad \text{つまり} \quad 5\left(n-\frac{5-2\sqrt{5}}{5}\right)\left(n-\frac{5+2\sqrt{5}}{5}\right)<0$$

よって

$$\frac{5-2\sqrt{5}}{5}<n<\frac{5+2\sqrt{5}}{5}$$

$2<\sqrt{5}<2.5$ より，これをみたす整数 n は 1 個（$n=1$）である。

以上より　　$k=4,\ 5$　……(答)

15

m を整数とし，$f(x) = x^3 + 8x^2 + mx + 60$ とする。

(1) 整数 a と，0 ではない整数 b で，$f(a + bi) = 0$ をみたすものが存在するような m をすべて求めよ。ただし，i は虚数単位である。

(2) (1)で求めたすべての m に対して，方程式 $f(x) = 0$ を解け。

ポイント $f(x) = 0$ に $x = a + bi$ を代入して，複素数の相等（$p + qi = r + si \Longleftrightarrow p = r$ かつ $q = s$）を用いるのが常套手段である。ただし，計算が少し煩雑であり，〔解法2〕のように，3次方程式の解と係数の関係を用いると計算が容易になる。つまり

$$(x - \alpha)(x - \beta)(x - \gamma) = x^3 - (\alpha + \beta + \gamma)x^2 + (\alpha\beta + \beta\gamma + \gamma\alpha)x - \alpha\beta\gamma$$

だから，3次方程式 $x^3 + px^2 + qx + r = 0$ の解を α, β, γ とすると

$$\begin{cases} \alpha + \beta + \gamma = -p \\ \alpha\beta + \beta\gamma + \gamma\alpha = q \\ \alpha\beta\gamma = -r \end{cases}$$

となることを用いる。a, b の2元方程式の整数解は，$AB = $（整数）の形を作るのが有力な手法である。

解 法 1

(1) $f(x) = x^3 + 8x^2 + mx + 60 = 0$ に $x = a + bi$ を代入して

$$(a + bi)^3 + 8(a + bi)^2 + m(a + bi) + 60 = 0$$

展開して整理すると

$$a^3 - 3ab^2 + 8a^2 - 8b^2 + ma + 60 + (3a^2b - b^3 + 16ab + mb)i = 0$$

a, b, m は実数であるから

$$a^3 - 3ab^2 + 8a^2 - 8b^2 + ma + 60 = 0 \quad \cdots\cdots ①$$

$$3a^2b - b^3 + 16ab + mb = 0 \quad\quad\quad \cdots\cdots ②$$

②より $\quad b(3a^2 - b^2 + 16a + m) = 0$

$b \neq 0$ より $\quad 3a^2 - b^2 + 16a + m = 0$

よって，$m = -3a^2 + b^2 - 16a \quad \cdots\cdots ③$ であり，これを①へ代入して

$$a^3 - 3ab^2 + 8a^2 - 8b^2 + (-3a^2 + b^2 - 16a)a + 60 = 0$$

整理すると

$$a^3 + ab^2 + 4a^2 + 4b^2 = 30$$

$$（左辺） = a(a^2 + b^2) + 4(a^2 + b^2)$$

$$= (a+4)(a^2+b^2) = 30$$

a, b は整数，$a^2+b^2>0$ であり，$a+4$，a^2+b^2 は 30 の約数であるから

$$(a+4, \ a^2+b^2) = (1, \ 30), \ (2, \ 15), \ (3, \ 10), \ (5, \ 6), \ (6, \ 5),$$
$$(10, \ 3), \ (15, \ 2), \ (30, \ 1)$$

よって，b も整数であるものを求めて

$$(a, \ b) = (-1, \ \pm3), \ (2, \ \pm1)$$

③より

$$(a, \ b) = (-1, \ \pm3) \ のとき \qquad m = 22$$
$$(a, \ b) = (2, \ \pm1) \ のとき \qquad m = -43$$

したがって $\qquad m = 22, \ -43 \ \cdots\cdots(答)$

(2) $m = 22$ のとき

$x = -1 \pm 3i$ を解にもつ 2 次方程式は

$$x^2 + 2x + 10 = 0$$

$f(x)$ を $x^2 + 2x + 10$ で割って

$$f(x) = (x^2 + 2x + 10)(x + 6)$$

よって，$f(x) = 0$ の解は $\qquad x = -1 \pm 3i, \ -6 \ \cdots\cdots(答)$

$m = -43$ のときも同様に

$$f(x) = (x^2 - 4x + 5)(x + 12)$$

よって，$f(x) = 0$ の解は $\qquad x = 2 \pm i, \ -12 \ \cdots\cdots(答)$

解 法 2

(1) $f(x) = x^3 + 8x^2 + mx + 60$ の係数は実数で，方程式 $f(x) = 0$ の解の 1 つが $a + bi$ ($b \neq 0$) だから，$a - bi$ も解であり，さらに $f(x) = 0$ は実数解を 1 つもつ。実数解を k とすると，解と係数の関係から

$$\begin{cases} (a+bi) + (a-bi) + k = -8 & \cdots\cdots① \\ (a+bi)(a-bi) + k(a+bi) + k(a-bi) = m & \cdots\cdots② \\ (a+bi)(a-bi)k = -60 & \cdots\cdots③ \end{cases}$$

①から $\qquad k = -8 - 2a \ \cdots\cdots④$

③，④から

$$(a^2+b^2)(-8-2a) = -60$$
$$(a^2+b^2)(a+4) = 30$$

〔注〕 以下は，〔解法1〕のようにすべての場合を調べてもよいが，ある程度，候補を絞り込むことも心がけたい。

よって，a^2+b^2, $a+4$ はともに 30 の約数である。

a, b はともに整数なので，a^2+b^2 が 30 の約数であるには

$$a^2+b^2=1, \ 2, \ 5, \ 10$$

であることが必要である。

また，$a^2+b^2 \leqq 30$ だから

$$-5 \leqq a \leqq 5$$

$$-1 \leqq a+4 \leqq 9$$

したがって

$$(a^2+b^2, \ a+4) = (5, \ 6), \ (10, \ 3)$$

よって　　$(a, \ b) = (2, \ \pm 1), \ (-1, \ \pm 3)$

このとき，④から，それぞれ　　$k=-12, \ -6$

一方，②から

$$m = a^2+b^2+2ka$$

よって

　$(a, \ b, \ k) = (2, \ \pm 1, \ -12)$ のとき　　$m=-43$

　$(a, \ b, \ k) = (-1, \ \pm 3, \ -6)$ のとき　　$m=22$

したがって　　$m=-43, \ 22$　……(答)

(2)　(1)から，方程式 $f(x)=0$ の解は

$\left. \begin{array}{ll} m=-43 \text{ のとき} & x=2+i, \ 2-i, \ -12 \\ m=22 \text{ のとき} & x=-1+3i, \ -1-3i, \ -6 \end{array} \right\}$ ……(答)

16 2006年度 〔1〕 Level C

次の条件(a), (b)をともにみたす直角三角形を考える。ただし，斜辺の長さをp，その他の2辺の長さをq, rとする。

(a) p, q, rは自然数で，そのうちの少なくとも2つは素数である。

(b) $p+q+r=132$

(1) q, rのどちらかは偶数であることを示せ。

(2) p, q, rの組をすべて求めよ。

ポイント $p^2=q^2+r^2$, $p+q+r=132$ から p を消去して，q, r の関係式を作り，その式を $(q-132)(r-132)=k$（整数）の形に変形して解くのが定石である。ただし，$q<132$，$r<132$ であるから，$q-132<0$，$r-132<0$ となるので，$(132-q)(132-r)=k$（整数）の形に変形して考える。この方程式（不定方程式という）の解は，$132-q$, $132-r$ の範囲に注目して，ある程度，候補を絞ることが大切である。
(1)は〔解法2〕のように背理法を用いることもできる。つまり，「q, rのどちらかは偶数」の否定である「q, rはどちらも奇数」を仮定して矛盾を導く。

解法 1

(1) 与えられた条件より

$$\begin{cases} p^2=q^2+r^2 & \cdots\cdots① \\ p+q+r=132 & \cdots\cdots② \end{cases}$$

②より $p=132-q-r$

これを①に代入して $(132-q-r)^2=q^2+r^2$

$$qr-132(q+r)+\frac{132^2}{2}=0 \quad \cdots\cdots(*)$$

$$q(r-132)-132(r-132)-132^2+\frac{132^2}{2}=0$$

$$(q-132)(r-132)-\frac{132^2}{2}=0$$

$$(132-q)(132-r)=\frac{132^2}{2}$$

$$(132-q)(132-r)=2^3\cdot3^2\cdot11^2 \quad \cdots\cdots③$$

右辺は偶数だから，$132-q$, $132-r$ のどちらかは偶数，すなわち，q, r のどちらか

は偶数である。　　　　　　　　　　　　　　　　　　　　（証明終）

〔注〕（＊）より，$qr=132(q+r-66)$ であるから，qr は偶数であり，したがって，q，r のどちらかは偶数であるとして示すこともできる。

(2)　②と $p>0$，$q>0$，$r>0$ より
$$\begin{cases} 132-q=p+r>0 \\ 132-r=p+q>0 \end{cases}$$
よって
$$\begin{cases} 0<132-q<132 \\ 0<132-r<132 \end{cases}$$
$132-q$，$132-r$ は自然数であるから，③より
$$(132-q,\ 132-r)=(72,\ 121),\ (121,\ 72),\ (88,\ 99),\ (99,\ 88)$$
$$(q,\ r)=(60,\ 11),\ (11,\ 60),\ (44,\ 33),\ (33,\ 44)$$
このとき，②より p を求めると
$$(p,\ q,\ r)=(61,\ 60,\ 11),\ (61,\ 11,\ 60),\ (55,\ 44,\ 33),\ (55,\ 33,\ 44)$$
条件(a)より，p，q，r の少なくとも 2 つが素数だから
$$(p,\ q,\ r)=(61,\ 60,\ 11),\ (61,\ 11,\ 60)\ \cdots\cdots(答)$$

解法 2

(1)　q，r はともに奇数であると仮定する。

$p+q+r=132$ より，p は偶数である。

m，n を整数として，$q=2m+1$，$r=2n+1$ とおくと
$$\begin{aligned} q^2+r^2 &= (2m+1)^2+(2n+1)^2 \\ &= 4m^2+4m+1+4n^2+4n+1 \\ &= 2(2m^2+2m+2n^2+2n+1) \end{aligned}$$
ここで，$2m^2+2m+2n^2+2n+1$ は奇数であるから，q^2+r^2 は平方数ではなく，$q^2+r^2=p^2$ をみたす偶数 p は存在しない。

これは矛盾であるから，q，r のどちらかは偶数である。　　　（証明終）

17 2005年度〔1〕 Level B

k は整数であり，3次方程式

$$x^3 - 13x + k = 0$$

は3つの異なる整数解をもつ。k とこれらの整数解をすべて求めよ。

ポイント 3次方程式の解と係数の関係を用いるか，3次関数のグラフを用いるかの2つの方法が考えられる。

〔解法1〕では，3つの解を α, β, γ ($|\alpha|\geqq|\beta|\geqq|\gamma|$) とし，解と係数の関係を用いて，$\alpha^2+\beta^2+\gamma^2$ を計算し，$3\gamma^2\leqq\alpha^2+\beta^2+\gamma^2$ から γ^2 の値を絞り込むのがポイントである。

〔解法2〕では，3次関数のグラフに注目し，3つの解をもつことと3つの交点をもつことを対応させ，さらに整数解をもつことなどから，解の候補を絞り込んでいる。

解法1

$$x^3 - 13x + k = 0 \quad \cdots\cdots①$$

①の3つの異なる整数解を α, β, γ ($|\alpha|\geqq|\beta|\geqq|\gamma|$) とすると

$$\begin{cases} \alpha+\beta+\gamma=0 & \cdots\cdots② \\ \alpha\beta+\beta\gamma+\gamma\alpha=-13 & \cdots\cdots③ \\ \alpha\beta\gamma=-k & \cdots\cdots④ \end{cases}$$

$$\alpha^2+\beta^2+\gamma^2 = (\alpha+\beta+\gamma)^2 - 2(\alpha\beta+\beta\gamma+\gamma\alpha)$$
$$= 26 \quad (②, ③より)$$

$\alpha^2\geqq\beta^2\geqq\gamma^2$ より　　$3\gamma^2\leqq26$　つまり　$\gamma^2\leqq\dfrac{26}{3}<9$

γ は整数より　　$\gamma^2=4,\ 1,\ 0$

(i) $\gamma^2=0$ のとき　$\gamma=0$

②, ③より　　$\alpha+\beta=0$, $\alpha\beta=-13$

これらをみたす整数 α, β は存在しない。

(ii) $\gamma^2=4$ のとき　$\gamma=\pm2$

②より　　$\alpha+\beta=\mp2$　（複号同順）

③より　　$\alpha\beta=-13-\gamma(\alpha+\beta)=-9$

これらをみたす整数 α, β は存在しない。

(iii) $\gamma^2=1$ のとき　$\gamma=\pm1$

$\gamma=1$ のとき，②, ③より

$$\alpha+\beta=-1,\ \alpha\beta=-12$$

$\alpha,\ \beta$ を解とする t についての2次方程式は

$$t^2+t-12=0 \quad \text{つまり} \quad (t+4)(t-3)=0$$

よって

$$t=-4,\ 3$$

$|\alpha|\geqq|\beta|$ だから $\quad \alpha=-4,\quad \beta=3$

このとき，④より $\quad k=-(-4)\cdot3\cdot1=12$

同様に，$\gamma=-1$ のとき

$$\alpha+\beta=1,\ \alpha\beta=-12$$

これより $\quad \alpha=4,\quad \beta=-3$

このとき，④より $\quad k=-4\cdot(-3)\cdot(-1)=-12$

したがって

$$\left.\begin{array}{ll} k=12 \text{のとき} & x=-4,\ 3,\ 1 \\ k=-12 \text{のとき} & x=4,\ -3,\ -1 \end{array}\right\} \quad \cdots\cdots\text{(答)}$$

解 法 2

$$x^3-13x+k=0 \quad \cdots\cdots① \quad \text{つまり} \quad k=-x^3+13x$$

これを $f(x)=-x^3+13x$ とおくと，①の解は，$y=f(x)$，$y=k$ のグラフの交点の x 座標である。

$f'(x)=-3x^2+13=-3\left(x+\dfrac{\sqrt{39}}{3}\right)\left(x-\dfrac{\sqrt{39}}{3}\right)$ より，$f(x)$ の増減表と $y=f(x)$ のグラフの概形は，それぞれ下のようになる。

x	$\cdots$	$-\dfrac{\sqrt{39}}{3}$	$\cdots$	$\dfrac{\sqrt{39}}{3}$	$\cdots$
$f'(x)$	$-$	0	$+$	0	$-$
$f(x)$	$\searrow$		$\nearrow$		$\searrow$

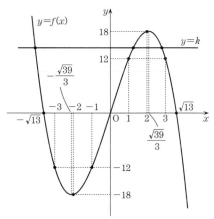

$k>0$ のとき，①が異なる3つの整数解をもつためには，$0\leqq x\leqq\sqrt{13}$ において2つ，$x<-\sqrt{13}$ において1つの解をもつことが必要である。

ところが，$0<x\leqq\sqrt{13}$ をみたす整数は，$x=1$，2，3 で，これらのうち同時に解（交点）となりうるのは，$f(1)=f(3)=12$，$f(2)=18$ だから，$x=1$，3，$k=12$ である。

このとき，①より

$$x^3 - 13x + 12 = 0 \quad \text{つまり} \quad (x-1)(x-3)(x+4) = 0$$

よって

$$x = 1, \ 3, \ -4$$

$k < 0$ のとき，グラフが原点対称であることから

$$x = -1, \ -3, \ 4 \qquad k = -12$$

よって

$$\left.\begin{array}{ll} k = 12\, \text{のとき} & x = 1, \ 3, \ -4 \\ k = -12\, \text{のとき} & x = -1, \ -3, \ 4 \end{array}\right\} \ \cdots\cdots(\text{答})$$

18

a, b, c は整数で，$a<b<c$ をみたす。放物線 $y=x^2$ 上に 3 点 A$(a,\ a^2)$，B$(b,\ b^2)$，C$(c,\ c^2)$ をとる。

(1) $\angle BAC=60°$ とはならないことを示せ。ただし，$\sqrt{3}$ が無理数であることを証明なしに用いてよい。

(2) $a=-3$ のとき，$\angle BAC=45°$ となる組 $(b,\ c)$ をすべて求めよ。

ポイント (1) x 軸の正の向きとのなす角が θ である直線の傾き m は $m=\tan\theta$ であることを用いて，角度と傾きを結びつける。$\tan60°=\sqrt{3}$ であることから，$\tan\angle BAC$＝(有理数) と表せば，$\sqrt{3}$ は無理数なので $\angle BAC\neq60°$ となる。また，$\tan(\beta-\alpha)$ $=\dfrac{\tan\beta-\tan\alpha}{1+\tan\beta\cdot\tan\alpha}$ である。

(2) 正接と直線の傾きの関係から $\tan\angle BAC$ は a, b, c を用いて表すことができ，あとは整数の問題として処理できる。一般の 2 次方程式では，$(x-\alpha)(x-\beta)=0$ の形に変形するが，不定方程式では，必ずしも 0 ではなく，右辺が整数になっていればよい。たとえば，x, y が整数のとき，$(x-1)(y-2)=3$ ならば，$x-1$，$y-2$ も整数だから
$$(x-1,\ y-2)=(1,\ 3),\ (3,\ 1),\ (-1,\ -3),\ (-3,\ -1)$$
となり，整数 x, y を求めることができる。

さらに，$y=\dfrac{3}{x-1}+2$ の形にして，y が整数だから，$x-1$ は 3 の約数，つまり，$x-1=\pm1$，±3 となることを用いても解ける。

解法

(1) AB，AC と x 軸の正の方向とのなす角（反時計回りを正とする）をそれぞれ α，β $(0\leq\alpha\leq\pi,\ 0\leq\beta\leq\pi)$，$\angle BAC=\theta$ とすると
$$\begin{cases}\tan\alpha=\dfrac{b^2-a^2}{b-a}=a+b\\[2mm]\tan\beta=\dfrac{c^2-a^2}{c-a}=a+c\end{cases}$$

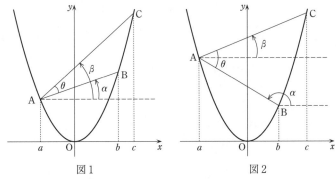

図1　　　　　　　　　図2

図1のとき　　$\theta = \beta - \alpha$

図2のとき，$\theta - \beta + \alpha = 180°$ より

$$\tan(\beta - \alpha) = \tan(\theta - 180°) = -\tan(180° - \theta)$$
$$= \tan\theta$$

よって，いずれの場合も $\tan\theta = \tan(\beta - \alpha)$ である。

$\beta - \alpha \neq 90°$ のとき

$$\tan(\beta - \alpha) = \frac{\tan\beta - \tan\alpha}{1 + \tan\alpha \cdot \tan\beta} = \frac{(a+c) - (a+b)}{1 + (a+b)(a+c)}$$
$$= \frac{c - b}{1 + (a+b)(a+c)}$$

$\theta = 60°$ とすると

$$\tan 60° = \frac{c - b}{1 + (a+b)(a+c)}$$

$$\frac{c - b}{1 + (a+b)(a+c)} = \sqrt{3} \quad \cdots\cdots (*)$$

$(*)$ の左辺は，a，b，c が整数より，有理数である。

一方，右辺は無理数となる。

よって　　$\theta = \angle BAC \neq 60°$　　　　　　　　　　　　　　　（証明終）

(2)　$a = -3$，$\theta = 45°$ のとき

$$1 = \frac{c - b}{1 + (-3+b)(-3+c)} \qquad bc - 2b - 4c + 10 = 0$$

$$(b - 4)(c - 2) = -2$$

$-3 < b < c$ だから

$$-7 < b - 4 < c - 2$$

$$(b - 4,\ c - 2) = (-2,\ 1),\ (-1,\ 2)$$

$$(b,\ c) = (2,\ 3),\ (3,\ 4) \quad \cdots\cdots（答）$$

§2 場合の数・確率

19 2023 年度 〔5〕 Level A

A，B，C の 3 人が，A，B，C，A，B，C，A，… という順番にさいころを投げ，最初に 1 を出した人を勝ちとする。だれかが 1 を出すか，全員が n 回ずつ投げたら，ゲームを終了する。A，B，C が勝つ確率 P_A，P_B，P_C をそれぞれ求めよ。

ポイント A が勝つ状況をまず考えると次のようになる。（× は 1 以外の目，○ は 1 の目を表す。p_k は A がさいころを k 回投げて勝つ確率を表す。）

(回数)	1 2 3 4 5 6 7 … $3k-3$ $3k-2$ $3k-1$ … $3n-3$ $3n-2$ $3n-1$ $3n$
(投げる人)	A B C A B C A C A B C A B C

p_1　…○

p_2　…× × × ○

p_3　…× × × × × × ○

⋮

p_k　…× × × × × × … ×　　○

⋮

p_n　…× × × × × × … ×　×　×　… ×　　　○

これより，A が勝つ確率 P_A は，$P_A = p_1 + p_2 + p_3 + \cdots + p_n = \sum_{k=1}^{n} p_k$ で求まることがわかるので，まず確率 p_k を求め，次に，等比数列の和 $\sum_{k=1}^{n} p_k$ を計算するとよい。また，確率 P_B，P_C は，P_A の場合と同様に考えて求められるが，その計算過程で P_A を用いて表してもよい。

また，〔解法 2〕のように余事象を用いて P_A，P_B，P_C を求めてもよい。

解法 1

k は 1 以上 n 以下の整数とする。

A がさいころを k 回投げて勝つ確率を p_k とすると，A がさいころを k 回投げて勝つのは，$k \geqq 2$ のとき

「A，B，C の 3 人がさいころをそれぞれ $(k-1)$ 回ずつ投げてすべて 1 以外の目が出て，次に A がさいころを投げて 1 の目が出るとき」

であるから

$$p_k = \underbrace{\frac{5}{6} \times \frac{5}{6} \times \frac{5}{6} \times \cdots \times \frac{5}{6}}_{(3k-3) \text{ 個}} \times \frac{1}{6} = \frac{1}{6}\left(\frac{5}{6}\right)^{3k-3} = \frac{1}{6}\left(\frac{125}{216}\right)^{k-1}$$

これは $k=1$ のときも成り立つ。

したがって

$$P_\mathrm{A} = \sum_{k=1}^{n} p_k = \sum_{k=1}^{n} \frac{1}{6}\left(\frac{125}{216}\right)^{k-1}$$

$$= \frac{1}{6} \cdot \frac{1 - \left(\frac{125}{216}\right)^n}{1 - \frac{125}{216}}$$

$$= \frac{36}{91}\left\{1 - \left(\frac{125}{216}\right)^n\right\} \quad \cdots\cdots (答)$$

また，Bがさいころを k 回投げて勝つのは

「A，B，Cの3人がさいころを合計 $(3k-2)$ 回投げてすべて1以外の目が出て，次にBがさいころを投げて1の目が出るとき」

であるから，P_A の場合と同様に考えて

$$P_\mathrm{B} = \sum_{k=1}^{n} \frac{1}{6}\left(\frac{5}{6}\right)^{3k-2} = \sum_{k=1}^{n} \frac{1}{6}\left(\frac{5}{6}\right)^{3k-3} \cdot \frac{5}{6} = \frac{5}{6}\sum_{k=1}^{n} \frac{1}{6}\left(\frac{125}{216}\right)^{k-1}$$

$$= \frac{5}{6} P_\mathrm{A}$$

$$= \frac{30}{91}\left\{1 - \left(\frac{125}{216}\right)^n\right\} \quad \cdots\cdots (答)$$

さらに，Cがさいころを k 回投げて勝つのは

「A，B，Cの3人がさいころを合計 $(3k-1)$ 回投げてすべて1以外の目が出て，次にCがさいころを投げて1の目が出るとき」

であるから，P_A の場合と同様に考えて

$$P_\mathrm{C} = \sum_{k=1}^{n} \frac{1}{6}\left(\frac{5}{6}\right)^{3k-1} = \sum_{k=1}^{n} \frac{1}{6}\left(\frac{5}{6}\right)^{3k-3}\left(\frac{5}{6}\right)^2 = \frac{25}{36}\sum_{k=1}^{n} \frac{1}{6}\left(\frac{125}{216}\right)^{k-1}$$

$$= \frac{25}{36} P_\mathrm{A}$$

$$= \frac{25}{91}\left\{1 - \left(\frac{125}{216}\right)^n\right\} \quad \cdots\cdots (答)$$

解法 2

「Aが勝つまたはBが勝つまたはCが勝つ」の余事象は，「$3n$ 回さいころを投げても1の目が1回も出ないこと」であるから，余事象の確率は

$$\left(\frac{5}{6}\right)^{3n}$$

となるので

$$P_A + P_B + P_C = 1 - \left(\frac{5}{6}\right)^{3n} \quad \cdots\cdots ⑦$$

が成り立つ。

ところで，Bが勝つのは，1回目に1以外の目が出て，2回目以降は

B，C，A，B，C，A，B，……

の順でさいころを投げて，Bが1の目を出したときである。これより，「1回目に1以外の目が出たという条件のもとでBが勝つ条件付き確率」は P_A に等しいから，Bが勝つ確率は

$$P_B = \frac{5}{6} P_A \quad \cdots\cdots ④$$

である。

さらに，Cが勝つのは，1回目と2回目に1以外の目が出て，3回目以降は

C，A，B，C，A，B，C，……

の順でさいころを投げて，Cが1の目を出したときである。これより，「1回目と2回目に1以外の目が出たという条件のもとでCが勝つ条件付き確率」は P_A に等しいから，Cが勝つ確率は

$$P_C = \left(\frac{5}{6}\right)^2 P_A = \frac{25}{36} P_A \quad \cdots\cdots ⑦$$

である。

④，⑦を⑦に代入すると

$$P_A + \frac{5}{6} P_A + \frac{25}{36} P_A = 1 - \left(\frac{5}{6}\right)^{3n}$$

すなわち

$$\frac{91}{36} P_A = 1 - \left(\frac{125}{216}\right)^n$$

となるから

$$P_A = \frac{36}{91}\left\{1 - \left(\frac{125}{216}\right)^n\right\} \quad \cdots\cdots (答)$$

これを④，⑦に代入して

$$P_B = \frac{30}{91}\left\{1 - \left(\frac{125}{216}\right)^n\right\} \quad \cdots\cdots (答)$$

$$P_C = \frac{25}{91}\left\{1 - \left(\frac{125}{216}\right)^n\right\} \quad \cdots\cdots (答)$$

20

〔2022 年度 〔5〕〕　　　　　　　　　　　　　　　　　　　Level B

　中身の見えない2つの箱があり，1つの箱には赤玉2つと白玉1つが入っており，もう1つの箱には赤玉1つと白玉2つが入っている。どちらかの箱を選び，選んだ箱の中から玉を1つ取り出して元に戻す，という操作を繰り返す。

⑴　1回目は箱を無作為に選び，2回目以降は，前回取り出した玉が赤玉なら前回と同じ箱，前回取り出した玉が白玉なら前回とは異なる箱を選ぶ。n回目に赤玉を取り出す確率p_nを求めよ。

⑵　1回目は箱を無作為に選び，2回目以降は，前回取り出した玉が赤玉なら前回と同じ箱，前回取り出した玉が白玉なら箱を無作為に選ぶ。n回目に赤玉を取り出す確率q_nを求めよ。

ポイント　1回目の箱の選び方と$n(\geqq2)$回目以降の箱の選び方が異なるので，$n=1$のときと$n\geqq2$のときで分けて考える。n回目に取り出す玉は赤玉か白玉の2種類しかないので，漸化式を立ててからp_nやq_nを求めるという考え方はよいが，「2つの箱のいずれかを選ぶ」と「箱から赤玉か白玉を取り出す」という2つの操作があるので，「⑴でp_{n+1}をp_nを用いて表す，⑵でq_{n+1}をq_nを用いて表す」と考えるとうまくいかない。そこで，赤玉2つと白玉1つが入っている箱をA，赤玉1つと白玉2つが入っている箱をBとし，n回目の操作で箱Aを選ぶ確率をa_nとおく。そして，a_nについての漸化式（a_{n+1}をa_nを用いて表す）を立てて，a_nを求めるところから考えていくとよい。この考え方は，⑴，⑵ともに同じである。

解法

赤玉2つと白玉1つが入っている箱をA，赤玉1つと白玉2つが入っている箱をBとする。さらに，n回目の操作で箱Aを選ぶ確率をa_nとする（n回目の操作で箱Bを選ぶ確率は$1-a_n$となる）。

⑴　• p_1 について

1回目に赤玉を取り出すのは

　　• 箱Aを選び，赤玉を取り出すとき
　　• 箱Bを選び，赤玉を取り出すとき

の2つの場合がある。

よって，$a_1=\dfrac{1}{2}$ より

$$p_1 = a_1 \times \frac{2}{3} + (1-a_1) \times \frac{1}{3}$$

$$= \frac{1}{2} \times \frac{2}{3} + \frac{1}{2} \times \frac{1}{3}$$

$$= \frac{1}{2}$$

・$p_n (n \geqq 2)$ について

まず，a_n を求める。

$n+1$ 回目の操作で箱Aを選ぶのは

  ・n 回目の操作で箱Aを選び，赤玉を取り出すとき

  ・n 回目の操作で箱Bを選び，白玉を取り出すとき

の2つの場合がある。

これより

$$a_{n+1} = a_n \times \frac{2}{3} + (1-a_n) \times \frac{2}{3} = \frac{2}{3} \quad (n \geqq 1)$$

となるから

$$a_n = \frac{2}{3} \quad (n \geqq 2)$$

n 回目に赤玉を取り出すのは

  ・箱Aを選び，赤玉を取り出すとき

  ・箱Bを選び，赤玉を取り出すとき

の2つの場合がある。

これより

$$p_n = a_n \times \frac{2}{3} + (1-a_n) \times \frac{1}{3}$$

$$= \frac{2}{3} \times \frac{2}{3} + \frac{1}{3} \times \frac{1}{3}$$

$$= \frac{5}{9}$$

したがって，求める確率 p_n は

$$p_n = \begin{cases} \dfrac{1}{2} & (n=1 \text{ のとき}) \\ \dfrac{5}{9} & (n \geqq 2 \text{ のとき}) \end{cases} \quad \cdots\cdots(\text{答})$$

(2) ・q_1 について

$q_1 = p_1$ であるから $\quad q_1 = \dfrac{1}{2}$

・$q_n (n \geq 2)$ について

まず，a_n を求める。

$n+1$ 回目の操作で箱Aを選ぶのは

- n 回目の操作で箱Aを選び，赤玉を取り出すとき
- n 回目の操作で箱Aを選び，白玉を取り出し，かつ，$n+1$ 回目の操作で箱A を選ぶとき
- n 回目の操作で箱Bを選び，白玉を取り出し，かつ，$n+1$ 回目の操作で箱A を選ぶとき

の3つの場合がある。

これより

$$a_{n+1} = a_n \times \frac{2}{3} + a_n \times \frac{1}{3} \times \frac{1}{2} + (1 - a_n) \times \frac{2}{3} \times \frac{1}{2}$$

すなわち

$$a_{n+1} = \frac{1}{2} a_n + \frac{1}{3} \quad (n \geq 1)$$

となり

$$a_{n+1} - \frac{2}{3} = \frac{1}{2} \left(a_n - \frac{2}{3} \right)$$

と変形できる。

これより，数列 $\left\{ a_n - \dfrac{2}{3} \right\}$ は

初項 $a_1 - \dfrac{2}{3} = \dfrac{1}{2} - \dfrac{2}{3} = -\dfrac{1}{6}$，公比 $\dfrac{1}{2}$

の等比数列であるから

$$a_n - \frac{2}{3} = -\frac{1}{6} \left(\frac{1}{2} \right)^{n-1} \quad \text{つまり} \quad a_n = \frac{2}{3} - \frac{1}{3} \left(\frac{1}{2} \right)^n \quad (n \geq 1)$$

n 回目に赤玉を取り出すのは

- 箱Aを選び，赤玉を取り出すとき
- 箱Bを選び，赤玉を取り出すとき

の2つの場合がある。

よって

$$q_n = a_n \times \frac{2}{3} + (1 - a_n) \times \frac{1}{3}$$

$$= \frac{1}{3} a_n + \frac{1}{3}$$

$$= \frac{1}{3} \left\{ \frac{2}{3} - \frac{1}{3} \left(\frac{1}{2} \right)^n \right\} + \frac{1}{3}$$

$$= \frac{5}{9} - \frac{1}{9}\left(\frac{1}{2}\right)^{n} \quad (\text{これは } n=1 \text{ のときも成り立つ})$$

したがって，求める確率 q_n は

$$q_n = \frac{5}{9} - \frac{1}{9}\left(\frac{1}{2}\right)^{n} \quad (n \geqq 1) \quad \cdots\cdots(\text{答})$$

21

サイコロを 3 回投げて出た目を順に a, b, c とするとき，

$$\int_{a-3}^{a+3} (x-b)(x-c)\,dx = 0$$

となる確率を求めよ。

ポイント まず，$\int_{a-3}^{a+3}(x-b)(x-c)\,dx=0$ を計算し，a, b, c の関係式を求めると，$xy+lx+my=n$ のタイプの不定方程式が得られるから，$(x+m)(y+l)=p$ の形に変形して求めるとよい。

解 法

$$\int_{a-3}^{a+3} (x-b)(x-c)\,dx = 0 \quad \cdots\cdots ①$$

$$\int_{a-3}^{a+3} (x-b)(x-c)\,dx$$

$$= \int_{a-3}^{a+3} \{x^2 - (b+c)x + bc\}\,dx$$

$$= \left[\frac{1}{3}x^3 - \frac{b+c}{2}x^2 + bcx\right]_{a-3}^{a+3}$$

$$= \frac{1}{3}\{(a+3)^3 - (a-3)^3\} - \frac{b+c}{2}\{(a+3)^2 - (a-3)^2\} + bc\{(a+3)-(a-3)\}$$

$$= \frac{1}{3}(18a^2 + 54) - \frac{b+c}{2}\cdot 12a + bc\cdot 6$$

$$= 6\{a^2 - (b+c)a + bc + 3\}$$

となるから，①に代入して

$$6\{a^2 - (b+c)a + bc + 3\} = 0$$

$$a^2 - (b+c)a + bc = -3$$

$$(a-b)(a-c) = -3 \quad \cdots\cdots ②$$

a, b, c はサイコロの目より，$a-b$ と $a-c$ は -5 以上 5 以下の整数であるから，②を満たす $a-b$ と $a-c$ の値は

	(ア)	(イ)	(ウ)	(エ)
$a-b$	3	1	-1	-3
$a-c$	-1	-3	3	1

の4組に限られる。

(ア)のとき

$$b = a - 3, \quad c = a + 1$$

であるから，a, b, c の値は

$$(a, b, c) = (4, 1, 5), \quad (5, 2, 6)$$

(イ)のとき

$$b = a - 1, \quad c = a + 3$$

であるから，a, b, c の値は

$$(a, b, c) = (2, 1, 5), \quad (3, 2, 6)$$

(ウ)のとき

$$b = a + 1, \quad c = a - 3$$

であるから，a, b, c の値は

$$(a, b, c) = (4, 5, 1), \quad (5, 6, 2)$$

(エ)のとき

$$b = a + 3, \quad c = a - 1$$

であるから，a, b, c の値は

$$(a, b, c) = (2, 5, 1), \quad (3, 6, 2)$$

よって，②を満たす a, b, c の組数は

(ア)〜(エ)より   8組

また，a, b, c の組数は，全部で

$$6^3 = 216 \text{ 組}$$

であり，これらは同様に確からしい。

したがって，①となる確率は

$$\frac{8}{216} = \frac{1}{27} \quad \cdots\cdots (答)$$

【注】 定積分の計算は，放物線 $y = (x-b)(x-c)$ のグラフを x 軸方向に $-a$ だけ平行移動させて

$$\int_{a-3}^{a+3} (x-b)(x-c)\,dx = \int_{-3}^{3} \{x - (b-a)\}\{x - (c-a)\}\,dx$$

$$= \int_{-3}^{3} \{x^2 - (b+c-2a)x + (b-a)(c-a)\}\,dx$$

$$= 2\int_{0}^{3} \{x^2 + (b-a)(c-a)\}\,dx$$

と計算してもよい。

22 2020年度 〔5〕 Level B

n を正の整数とする。1枚の硬貨を投げ，表が出れば1点，裏が出れば2点を得る。この試行を繰り返し，点の合計が n 以上になったらやめる。点の合計がちょうど n になる確率を p_n で表す。

(1) p_1, p_2, p_3, p_4 を求めよ。

(2) $|p_{n+1} - p_n| < 0.01$ を満たす最小の n を求めよ。

ポイント　(1)　条件を満たすすべての場合を書き出して求めてもよいが，このような問題は構造をつかむことが大切である。

(2)　(1)の実験から漸化式が作れることがわかるので，漸化式を立式し，それを解くことにより，一般項 $p_{n+1} - p_n$ を導き，$|p_{n+1} - p_n| < 0.01$ を満たす n の値の範囲を求めるとよい。なお，漸化式が作れると判断できるのは，1回目に表が出ると残りは $n-1$ 点となるから，ちょうど $n-1$ 点になる樹形図が続き，1回目に裏が出ると残りは $n-2$ 点となるから，ちょうど $n-2$ 点になる樹形図が続くことからわかる。（下図参照）

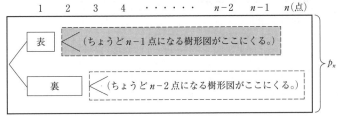

なお，本問は教科書によく記載されている「階段を上るのに，一度に1段または2段上れるものとする。このとき，n 段の階段の上り方を a_n 通りとする。a_n を求めよ」という問題と同じ考え方をするので，漸化式を作るという発想に気づいてほしい。

解法

(1)　1枚の硬貨を投げるとき

表が出る確率は $\dfrac{1}{2}$，裏が出る確率は $\dfrac{1}{2}$ である。

・p_1 について

点の合計が1になるのは

　　　「表が出るとき」

であるから，求める確率 p_1 は

$$p_1 = \frac{1}{2} \quad \cdots\cdots(\text{答})$$

• p_2 について

点の合計が2になるのは

1回目	2回目
表	表
裏	

の2つの場合があるから, 求める確率 p_2 は

$$p_2 = \left(\frac{1}{2}\right)^2 + \frac{1}{2} = \frac{3}{4} \quad \cdots\cdots(\text{答})$$

• p_3 について

点の合計が3になるのは

1回目	2回目	3回目
表	表	表
表	裏	
裏	表	

の3つの場合があるから, 求める確率 p_3 は

$$p_3 = \left(\frac{1}{2}\right)^3 + 2\left(\frac{1}{2}\right)^2 = \frac{5}{8} \quad \cdots\cdots(\text{答})$$

• p_4 について

点の合計が4になるのは

1回目	2回目	3回目	4回目
表	表	表	表
表	表	裏	
表	裏	表	
裏	表	表	
裏	裏		

の5つの場合があるから, 求める確率 p_4 は

$$p_4 = \left(\frac{1}{2}\right)^4 + 3\left(\frac{1}{2}\right)^3 + \left(\frac{1}{2}\right)^2 = \frac{11}{16} \quad \cdots\cdots(\text{答})$$

(2) 点の合計がちょうど $n+2$ になるのは

• 1回目に表が出て1点を得て, その後に得る点の合計がちょうど $n+1$ になるとき

• 1回目に裏が出て2点を得て, その後に得る点の合計がちょうど n になるとき

の2つの場合があるから, 確率 p_{n+2} は確率 p_n, p_{n+1} を用いて

$$p_{n+2} = \frac{1}{2}p_{n+1} + \frac{1}{2}p_n$$

と表せる。

この漸化式は

$$p_{n+2} - p_{n+1} = -\frac{1}{2}(p_{n+1} - p_n)$$

と変形でき，これより，数列 $\{p_{n+1} - p_n\}$ は

初項 $p_2 - p_1 = \frac{3}{4} - \frac{1}{2} = \frac{1}{4}$，公比 $-\frac{1}{2}$

の等比数列であるから

$$p_{n+1} - p_n = \frac{1}{4}\left(-\frac{1}{2}\right)^{n-1} = \left(-\frac{1}{2}\right)^{n+1}$$

これを $|p_{n+1} - p_n| < 0.01$ ……(*) に代入すると

$$\left|\left(-\frac{1}{2}\right)^{n+1}\right| < 0.01$$

$$\left(\frac{1}{2}\right)^{n+1} < \frac{1}{100} \quad ……(*)'$$

ここで，$\left(\frac{1}{2}\right)^6 = \frac{1}{64}$，$\left(\frac{1}{2}\right)^7 = \frac{1}{128}$ であり，$\left(\frac{1}{2}\right)^{n+1}$ は n が増加するにつれて減少するから，

(*)$'$ を満たす n の値の範囲は

$$n+1 \geqq 7 \quad \text{つまり} \quad n \geqq 6$$

したがって，(*)を満たす最小の n の値は

$$n = 6 \quad ……(答)$$

〔注〕 隣接 2 項間漸化式を作って求めることもできる。

点の合計がちょうど $n+1$ にならないのは「点の合計がちょうど n になり，次の試行で裏が出るとき」であるから

$$1 - p_{n+1} = p_n \times \frac{1}{2}$$

すなわち

$$p_{n+1} = 1 - \frac{1}{2}p_n$$

これより

$$p_{n+2} - p_{n+1} = \left(1 - \frac{1}{2}p_{n+1}\right) - \left(1 - \frac{1}{2}p_n\right) = -\frac{1}{2}(p_{n+1} - p_n)$$

以下，〔解法〕に同じ。

23

　左下の図のような縦3列横3列の9個のマスがある。異なる3個のマスを選び，それぞれに1枚ずつコインを置く。マスの選び方は，どれも同様に確からしいものとする。縦と横の各列について，点数を次のように定める。

- その列に置かれているコインが1枚以下のとき，0点
- その列に置かれているコインがちょうど2枚のとき，1点
- その列に置かれているコインが3枚のとき，3点

　縦と横のすべての列の点数の合計を S とする。たとえば，右下の図のようにコインが置かれている場合，縦の1列目と横の2列目の点数が1点，他の列の点数が0点であるから，$S=2$ となる。

(1) $S=3$ となる確率を求めよ。

(2) $S=1$ となる確率を求めよ。

(3) $S=2$ となる確率を求めよ。

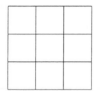

ポイント　与えられた条件を満たすように縦の列，横の列を意識しながら数え上げるとよい。(1)ではどの縦の列に3枚コインを置くかで場合分けする。(2)では，どの縦の列に2枚コインを置くかで場合分けする。(3)では，〔解法1〕のように(1)，(2)の流れから $S=0$ の確率を求めて，余事象を利用する方法と，〔解法2〕のように $S=2$ の確率を直接求める方法がある。

解 法 1

9個のマスをすべて区別して考える。

これら9個のマスから異なる3個のマスを選んでコインを置く方法は全部で

$$_9C_3 = 84 \text{ 通り}$$

あり，すべて同様に確からしい。

また，右図のように縦の列を左からa，b，c，横の列を上からA，B，Cとする。

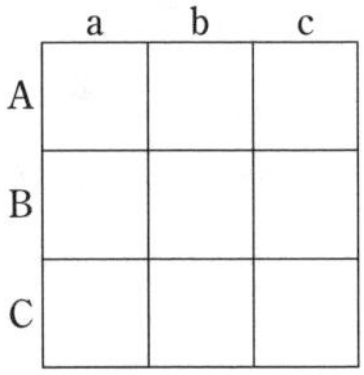

	a	b	c
A			
B			
C			

(1) $S=3$ となるコインの置き方は

- a列に3枚，b列に3枚，c列に3枚
- A列に3枚，B列に3枚，C列に3枚

の6通りがある。

よって，$S=3$ となる確率は

$$P(S=3) = \frac{6}{84} = \frac{1}{14} \quad \cdots\cdots(答)$$

(2) $S=1$ となるコインの置き方は

(ア) $\begin{cases} \text{・a，b，cのどの列にコインを2枚置くかで，}_3C_1\text{通り} \\ \text{・選んだ縦の列でA，B，Cのどこにコインを置くかで，}_3C_2\text{通り} \\ \text{・残り1枚のコインの置き方は，}_2C_1\text{通り} \end{cases}$

(イ) $\begin{cases} \text{・A，B，Cのどの列にコインを2枚置くかで，}_3C_1\text{通り} \\ \text{・選んだ横の列でa，b，cのどこにコインを置くかで，}_3C_2\text{通り} \\ \text{・残り1枚のコインの置き方は，}_2C_1\text{通り} \end{cases}$

の場合がある。

よって，(ア)と(イ)を合わせたコインの置き方は全部で

$$(_3C_1 \times _3C_2 \times _2C_1) \times 2 = 36 \text{ 通り}$$

したがって，$S=1$ となる確率は

$$P(S=1) = \frac{36}{84} = \frac{3}{7} \quad \cdots\cdots(答)$$

(3) S のとりうる値は，「0，1，2，3」より

$$P(S=0) + P(S=1) + P(S=2) + P(S=3) = 1$$

が成り立つから，$S=2$ となる確率は

$$P(S=2) = 1 - P(S=0) - P(S=1) - P(S=3) \quad \cdots\cdots①$$

として求めることができる。

$S=0$ となるコインの置き方は

$\left\{\begin{array}{l} \bullet \text{ a の列で A，B，C のどこにコインを 1 枚置くかで，} {}_3C_1 \text{ 通り} \\ \bullet \text{ b の列で a の列に置かれた A，B，C 以外のどこにコインを 1 枚} \\ \quad \text{置くかで，} {}_2C_1 \text{ 通り} \\ \bullet \text{ c の列で残り 1 枚のコインの置き方は，} {}_1C_1 \text{ 通り} \end{array}\right.$

である。

よって，コインの置き方は全部で

$${}_3C_1 \times {}_2C_1 \times {}_1C_1 = 6 \text{ 通り}$$

したがって，$S=0$ となる確率は $\dfrac{6}{84} = \dfrac{1}{14}$ ……②

ゆえに，$S=2$ となる確率は，(1)，(2) の結果と②を①に代入して

$$P(S=2) = 1 - \frac{1}{14} - \frac{3}{7} - \frac{1}{14} = \frac{3}{7} \quad ……(\text{答})$$

〔注〕 (2) $S=1$ となるコインの置き方については次の手順で考えた。
⑦の場合について述べてみる。

まず，2 枚のコインを置く a，b，c の列に注目すると選び方が ${}_3C_1$ 通りあり，a の列に 2 枚のコインを置いたときを考える。このとき，図 1 の網かけ部分に 2 枚のコインを置くことになるが，A，B，C のどれを選ぶかで ${}_3C_2$ 通りあり，A，C にコインを置いたとする。

次に，残り 1 枚のコインを置くことになるが，そのコインの置き方は図 2 の網かけ部分になるから，${}_2C_1$ 通りである。

⑷の場合も同様に考えることができるから，$S=1$ となるコインの置き方は全部で $({}_3C_1 \times {}_3C_2 \times {}_2C_1) \times 2 = 36$ 通りとなる。

(3) $S=0$ となるコインの置き方については次の手順で考えた。

まず，a の列に 1 枚のコインを置く。置き方は A，B，C から選ぶので，${}_3C_1$ 通りあり，A に置いたときを考える。

次に，b の列に 1 枚のコインを置くことになるが，条件を満たすには図 3 の網かけ部分に置くことになるから，${}_2C_1$ 通りであり，C にコインを置いたとする。

次に，残り 1 枚のコインを c の列に置くことになるが，条件を満たすには図 4 の網かけ部分のみしかないので，${}_1C_1$ 通りになる。よって，$S=0$ となるコインの置き方は全部で，${}_3C_1 \times {}_2C_1 \times {}_1C_1 = 6$ 通りとなる。

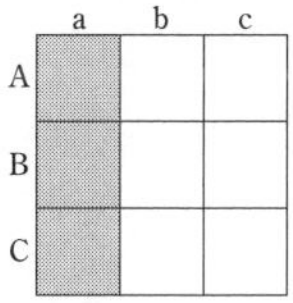

（図 1）

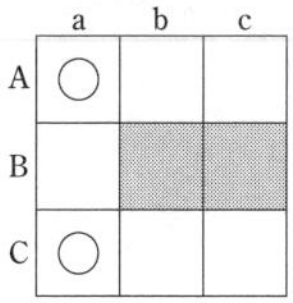

（図 2）

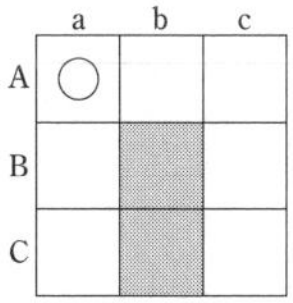

（図 3）

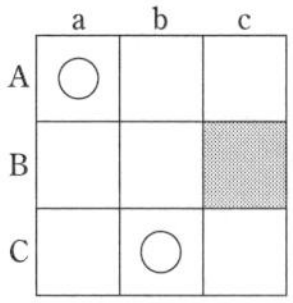

（図 4）

解 法 2

(3) $S=2$ となるのは

a の列, b の列, c の列のいずれかのみが 1 点であり, かつ

A の列, B の列, C の列のいずれかのみが 1 点であるとき

である。

例えば, a の列が 1 点, A の列が 1 点のときを考えると, コインの置き方は次の図の 4 通りがある。

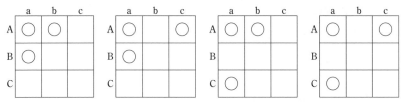

a の列が 1 点, A の列が 1 点のとき以外の場合についても, コインの置き方は同様に 4 通りずつある。

よって, $S=2$ となるコインの置き方は

• a, b, c の選び方が, $_3C_1$ 通り

• A, B, C の選び方が, $_3C_1$ 通り

であるから, 全部で

$$4 \times (_3C_1 \times _3C_1) = 36 \text{ 通り}$$

したがって, $S=2$ となる確率は

$$P(S=2) = \frac{36}{84} = \frac{3}{7} \quad \cdots\cdots(\text{答})$$

24

2018 年度 〔3〕   Level B

3 個のさいころを投げる。

(1) 出た目の積が 6 となる確率を求めよ。

(2) 出た目の積が k となる確率が $\dfrac{1}{36}$ であるような k をすべて求めよ。

ポイント (2) $\dfrac{1}{36}=\dfrac{6}{216}$ より，出た目の積が k となる目の出方の総数が 6 通りである
ことを押さえると，(1)がヒントになっていることに気づく。つまり，目の出方が
(1, 1, 6) のように 2 個だけ同じ目のときは 3 通りの場合があるから，積が k となる 2
個だけ同じ目になる出方についてはちょうど 2 組あればよく（例えば，$k=16$ のときは
(1, 4, 4) と (2, 2, 4) の 2 組），さらに，目の出方が (1, 2, 3) のように 3 個とも
異なる目のときは 6 通りの場合があるから，積が k となる 3 個とも異なる目になる出方
についてはちょうど 1 組あればよいことが見えてくる。ただし，そのような組を探すに
は式を立てて計算するよりも表を書いてしらみつぶしに求めた方が速い。

解 法

3 個のさいころを区別すると，目の出方は全部で
$$6^3 = 216 \text{ 通り}$$
あり，これらは同様に確からしい。

(1) 出た目の積が 6 となる 3 個の目の組合せは
$$\{1,\ 1,\ 6\},\ \{1,\ 2,\ 3\}$$
の 2 種類がある。

{1, 1, 6} についての目の出方は $\dfrac{3!}{2!1!}=3$ 通り

{1, 2, 3} についての目の出方は $3!=6$ 通り
である。よって，出た目の積が 6 となる確率は
$$\frac{3+6}{216}=\frac{1}{24} \quad \cdots\cdots (答)$$

(2) 出た目の積が k となる確率が $\dfrac{1}{36}$ となるような目の出方の総数は，$\dfrac{1}{36}=\dfrac{6}{216}$ より，

6通りである。

ここで，3個のさいころの目の出方は，a, b, c を1以上6以下の相異なる整数として

(i) (a, a, a) …1通り

(ii) (a, a, b), (a, b, a), (b, a, a) …3通り

(iii) (a, b, c), (a, c, b), (b, a, c)
(b, c, a), (c, a, b), (c, b, a) $\Big\}$ …6通り

のいずれかに分類でき，この順に k のとりうる値を調べる。

(i)のとき，$k=a^3$ のとりうる値は次のようになる。

$k = 1^3$, 2^3, 3^3, 4^3, 5^3, 6^3

$= 1$, 8, 27, 64, 125, 216 ……①

(ii)のとき，$k=a^2b$ のとりうる値を表にまとめると次のようになる。

$a^2 \backslash b$	1	2	3	4	5	6
1^2	／	2	3	4	5	6
2^2	4	／	12	16	20	24
3^2	9	18	／	36	45	54
4^2	16	32	48	／	80	96
5^2	25	50	75	100	／	150
6^2	36	72	108	144	180	／

……②

(iii)のとき，$k=abc$（$a<b<c$ とする）のとりうる値を表にまとめると次のようになる。

$ab \backslash c$	3	4	5	6
$1 \cdot 2$	6	8	10	12
$1 \cdot 3$	／	12	15	18
$1 \cdot 4$	／	／	20	24
$1 \cdot 5$	／	／	／	30
$2 \cdot 3$	／	24	30	36
$2 \cdot 4$	／	／	40	48
$2 \cdot 5$	／	／	／	60
$3 \cdot 4$	／	／	60	72
$3 \cdot 5$	／	／	／	90
$4 \cdot 5$	／	／	／	120

……③

出た目の積が k となる目の出方が6通りになるのは

(ア) ②にちょうど2回現れかつ①と③に現れない値

　　　(イ)　③にちょうど1回現れかつ①と②に現れない値
である。
よって，①，②，③より
　　　　(ア)については　　　$k = 4,\ 16$
　　　　(イ)については　　　$k = 10,\ 15,\ 40,\ 90,\ 120$
である。したがって，求める k の値は
　　　4，10，15，16，40，90，120　……(答)

25 2016年度〔3〕 Level B

硬貨が2枚ある。最初は2枚とも表の状態で置かれている。次の操作を n 回行ったあと，硬貨が2枚とも裏になっている確率を求めよ。

[操作] 2枚とも表，または2枚とも裏のときには，2枚の硬貨両方を投げる。

表と裏が1枚ずつのときには，表になっている硬貨だけを投げる。

ポイント n 回操作を行ったとき，2枚の硬貨は，「2枚とも表」か「表と裏が1枚ずつ」か「2枚とも裏」の3パターンしかないから，連立漸化式を立てて解くのが常套手段である。そこで n 回の操作後から $(n+1)$ 回の操作後の2枚の硬貨の推移を次のような図で表し，連立漸化式を立てるとよい。

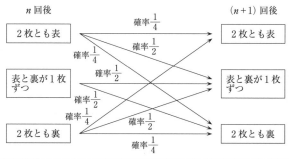

解 法

n 回の操作後，硬貨が2枚とも表になっている確率を p_n，表と裏が1枚ずつになっている確率を q_n，2枚とも裏になっている確率を r_n とすると

$$p_n + q_n + r_n = 1 \quad \cdots\cdots ①$$

また，1回の操作後，p_1，q_1，r_1 は

$$p_1 = \frac{1}{4}, \quad q_1 = \frac{1}{2}, \quad r_1 = \frac{1}{4}$$

n 回の操作後から $(n+1)$ 回目の操作を行ったときの2枚の硬貨の推移は次のようになる。

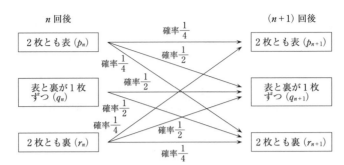

上の推移図より，$n \geqq 1$ のとき

$$\begin{cases} p_{n+1}=\dfrac{1}{4}p_n+\dfrac{1}{4}r_n \\[2mm] q_{n+1}=\dfrac{1}{2}p_n+\dfrac{1}{2}q_n+\dfrac{1}{2}r_n \quad \cdots\cdots ② \\[2mm] r_{n+1}=\dfrac{1}{4}p_n+\dfrac{1}{2}q_n+\dfrac{1}{4}r_n \quad \cdots\cdots ③ \end{cases}$$

①，②より

$$q_{n+1}=\dfrac{1}{2}(p_n+q_n+r_n)=\dfrac{1}{2}\cdot 1=\dfrac{1}{2} \quad (n \geqq 1)$$

となるから

$$q_n=\dfrac{1}{2} \quad (n \geqq 2)$$

これと $q_1=\dfrac{1}{2}$ より

$$q_n=\dfrac{1}{2} \quad (n \geqq 1)$$

これを①，③に代入すると

$$\begin{cases} p_n+\dfrac{1}{2}+r_n=1 \\[2mm] r_{n+1}=\dfrac{1}{4}p_n+\dfrac{1}{2}\cdot\dfrac{1}{2}+\dfrac{1}{4}r_n \end{cases}$$

すなわち

$$\begin{cases} p_n+r_n=\dfrac{1}{2} \qquad\qquad \cdots\cdots ①' \\[2mm] r_{n+1}=\dfrac{1}{4}(p_n+r_n)+\dfrac{1}{4} \quad \cdots\cdots ③' \end{cases}$$

①' を③' に代入すると

$$r_{n+1}=\dfrac{1}{4}\cdot\dfrac{1}{2}+\dfrac{1}{4}=\dfrac{3}{8} \quad (n \geqq 1)$$

となるから

$$r_n = \frac{3}{8} \quad (n \geqq 2)$$

これは，$r_1 = \dfrac{1}{4}$ と一致しない。

よって，操作を n 回行った後，硬貨が 2 枚とも裏になっている確率は

$$r_n = \begin{cases} \dfrac{1}{4} & (n=1 \text{ のとき}) \\[2mm] \dfrac{3}{8} & (n \geqq 2 \text{ のとき}) \end{cases} \quad \cdots\cdots(\text{答})$$

26

n を 2 以上の整数とする。n 以下の正の整数のうち，n との最大公約数が 1 となるものの個数を $E(n)$ で表す。たとえば

$$E(2) = 1, \ E(3) = 2, \ E(4) = 2, \ \cdots, \ E(10) = 4, \ \cdots$$

である。

(1) $E(1024)$ を求めよ。

(2) $E(2015)$ を求めよ。

(3) m を正の整数とし，p と q を異なる素数とする。$n = p^m q^m$ のとき $\dfrac{E(n)}{n} \geqq \dfrac{1}{3}$ が成り立つことを示せ。

ポイント (1) $1024\,(=2^{10})$ 以下の自然数のうち，2 で割り切れない数の個数を求める。
(2) $2015\,(=5 \cdot 13 \cdot 31)$ 以下の自然数のうち，5 でも 13 でも 31 でも割り切れない数の個数を求める。このとき，次の 3 つの和集合の要素の個数を求める公式を使う。

$$n(A \cup B \cup C)$$
$$= n(A) + n(B) + n(C) - n(A \cap B) - n(B \cap C) - n(C \cap A) + n(A \cap B \cap C)$$

(3) まず，$E(n)$ を求めるが，これは $p^m q^m$ 以下の自然数のうち，p でも q でも割り切れない数の個数を求める問題であり，(1)・(2)と同様にすればよい。後半の証明は，
$\dfrac{E(n)}{n} = \left(1 - \dfrac{1}{p}\right)\left(1 - \dfrac{1}{q}\right)$ と変形できるから，おのずと p，q のとりうる値の範囲に注目して示すことになる。

解 法

(1) $1024 = 2^{10}$ より，1024 との最大公約数が 1 でないものは，2 を約数にもつもの，つまり，偶数である。

よって，1024 以下の正の約数のうち，偶数の個数は

$$\frac{1024}{2} = 512$$

である。

したがって，求める個数は

$$E(1024) = 1024 - 512 = 512 \quad \cdots\cdots(答)$$

(2) $2015 = 5 \cdot 13 \cdot 31$ より，2015 との最大公約数が 1 でないものは，5，13，31 のうち少なくとも 1 つを約数にもつものである。

ここで，2015 以下の正の約数のうち，5 の倍数であるものの集合を A，13 の倍数であるものの集合を B，31 の倍数であるものの集合を C とすると，5，13，31 のうち少なくとも 1 つを約数にもつ集合の要素の個数は，$n(A \cup B \cup C)$ である。

さらに，5，13，31 がいずれも素数より，$A \cap B$，$B \cap C$，$C \cap A$，$A \cap B \cap C$ はそれぞれ $5 \cdot 13$，$13 \cdot 31$，$31 \cdot 5$，$5 \cdot 13 \cdot 31$ の倍数の集合であるから

$$n(A \cup B \cup C)$$
$$= n(A) + n(B) + n(C) - n(A \cap B) - n(B \cap C) - n(C \cap A) + n(A \cap B \cap C)$$
$$= \frac{2015}{5} + \frac{2015}{13} + \frac{2015}{31} - \frac{2015}{5 \cdot 13} - \frac{2015}{13 \cdot 31} - \frac{2015}{31 \cdot 5} + \frac{2015}{5 \cdot 13 \cdot 31}$$
$$= 403 + 155 + 65 - 31 - 5 - 13 + 1$$
$$= 575$$

である。

したがって，求める個数は

$$E(2015) = 2015 - 575 = 1440 \quad \cdots\cdots(答)$$

(3) $n = p^m q^m$（m は正の整数，p と q は異なる素数）より，$p^m q^m$ との最大公約数が 1 でないものは，p，q のうち少なくとも 1 つを約数にもつものである。

ここで，$p^m q^m$ 以下の正の約数のうち，p の倍数であるものの集合を P，q の倍数であるものの集合を Q とすると，p，q のうち少なくとも 1 つを約数にもつ集合の要素の個数は，$n(P \cup Q)$ である。

よって

$$n(P \cup Q) = n(P) + n(Q) - n(P \cap Q)$$
$$= \frac{p^m q^m}{p} + \frac{p^m q^m}{q} - \frac{p^m q^m}{pq}$$

であるから

$$E(n) = p^m q^m - \left(\frac{p^m q^m}{p} + \frac{p^m q^m}{q} - \frac{p^m q^m}{pq} \right)$$
$$= p^m q^m \left(1 - \frac{1}{p} - \frac{1}{q} + \frac{1}{pq} \right)$$
$$= n \left(1 - \frac{1}{p} \right) \left(1 - \frac{1}{q} \right)$$

これより

$$\frac{E(n)}{n} = \left(1 - \frac{1}{p} \right) \left(1 - \frac{1}{q} \right) \quad \cdots\cdots①$$

p と q は異なる素数より，$p<q$ として考えると，$p \geqq 2$，$q \geqq 3$ から

$$(0<)\frac{1}{p} \leqq \frac{1}{2}, \quad (0<)\frac{1}{q} \leqq \frac{1}{3}$$

$$1-\frac{1}{p} \geqq \frac{1}{2}, \quad 1-\frac{1}{q} \geqq \frac{2}{3}$$

したがって

$$\left(1-\frac{1}{p}\right)\left(1-\frac{1}{q}\right) \geqq \frac{1}{2}\cdot\frac{2}{3} \quad (p>q \text{ として考えても同じになる})$$

$$\frac{E(n)}{n} \geqq \frac{1}{3} \quad (①より)$$

が成り立つ。 （証明終）

> **参考** n を自然数とする。n 以下の自然数のうち，n との最大公約数が1となる（n と互いに素である）ものの個数を $\varphi(n)$ と表し，これを「オイラーの関数」という。
>
> n が相異なる素数 p_1, p_2, $\cdots$, p_k（k は自然数）によって
>
> $$n = p_1{}^{e_1} \cdot p_2{}^{e_2} \cdot \cdots \cdot p_k{}^{e_k} \quad (e_1, e_2, \cdots, e_k \text{ は自然数})$$
>
> と素因数分解できるとき
>
> $$\varphi(n) = n\left(1-\frac{1}{p_1}\right)\left(1-\frac{1}{p_2}\right)\cdots\left(1-\frac{1}{p_k}\right)$$
>
> が成り立つ。

27

Level　C

n を 4 以上の整数とする。正 n 角形の 2 つの頂点を無作為に選び，それらを通る直線を l とする。さらに，残りの $n-2$ 個の頂点から 2 つの頂点を無作為に選び，それらを通る直線を m とする。直線 l と m が平行になる確率を求めよ。

ポイント　n を扱う場合の数や確率の問題では，小さいモデルケースを作って実験するのが常套手段である。$n=5$，6，7，8 ぐらいで考えるとよい。n が奇数のときは，l と m は正 n 角形のある辺に必ず平行になるのに対して，n が偶数のときは，正 n 角形のある辺に必ずしも平行にならないことから，n の偶奇分けが必要であり，さらに，n が偶数のとき，l と m は正 n 角形のある辺に平行になるときとならないときに分けて考える。

解 法

2 点を選ぶと 1 本の直線が定まるから，l と m の選び方は全部で

$$_n\mathrm{C}_2 \cdot {}_{n-2}\mathrm{C}_2 = \frac{n(n-1)}{2} \cdot \frac{(n-2)(n-3)}{2} = \frac{n(n-1)(n-2)(n-3)}{4} \ \text{通り}$$

あり，これらは同様に確からしい。

(i)　$n=2k+1$（$k=2$，3，4，$\cdots$）のとき

$2k+1$ 個の頂点を A_1，A_2，$\cdots$，A_{2k+1} とし，右図のように定める。

l と m は正 $2k+1$ 角形のある辺に必ず平行になる。ここで，辺 $\mathrm{A}_1\mathrm{A}_{2k+1}$ に平行な直線の本数を考えると，直線 $\mathrm{A}_1\mathrm{A}_{2k+1}$ も含めると k 本の直線がある。このうち，l と m の選び方は

$$_k\mathrm{P}_2 = k(k-1) \ \text{通り}$$

ある。

また，辺の選び方は $2k+1$ 通りあり，そのおのおのに対しての l と m の重複は起こらない。

よって，l と m の選び方は全部で

$$k(k-1)(2k+1) \ \text{通り}$$

ある。

したがって，求める確率を n で表すと，$n=2k+1$ より，$k=\dfrac{n-1}{2}$ であるから

$$\frac{k(k-1)(2k+1)}{\dfrac{n(n-1)(n-2)(n-3)}{4}}=\frac{\dfrac{n-1}{2}\left(\dfrac{n-1}{2}-1\right)n}{\dfrac{n(n-1)(n-2)(n-3)}{4}}=\frac{1}{n-2}$$

(ii) $n=2k$ $(k=2,\ 3,\ 4,\ \cdots)$ のとき

$2k$ 個の頂点を A_1, A_2, $\cdots$, A_{2k} とし，次のように定める。

(ア) l と m が正 $2k$ 角形のある辺に平行なとき

辺 A_1A_{2k} に平行な直線の本数を考えると，直線 A_1A_{2k} も含めて k 本の直線がある。このうち，l と m の選び方は

$$_kP_2=k(k-1)\ \text{通り}$$

ある。

また，辺の選び方は $2k$ 通りあるが，たとえば，「直線 A_1A_{2k} に平行な l と m」と「直線 A_kA_{k+1} に平行な l と m」は重複するから，そのことに注意すると辺の選び方は $\dfrac{2k}{2}=k$ 通りある。

よって，l と m の選び方は全部で

$$k(k-1)\cdot k=k^2(k-1)\ \text{通り}$$

ある。

(イ) l と m が正 $2k$ 角形のどの辺にも平行でないとき

頂点を 1 つ空けた 2 頂点 A_2 と A_{2k} を通る直線 A_2A_{2k} に平行な直線を考えると，直線 A_2A_{2k} も含めて $k-1$ 本の直線がある。このうち，l と m の選び方は

$$_{k-1}P_2=(k-1)(k-2)\ \text{通り}$$

ある。（これは $k=2$ のときも成り立つ）

また，頂点を 1 つ空けた 2 頂点を通る直線の選び方は $2k$ 通りあるが，たとえば，「直線 A_2A_{2k} に平行な l と m」と「直線 A_kA_{k+2} に平行な l と m」は重複するから，そのことに注意すると直線の選び方は $\dfrac{2k}{2}=k$ 通りある。

よって，l と m の選び方は全部で

$$(k-1)(k-2)\cdot k=k(k-1)(k-2)\ \text{通り}$$

ある。

したがって，l と m の選び方は，(ア)と(イ)を合わせて

$$k^2(k-1)+k(k-1)(k-2)=2k(k-1)^2\ \text{通り}$$

ある。

ゆえに，求める確率を n で表すと，$n=2k$ より，$k=\dfrac{n}{2}$ であるから

$$\dfrac{2k(k-1)^2}{\dfrac{n(n-1)(n-2)(n-3)}{4}} = \dfrac{2\cdot\dfrac{n}{2}\left(\dfrac{n}{2}-1\right)^2}{\dfrac{n(n-1)(n-2)(n-3)}{4}} = \dfrac{n-2}{(n-1)(n-3)}$$

以上，(ⅰ)，(ⅱ)より，求める確率は

n が 4 以上の偶数のとき，$\dfrac{n-2}{(n-1)(n-3)}$

n が 5 以上の奇数のとき，$\dfrac{1}{n-2}$

　……(答)

28

数直線上の点Pを次の規則で移動させる。一枚の硬貨を投げて，表が出ればPを +1 だけ移動させ，裏が出ればPを原点に関して対称な点に移動させる。Pは初め原点にあるとし，硬貨を n 回投げた後のPの座標を a_n とする。

(1)　$a_3 = 0$ となる確率を求めよ。

(2)　$a_4 = 1$ となる確率を求めよ。

(3)　$n \geqq 3$ のとき，$a_n = n - 3$ となる確率を n を用いて表せ。

ポイント　(1)　樹形図を描いて数え上げるとよい。

(2)　(1)を踏まえて，a_3 の値が何であれば $a_4 = 1$ になるかを考えるとよい。

(3)　(1), (2)を踏まえると，a_{n-1} の値が何であれば $a_n = n - 3$ になるかを考えるとよいから，漸化式を作ることを考える。$a_n = n - 3$ となるのは

(I)　$a_{n-1} = n - 4$ で，n 回目に表が出るとき

(II)　$a_{n-1} = -(n-3)$ で，n 回目に裏が出るとき

の2つの場合があり，さらに，(II)において，$a_{n-1} = -(n-3)$ となるのは

(i)　$a_{n-2} = -(n-2)$ で，$n-1$ 回目に表が出るとき

(ii)　$a_{n-2} = n - 3$ で，$n - 1$ 回目に裏が出るとき

の2つの場合がある。これより，p_n と p_{n-1} についての漸化式を作るとよい。

また，〔**解法2**〕のように硬貨の表裏の出方を数え上げてもよい。

解法 1

(1)　$a_3 = 0$ となるのは，硬貨の表裏の出方が

　　　表裏表　　または　　裏裏裏

のときである。

よって，$a_3 = 0$ となる確率は

$$\left(\frac{1}{2}\right)^3 + \left(\frac{1}{2}\right)^3 = \frac{1}{4} \quad \cdots\cdots(答)$$

(2)　$a_4 = 1$ となるのは

(ア)　$a_3 = 0$ で，4回目に表が出るとき

(イ)　$a_3 = -1$ で，4回目に裏が出るとき

の2通りがある。

(ア)の確率は，(1)の結果より

$$\frac{1}{4} \cdot \frac{1}{2} = \frac{1}{8}$$

(イ)の確率は，$a_3 = -1$ となるのが，裏表裏と出るときであるから

$$\left(\frac{1}{2}\right)^3 \cdot \frac{1}{2} = \frac{1}{16}$$

よって，$a_4 = 1$ となる確率は，(ア)，(イ)より

$$\frac{1}{8} + \frac{1}{16} = \frac{3}{16} \quad \cdots\cdots(答)$$

(3) n 回移動後に，$a_n = n-3$ となる確率を p_n $(n \geqq 3)$ とおく。

$n \geqq 4$ のとき，$a_n = n-3$ となるのは

 (I) $a_{n-1} = n-4$ で，n 回目に表が出るとき

 (II) $a_{n-1} = -(n-3)$ で，n 回目に裏が出るとき

の2つの場合がある。

(I)のとき

 $n-1$ 回移動後，$a_{n-1} = n-4$ となる確率は p_{n-1} であるから，(I)の確率は

$$p_{n-1} \cdot \frac{1}{2} = \frac{1}{2} p_{n-1}$$

(II)のとき

 $n-1$ 回移動後，$a_{n-1} = -(n-3)$ となるのは

  (i) $a_{n-2} = -(n-2)$ で，$n-1$ 回目に表が出るとき

  (ii) $a_{n-2} = n-3$ で，$n-1$ 回目に裏が出るとき

の場合がある。

ここで，条件より，$|a_{n-2}| \leqq n-2$ であるが，1回目から $n-2$ 回目まですべて表のときは，$a_{n-2} = n-2$ であり，1回でも裏が出ると，$|a_{n-2}| \leqq n-3$ となる。よって，(i)となることはない。

また，1回目から $n-2$ 回目までに裏が2回以上出ると，$|a_{n-2}| \leqq n-4$ となるから，(ii)となるのは

 1回目に裏，2回目から $n-2$ 回目まですべて表，$n-1$ 回目に裏が出るとき

である。

よって，(ii)の確率は

$$\frac{1}{2} \cdot \left(\frac{1}{2}\right)^{n-3} \cdot \frac{1}{2} = \left(\frac{1}{2}\right)^{n-1}$$

したがって，(II)の確率は，n 回目に裏が出ることに注意して

$$\left(\frac{1}{2}\right)^{n-1}\cdot\frac{1}{2}=\left(\frac{1}{2}\right)^{n}$$

以上，(I)，(II)より

$$p_n=\frac{1}{2}p_{n-1}+\left(\frac{1}{2}\right)^{n}\quad(n\geqq4)$$

この両辺に 2^n を掛けると

$$2^n p_n=2^{n-1}p_{n-1}+1\quad(n\geqq4)$$

ここで，$q_n=2^n p_n\ (n\geqq3)$ とおくと

$$q_n=q_{n-1}+1\quad(n\geqq4)$$

これより，数列 $\{q_n\}$ は，公差 1 の等差数列であるから

$$q_n=q_3+(n-3)\cdot1\quad(n\geqq3)$$

(1)の結果より，$q_3=2^3\cdot\dfrac{1}{4}=2$ であるから

$$q_n=2+(n-3)=n-1$$

よって，$a_n=n-3$ となる確率は

$$2^n p_n=n-1\quad\text{すなわち}\quad p_n=\frac{n-1}{2^n}\quad(n\geqq3)\quad\cdots\cdots(答)$$

解法 2

(3) 表が出れば $+1$ だけ移動させ，裏が出れば原点に関して対称な点に移動させることに注意すると，$a_n=n-3$ になるには，少なくとも表が $n-3$ 回出なければならない。

(a) 表が n 回出るとき

$a_n=n$ となるから，適さない。

(b) 表が $n-1$ 回，裏が 1 回出るとき

裏が x 回目に出るとき

$$a_n=(x-1)\cdot(-1)+(n-x)\cdot1=n-2x+1$$

$a_n=n-3$ のとき

$$n-2x+1=n-3$$
$$x=2$$

よって，このときの確率は

$$\left(\frac{1}{2}\right)^{n}$$

(c) 表が $n-2$ 回，裏が 2 回出るとき

裏が x 回目と y 回目 $(1\leqq x<y\leqq n)$ に出るとき

$$a_n=\{(x-1)\cdot(-1)+(y-1-x)\}\cdot(-1)+(n-y)\cdot1$$

$$= 2x - 2y + n$$

$a_n = n - 3$ のとき

$$2x - 2y + n = n - 3$$
$$2y - 2x = 3$$

x, y は自然数より，左辺の $2y - 2x$ は偶数であるが，右辺の 3 は奇数であるから等式は成り立たないので適さない。

(d) 表が $n - 3$ 回，裏が 3 回出るとき

裏が x 回目と y 回目と z 回目 $(1 \leqq x < y < z \leqq n)$ に出るとき

$$a_n = [\{(x-1)\cdot(-1) + (y-1-x)\}\cdot(-1) + (z-1-y)]\cdot(-1) + (n-z)\cdot 1$$
$$= -2x + 2y - 2z + n + 1$$

$a_n = n - 3$ のとき

$$-2x + 2y - 2z + n + 1 = n - 3$$
$$x - y + z = 2$$

$x \geqq 1$, $z - y \geqq 1$ であるから

$$x = 1 \quad \text{かつ} \quad z - y = 1$$

よって，$1 \leqq x < y < z \leqq n$ より

$$x = 1, \ (y,\ z) = (2,\ 3),\ (3,\ 4),\ \cdots,\ (n-1,\ n)$$

したがって，$(x,\ y,\ z)$ の組数は

$$n - 2 \text{ 組}$$

ゆえに，このときの確率は

$$\left(\frac{1}{2}\right)^n (n-2)$$

以上から，求める確率は，(a)〜(d)より

$$\left(\frac{1}{2}\right)^n + \left(\frac{1}{2}\right)^n (n-2) = \frac{n-1}{2^n} \quad \cdots\cdots (答)$$

29

サイコロを n 回投げ，k 回目に出た目を a_k とする。また，s_n を

$$s_n = \sum_{k=1}^{n} 10^{n-k} a_k$$

で定める。

(1) s_n が 4 で割り切れる確率を求めよ。

(2) s_n が 6 で割り切れる確率を求めよ。

(3) s_n が 7 で割り切れる確率を求めよ。

ポイント (1) 4 の倍数の判定方法は「下 2 桁が 4 で割り切れること」であるから，s_n の下 2 桁である $10a_{n-1}+a_n$ が 4 で割り切れる $(a_{n-1},\ a_n)$ の組を調べるとよい。

(2) 6 の倍数，つまり 2 の倍数かつ 3 の倍数の判定方法で考えると煩雑になる。そこで，余りに着目するとよい。なぜならば，この試行を繰り返し行うと，余りの推移がいくつかのパターンしか起こらないからである。このようなときは漸化式を立てて解くのが有効である。$s_n = \sum_{k=1}^{n} 10^{n-k} a_k$ より，$s_n = 10s_{n-1}+a_n$ と変形することにより漸化式を立てるとよい。

(3) 7 の倍数の判定方法で考えるのは困難であるから，(2)と同様，余りに着目して漸化式を立てて解くとよい。

解法

(1) $n=1$ のとき，s_n が 4 で割り切れるのは，$a_1=4$ つまり 4 の目が出るときであるから，その確率は $\dfrac{1}{6}$ である。

$n \geqq 2$ のとき

$$\begin{aligned}
s_n &= \sum_{k=1}^{n} 10^{n-k} a_k \\
&= 10^{n-1}a_1 + 10^{n-2}a_2 + 10^{n-3}a_3 + \cdots + 10^2 a_{n-2} + 10a_{n-1} + a_n \\
&= 4 \cdot 25 \left(10^{n-3}a_1 + 10^{n-4}a_2 + 10^{n-5}a_3 + \cdots + a_{n-2}\right) + 10a_{n-1} + a_n
\end{aligned}$$

であるから，s_n が 4 で割り切れるのは，$10a_{n-1}+a_n$ が 4 の倍数になるときである。よって，数え上げると

$$(a_{n-1}, \ a_n) = (1, \ 2), \ (1, \ 6), \ (2, \ 4), \ (3, \ 2), \ (3, \ 6), \ (4, \ 4),$$
$$(5, \ 2), \ (5, \ 6), \ (6, \ 4)$$

の9通りあり，このとき，$a_1, \ a_2, \ \cdots, \ a_{n-2}$ は任意のサイコロの目である。
したがって，$n \geqq 2$ のときの確率は

$$1^{n-2} \times \frac{9}{36} = \frac{1}{4}$$

以上から，s_n が4で割り切れる確率は

$$\left. \begin{array}{l} n = 1 \text{ のとき} \quad \dfrac{1}{6} \\[3mm] n \geqq 2 \text{ のとき} \quad \dfrac{1}{4} \end{array} \right\} \quad \cdots\cdots \text{(答)}$$

(2) $n = 1$ のとき，s_n が6で割り切れるのは，$a_1 = 6$ つまり6の目が出るときであるから，その確率は $\dfrac{1}{6}$ である。

$n \geqq 2$ のとき

$$\begin{aligned} s_n &= 10^{n-1}a_1 + 10^{n-2}a_2 + 10^{n-3}a_3 + \cdots + 10^2 a_{n-2} + 10a_{n-1} + a_n \\ &= 10\,(10^{n-2}a_1 + 10^{n-3}a_2 + 10^{n-4}a_3 + \cdots + 10a_{n-2} + a_{n-1}) + a_n \\ &= 10s_{n-1} + a_n \quad \cdots\cdots\text{①} \end{aligned}$$

ここで，s_n を6で割った余りを $s_n(6)$ と表すと，$s_n(6) = 0$ となる条件は，①より

$$(s_{n-1}(6), \ a_n) = (0, \ 6), \ (1, \ 2), \ (2, \ 4), \ (3, \ 6), \ (4, \ 2), \ (5, \ 4)$$

したがって，$s_n(6) = 0, \ 1, \ 2, \ 3, \ 4, \ 5$ となる確率を順に $p_n(0), \ p_n(1), \ p_n(2), \ p_n(3), \ p_n(4), \ p_n(5)$ とすると

$$\begin{aligned} p_n(0) &= p_{n-1}(0) \times \frac{1}{6} + p_{n-1}(1) \times \frac{1}{6} + p_{n-1}(2) \times \frac{1}{6} + p_{n-1}(3) \times \frac{1}{6} \\ &\qquad\qquad\qquad\qquad\qquad + p_{n-1}(4) \times \frac{1}{6} + p_{n-1}(5) \times \frac{1}{6} \\ &= \frac{1}{6}\,(p_{n-1}(0) + p_{n-1}(1) + p_{n-1}(2) + p_{n-1}(3) + p_{n-1}(4) + p_{n-1}(5)) \\ &= \frac{1}{6} \quad (p_{n-1}(0) + p_{n-1}(1) + p_{n-1}(2) + p_{n-1}(3) + p_{n-1}(4) + p_{n-1}(5) = 1 \text{ より}) \end{aligned}$$

以上から，s_n が6で割り切れる確率は

$$\frac{1}{6} \quad \cdots\cdots\text{(答)}$$

(3) s_n を7で割った余りを $s_n(7)$ と表すと，$s_n(7) = 0$ となる条件は，①より

$$(s_{n-1}(7), \ a_n) = (1, \ 4), \ (2, \ 1), \ (3, \ 5), \ (4, \ 2), \ (5, \ 6), \ (6, \ 3)$$

したがって，$s_n(7) = 0$, 1, 2, 3, 4, 5, 6 となる確率を順に $q_n(0)$, $q_n(1)$, $q_n(2)$, $q_n(3)$, $q_n(4)$, $q_n(5)$, $q_n(6)$ とすると

$$q_n(0) = q_{n-1}(1) \times \frac{1}{6} + q_{n-1}(2) \times \frac{1}{6} + q_{n-1}(3) \times \frac{1}{6} + q_{n-1}(4) \times \frac{1}{6}$$
$$+ q_{n-1}(5) \times \frac{1}{6} + q_{n-1}(6) \times \frac{1}{6}$$

$$= \frac{1}{6}(q_{n-1}(1) + q_{n-1}(2) + q_{n-1}(3) + q_{n-1}(4) + q_{n-1}(5) + q_{n-1}(6))$$

$$= \frac{1}{6}(1 - q_{n-1}(0))$$

$$(q_{n-1}(0) + q_{n-1}(1) + q_{n-1}(2) + q_{n-1}(3) + q_{n-1}(4) + q_{n-1}(5) + q_{n-1}(6) = 1 \text{ より})$$

が成り立つから

$$q_n(0) = -\frac{1}{6} q_{n-1}(0) + \frac{1}{6} \quad \cdots\cdots ②$$

また，$n=1$ のとき，s_n は 7 で割り切れないから，$q_1(0) = 0$ である。②は

$$q_n(0) - \frac{1}{7} = -\frac{1}{6}\left(q_{n-1}(0) - \frac{1}{7}\right)$$

と変形できるから，数列 $\left\{q_n(0) - \dfrac{1}{7}\right\}$ は

初項 $q_1(0) - \dfrac{1}{7} = -\dfrac{1}{7}$，公比 $-\dfrac{1}{6}$

の等比数列である。

ゆえに

$$q_n(0) - \frac{1}{7} = -\frac{1}{7}\left(-\frac{1}{6}\right)^{n-1}$$

$$q_n(0) = \frac{1}{7}\left\{1 - \left(-\frac{1}{6}\right)^{n-1}\right\} \quad (n = 1, 2, 3, \cdots)$$

よって，s_n が 7 で割り切れる確率は

$$\frac{1}{7}\left\{1 - \left(-\frac{1}{6}\right)^{n-1}\right\} \quad \cdots\cdots (答)$$

30

　最初に 1 の目が上面にあるようにサイコロが置かれている。その後，4 つの側面から 1 つの面を無作為に選び，その面が上面になるように置き直す操作を n 回繰り返す。なお，サイコロの向かい合う面の目の数の和は 7 である。

⑴　最後に 1 の目が上面にある確率を求めよ。

⑵　最後に上面にある目の数の期待値を求めよ。

ポイント　⑴　1 の目は上面か側面か底面のいずれかにしかない。このように，何回かの試行を繰り返してもいくつかの状況しか起こりえないときは，漸化式を立てて解くのが常套手段である。そこで，n 回の操作後から $(n+1)$ 回の操作後の 1 の目の推移を次のような図で表し，連立漸化式を立てるとよい。

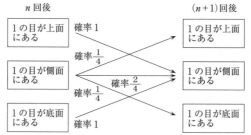

⑵　2，3，4，5 の目が上面にくる確率が，最初に 1 の目が上面にあることより，すべて等しくなることがポイントである（〔注〕参照）。また，期待値の計算については次の公式を用いるとよい。

X	x_1	x_2	x_3	$\cdots$	x_n	計
P	p_1	p_2	p_3	$\cdots$	p_n	1

のとき　　$E(X) = \sum\limits_{k=1}^{n} x_k p_k$

解法

n 回の操作後, 1 の目が上面, 側面, 底面にある確率をそれぞれ p_n, q_n, r_n ($n=1, 2, 3, \cdots$) とおくと

$$p_n+q_n+r_n=1 \quad \cdots\cdots①$$

また, 1 回の操作後, 1 の目は必ず側面にくるから

$$p_1=0, \quad q_1=1, \quad r_1=0$$

(1) n 回の操作後から $(n+1)$ 回目の操作を行ったときの 1 の目の推移は次のようになる。

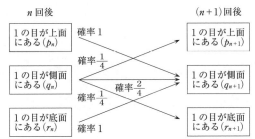

(ⅰ) $(n+1)$ 回の操作後, 1 の目が上面にあるのは, n 回の操作後に 1 の目が側面にあり, 次の操作において 1 の目を確率 $\dfrac{1}{4}$ で選んだときである。

(ⅱ) $(n+1)$ 回の操作後, 1 の目が側面にあるのは

・n 回の操作後に 1 の目が上面にあり, 次の操作で必ず側面にくるとき

・n 回の操作後に 1 の目が側面にあり, 1, 6 の目以外の目を確率 $\dfrac{2}{4}$ で選んだとき

・n 回の操作後に 1 の目が底面にあり, 次の操作で必ず側面にくるとき

の場合である。

(ⅲ) $(n+1)$ 回の操作後, 1 の目が底面にあるのは, n 回の操作後に 1 の目が側面にあり, 次の操作において 6 の目を確率 $\dfrac{1}{4}$ で選んだときである。

(ⅰ), (ⅱ), (ⅲ)より

$$\begin{cases} p_{n+1}=\dfrac{1}{4}q_n & \cdots\cdots② \\[2mm] q_{n+1}=p_n+\dfrac{2}{4}q_n+r_n & \cdots\cdots③ \\[2mm] r_{n+1}=\dfrac{1}{4}q_n & \cdots\cdots④ \end{cases}$$

①より，$p_n + r_n = 1 - q_n$ であるから，これを③に代入すると

$$q_{n+1} = (1 - q_n) + \frac{2}{4}q_n = -\frac{1}{2}q_n + 1$$

これは

$$q_{n+1} - \frac{2}{3} = -\frac{1}{2}\left(q_n - \frac{2}{3}\right)$$

と変形できるから，$q_1 = 1$ より

$$q_n - \frac{2}{3} = \left(q_1 - \frac{2}{3}\right)\left(-\frac{1}{2}\right)^{n-1}$$

すなわち

$$q_n = \frac{2}{3} + \frac{1}{3}\left(-\frac{1}{2}\right)^{n-1} \quad (n = 1,\ 2,\ 3,\ \cdots) \quad \cdots\cdots⑤$$

よって，$n \geqq 2$ のとき，②，④より

$$p_n = r_n = \frac{1}{4}q_{n-1}$$

$$= \frac{1}{4}\left\{\frac{2}{3} + \frac{1}{3}\left(-\frac{1}{2}\right)^{n-2}\right\}$$

$$= \frac{1}{6}\left\{1 - \left(-\frac{1}{2}\right)^{n-1}\right\}$$

また，$p_1 = r_1 = 0$ より，この式は $n = 1$ のときでも成り立つ。
したがって，1 の目が上面にある確率は

$$p_n = \frac{1}{6}\left\{1 - \left(-\frac{1}{2}\right)^{n-1}\right\} \quad (n = 1,\ 2,\ 3,\ \cdots) \quad \cdots\cdots(答)$$

(2)　1 の目の反対側は 6 の目であるから，n 回の操作後に 1 の目が上面にある確率は p_n，6 の目が上面にある確率は r_n である。

また，それ以外の目が上面にある確率は q_n で，最初に 1 の目が上面にあることから，

2，3，4，5 の目が上面にある確率はすべて等しく，$\frac{1}{4}q_n$ である（【注】参照）。

よって，上面にある目の数の期待値は

$$1 \times p_n + 2 \times \frac{1}{4}q_n + 3 \times \frac{1}{4}q_n + 4 \times \frac{1}{4}q_n + 5 \times \frac{1}{4}q_n + 6 \times r_n$$

$$= p_n + \frac{7}{2}q_n + 6r_n$$

$$= 7p_n + \frac{7}{2}q_n \quad (p_n = r_n \text{ より})$$

$$= 7 \cdot \frac{1}{6}\left\{1 - \left(-\frac{1}{2}\right)^{n-1}\right\} + \frac{7}{2} \cdot \left\{\frac{2}{3} + \frac{1}{3}\left(-\frac{1}{2}\right)^{n-1}\right\} \quad ((1)\text{の結果と⑤より})$$

$$=\frac{7}{2} \quad \cdots\cdots(\text{答})$$

〔注〕 最初に1の目が上面にあることから，2，3，4，5の目が上面にある確率はすべて等しくなることについて詳しく述べる。n回繰り返した後，2の目が上面，側面，底面にある確率をそれぞれp'_n，q'_n，r'_nとすると

$$p'_1=\frac{1}{4}, \quad q'_1=\frac{2}{4}, \quad r'_1=\frac{1}{4}$$

$$\begin{cases} p'_{n+1}=\dfrac{1}{4}q'_n & \cdots\cdots\text{⑦} \\[2mm] q'_{n+1}=p'_n+\dfrac{2}{4}q'_n+r'_n & \cdots\cdots\text{④} \\[2mm] r'_{n+1}=\dfrac{1}{4}q'_n & \end{cases}$$

ここで，$p'_n+q'_n+r'_n=1$であることに注意すると，④より

$$q'_{n+1}=(1-q'_n)+\frac{2}{4}q'_n=-\frac{1}{2}q'_n+1$$

これは，$q'_{n+1}-\dfrac{2}{3}=-\dfrac{1}{2}\Big(q'_n-\dfrac{2}{3}\Big)$ と変形できるから，$q'_1=\dfrac{2}{4}$より

$$q'_n-\frac{2}{3}=\Big(q'_1-\frac{2}{3}\Big)\Big(-\frac{1}{2}\Big)^{n-1}$$

$$q'_n=\frac{2}{3}-\frac{1}{6}\Big(-\frac{1}{2}\Big)^{n-1}=\frac{2}{3}+\frac{1}{3}\Big(-\frac{1}{2}\Big)^{n}$$

よって，$n\geqq 2$のとき，⑦より

$$p'_n=\frac{1}{4}q'_{n-1}=\frac{1}{4}\Big\{\frac{2}{3}+\frac{1}{3}\Big(-\frac{1}{2}\Big)^{n-1}\Big\} \quad (\text{これは}n=1\text{のときも成り立つ})$$

となる。3の目，4の目，5の目についても同じ計算になるから，2，3，4，5の目が上面にある確率はすべて等しくなる。

31

AとBの2人が，1個のサイコロを次の手順により投げ合う。
1回目はAが投げる。
1，2，3の目が出たら，次の回には同じ人が投げる。
4，5の目が出たら，次の回には別の人が投げる。
6の目が出たら，投げた人を勝ちとしそれ以降は投げない。

(1) n 回目にAがサイコロを投げる確率 a_n を求めよ。

(2) ちょうど n 回目のサイコロ投げでAが勝つ確率 p_n を求めよ。

(3) n 回以内のサイコロ投げでAが勝つ確率 q_n を求めよ。

ポイント (1) 6の目が出ないとして考えて，この試行を何回か行うと，A，Bのサイコロの投げ方には4つのパターンしかない。このように，何回かの試行でいくつかのパターンしか起こりえないときは漸化式を作って考えていくのが常套手段である。漸化式の作り方は n 回目から $(n+1)$ 回目までの推移を次のような図を描いて考えるとよい。

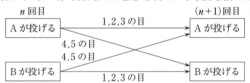

(2) n 回目にAがサイコロを投げて，6の目が出る場合を考えればよいので，(1)の結果を利用する。

(3) 「n 回以内」であるから，$q_n = p_1 + p_2 + p_3 + \cdots + p_n$，つまり，$q_n = \sum_{k=1}^{n} p_k$ である。

解 法

(1) n 回目にBがサイコロを投げる確率を b_n とおく。
$(n+1)$ 回目にAがサイコロを投げるのは
・n 回目にAがサイコロを投げて，1，2，3の目が出るとき
・n 回目にBがサイコロを投げて，4，5の目が出るとき
の2つの場合があるから

$$a_{n+1} = \frac{1}{2} a_n + \frac{1}{3} b_n \quad \cdots\cdots ①$$

同様に，$(n+1)$ 回目にBがサイコロを投げるのは

・n 回目にAがサイコロを投げて，4，5の目が出るとき

・n 回目にBがサイコロを投げて，1，2，3の目が出るとき

の2つの場合があるから

$$b_{n+1} = \frac{1}{3} a_n + \frac{1}{2} b_n \quad \cdots\cdots②$$

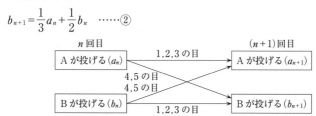

①＋② より

$$a_{n+1} + b_{n+1} = \frac{5}{6} (a_n + b_n)$$

$a_1 = 1$，$b_1 = 0$ より，$\{a_n + b_n\}$ は初項1，公比 $\frac{5}{6}$ の等比数列であるから

$$a_n + b_n = \left(\frac{5}{6}\right)^{n-1} \quad \cdots\cdots③$$

①－② より

$$a_{n+1} - b_{n+1} = \frac{1}{6} (a_n - b_n)$$

$a_1 = 1$，$b_1 = 0$ より，$\{a_n - b_n\}$ は初項1，公比 $\frac{1}{6}$ の等比数列であるから

$$a_n - b_n = \left(\frac{1}{6}\right)^{n-1} \quad \cdots\cdots④$$

③＋④ より

$$2a_n = \left(\frac{5}{6}\right)^{n-1} + \left(\frac{1}{6}\right)^{n-1}$$

$$a_n = \frac{1}{2} \left\{ \left(\frac{5}{6}\right)^{n-1} + \left(\frac{1}{6}\right)^{n-1} \right\} \quad \cdots\cdots (答)$$

(2) ちょうど n 回目のサイコロ投げでAが勝つ確率 p_n は，n 回目にAがサイコロを投げて，6の目が出るときであるから，(1)の結果より

$$p_n = a_n \times \frac{1}{6} = \frac{1}{12} \left\{ \left(\frac{5}{6}\right)^{n-1} + \left(\frac{1}{6}\right)^{n-1} \right\} \quad \cdots\cdots (答)$$

(3) n 回以内のサイコロ投げでAが勝つ確率 q_n は，(2)の結果より

$$q_n = \sum_{k=1}^{n} p_k$$

$$= \sum_{k=1}^{n} \frac{1}{12}\left\{\left(\frac{5}{6}\right)^{k-1} + \left(\frac{1}{6}\right)^{k-1}\right\}$$

$$= \frac{1}{12}\left\{\frac{1-\left(\frac{5}{6}\right)^n}{1-\frac{5}{6}} + \frac{1-\left(\frac{1}{6}\right)^n}{1-\frac{1}{6}}\right\}$$

$$= \frac{1}{2}\left[1-\left(\frac{5}{6}\right)^n + \frac{1}{5}\left\{1-\left(\frac{1}{6}\right)^n\right\}\right]$$

$$= \frac{1}{10}\left\{6 - 5\left(\frac{5}{6}\right)^n - \left(\frac{1}{6}\right)^n\right\} \quad \cdots\cdots(答)$$

32

n を 3 以上の自然数とする。サイコロを n 回投げ，出た目の数をそれぞれ順に X_1, X_2, $\cdots$, X_n とする。$i = 2,\ 3,\ \cdots,\ n$ に対して $X_i = X_{i-1}$ となる事象を A_i とする。

(1) $A_2,\ A_3,\ \cdots,\ A_n$ のうち少なくとも 1 つが起こる確率 p_n を求めよ。

(2) $A_2,\ A_3,\ \cdots,\ A_n$ のうち少なくとも 2 つが起こる確率 q_n を求めよ。

ポイント (1)「少なくとも」とくれば，余事象を用いるのが常套手段である。「A_2, A_3, $\cdots$, A_n のうち少なくとも 1 つが起こる」の余事象は「A_2, A_3, $\cdots$, A_n が 1 つも起こらない」こと，つまり，「連続して同じ目が出ない」ことである。

(2)「A_2, A_3, $\cdots$, A_n のうち少なくとも 2 つが起こる」の余事象は「A_2, A_3, $\cdots$, A_n が 1 つも起こらない，または 1 つだけ起こる」ことである。ここで，「A_2, A_3, $\cdots$, A_n のうち 1 つだけ起こる」の事象を考えてみる。例えば，A_2 だけが起こるとすると，$X_2 = X_1$ かつ $X_k \neq X_{k-1} (3 \leq k \leq n)$ であるから，$X_2 = X_1$ となる目の出方は 6 通り。$X_3 \neq X_2$, $X_4 \neq X_3$, $\cdots$, $X_n \neq X_{n-1}$ となる目の出方は 5^{n-2} 通り。

よって，A_2 だけが起こる確率は $\dfrac{6 \cdot 5^{n-2}}{6^n}$ である。

同様に，A_3 だけのとき，A_4 だけのとき，$\cdots$，A_n だけのとき，と考えていくと，A_2, A_3, $\cdots$, A_n のうち 1 つだけ起こる確率を求めることができる。

解 法

(1) 余事象である A_2, A_3, $\cdots$, A_n が 1 つも起こらない事象を B とすると，2 回目以降，前と同じ目が出なければよいので

$$P(B) = 1 \times \underbrace{\frac{5}{6} \times \frac{5}{6} \times \cdots \times \frac{5}{6}}_{(n-1) \text{ 個}} = \left(\frac{5}{6}\right)^{n-1}$$

よって

$$p_n = 1 - P(B) = 1 - \left(\frac{5}{6}\right)^{n-1} \quad \cdots\cdots (\text{答})$$

(2)　余事象は

(i)　A_2, A_3, $\cdots$, A_n が 1 つも起こらない

または

(ii)　A_2, A_3, $\cdots$, A_n が 1 つだけ起こる

である。

(i)は，(1)より　　$P(B) = \left(\dfrac{5}{6}\right)^{n-1}$　……①

(ii)の事象を C とする。A_k が起こるとすると，サイコロの目が
$$X_1 \neq X_2 \neq \cdots \neq X_{k-1} = X_k \neq X_{k+1} \neq \cdots \neq X_n$$
となるから，その確率は $k \geqq 3$ のとき

$$\underbrace{1 \times \frac{5}{6} \times \cdots \times \frac{5}{6}}_{(k-2)\,個} \times \frac{1}{6} \times \underbrace{\frac{5}{6} \times \cdots \times \frac{5}{6}}_{(n-k)\,個} = \frac{1}{6}\left(\frac{5}{6}\right)^{n-2} \quad (これは k=2 のときも成り立つ)$$

である。

$k = 2$, 3, $\cdots$, n であるから

$$P(C) = (n-1) \times \frac{1}{6}\left(\frac{5}{6}\right)^{n-2} = \frac{n-1}{6}\left(\frac{5}{6}\right)^{n-2}　……②$$

①，②より，求める確率 q_n は

$$
\begin{aligned}
q_n &= 1 - P(B) - P(C) \\
&= 1 - \left(\frac{5}{6}\right)^{n-1} - \frac{n-1}{6}\left(\frac{5}{6}\right)^{n-2} \\
&= 1 - \left(\frac{5}{6}\right)^{n-1} - \frac{n-1}{5}\left(\frac{5}{6}\right)^{n-1} \\
&= 1 - \left(1 + \frac{n-1}{5}\right)\left(\frac{5}{6}\right)^{n-1} \\
&= 1 - \frac{n+4}{5}\left(\frac{5}{6}\right)^{n-1}　……（答）
\end{aligned}
$$

33

X, Y, Z と書かれたカードがそれぞれ 1 枚ずつある。この中から 1 枚のカードが選ばれたとき,xy 平面上の点 P を次の規則にしたがって移動する。

- X のカードが選ばれたとき,P を x 軸の正の方向に 1 だけ移動する。
- Y のカードが選ばれたとき,P を y 軸の正の方向に 1 だけ移動する。
- Z のカードが選ばれたとき,P は移動せずそのままの位置にとどまる。

(1) n を正の整数とする。最初,点 P を原点の位置におく。X のカードと Y のカードの 2 枚から無作為に 1 枚を選び,P を,上の規則にしたがって移動するという試行を n 回繰り返す。

  (i) n 回の試行の後に P が到達可能な点の個数を求めよ。

  (ii) P が到達する確率が最大の点をすべて求めよ。

(2) n を正の 3 の倍数とする。最初,点 P を原点の位置におく。X のカード,Y のカード,Z のカードの 3 枚のカードから無作為に 1 枚を選び,P を,上の規則にしたがって移動するという試行を n 回繰り返す。

  (i) n 回の試行の後に P が到達可能な点の個数を求めよ。

  (ii) P が到達する確率が最大の点をすべて求めよ。

ポイント (1)(i) X が k 回,Y が l 回選ばれるとき,点 P は (k, l) へ移動する。

(ii) その確率を $f(k)$ とするとき,$f(k+1)$ と $f(k)$ の大小関係は $f(k+1) - f(k)$ を用いてもよいが,$\dfrac{f(k+1)}{f(k)}$ と 1 との大小関係を調べると約分ができて見通しがよい。

つまり

$$\frac{f(k+1)}{f(k)} \gtreqless 1 \Longleftrightarrow f(k+1) \gtreqless f(k)$$

を用いて,$f(k-1) \leqq f(k) \geqq f(k+1)$ となるような k を求めればよい。

(2) X が k 回,Y が l 回,Z が m 回選ばれるとき,点 P は (k, l) へ移動する。(1)の活用を図る。

解 法

(1)(i) X が k 回，Y が l 回選ばれるとき，$k+l=n$ であるから，点 P は $(k,\ n-k)$ へ移動する。

$k=0,\ 1,\ 2,\ \cdots,\ n$ であるから，点 P が到達可能な点は

$$(0,\ n),\ (1,\ n-1),\ (2,\ n-2),\ \cdots,\ (n,\ 0)$$

よって　　$n+1$ 個　……(答)

(ii) 点 P が $(k,\ l)$ へ移動する確率は

$$_n\mathrm{C}_k\left(\frac{1}{2}\right)^k\left(\frac{1}{2}\right)^l=\frac{n!}{k!(n-k)!}\left(\frac{1}{2}\right)^{k+l}$$

$$=\frac{n!}{k!(n-k)!}\left(\frac{1}{2}\right)^n\quad(\because\quad k+l=n)$$

これを $f(k)$ とおくと

$$\frac{f(k+1)}{f(k)}=\frac{n!}{(k+1)!(n-k-1)!}\cdot\frac{k!(n-k)!}{n!}=\frac{n-k}{k+1}$$

$\dfrac{f(k+1)}{f(k)}>1$，つまり $f(k)<f(k+1)$ となるのは，$\dfrac{n-k}{k+1}>1$ より，$k<\dfrac{n-1}{2}$ のとき

$\dfrac{f(k+1)}{f(k)}=1$，つまり $f(k)=f(k+1)$ となるのは，$\dfrac{n-k}{k+1}=1$ より，$k=\dfrac{n-1}{2}$ のとき

$\dfrac{f(k+1)}{f(k)}<1$，つまり $f(k)>f(k+1)$ となるのは，$\dfrac{n-k}{k+1}<1$ より，$k>\dfrac{n-1}{2}$ のとき

したがって

(ア) n が奇数のとき

$$f(0)<f(1)<f(2)<\cdots<f\left(\frac{n-1}{2}\right)=f\left(\frac{n-1}{2}+1\right)>\cdots>f(n)$$

であるから，$f(k)$ が最大となる点 P の座標は　　$\left(\dfrac{n-1}{2},\ \dfrac{n+1}{2}\right),\ \left(\dfrac{n+1}{2},\ \dfrac{n-1}{2}\right)$

(イ) n が偶数のとき

$$f(0)<f(1)<f(2)<\cdots<f\left(\frac{n}{2}\right)>\cdots>f(n)$$

であるから，$f(k)$ が最大となる点 P の座標は　　$\left(\dfrac{n}{2},\ \dfrac{n}{2}\right)$

以上より

n が奇数のとき　　$\left(\dfrac{n-1}{2},\ \dfrac{n+1}{2}\right),\ \left(\dfrac{n+1}{2},\ \dfrac{n-1}{2}\right)$

n が偶数のとき　　$\left(\dfrac{n}{2},\ \dfrac{n}{2}\right)$

$\left.\begin{array}{l}\\ \\ \end{array}\right\}$ ……(答)

(2)(i) X が k 回, Y が l 回, Z が m 回選ばれるとき, 点 P は (k, l) へ移動する。k, l, m は 0 以上の整数で, $k+l+m=n$ であるから, (1)(i)より, $k+l=n-m$ のとき, 点 P が到達可能な点の個数は, $n-m+1$ 個である。$m=0, 1, 2, \cdots, n$ であるから, その総和は

$$\sum_{m=0}^{n} (n-m+1) = \sum_{m=0}^{n} (n+1) - \sum_{m=0}^{n} m$$

$$= (n+1)^2 - \frac{n(n+1)}{2}$$

$$= \frac{(n+1)(n+2)}{2} \ 個 \quad \cdots\cdots(答)$$

(ii) $m=t \ (t=0, 1, 2, \cdots, n)$ のとき, 点 P が到達する確率が最大の点は(1)より

$$\left.\begin{array}{ll} n-t \ が奇数のとき & \left(\dfrac{n-t-1}{2}, \dfrac{n-t+1}{2}\right), \left(\dfrac{n-t+1}{2}, \dfrac{n-t-1}{2}\right) \\[3mm] n-t \ が偶数のとき & \left(\dfrac{n-t}{2}, \dfrac{n-t}{2}\right) \end{array}\right\} \ \cdots\cdots①$$

このときの確率を $g(t)$ とすると

$$g(t) = \begin{cases} {}_n\mathrm{C}_t \cdot {}_{n-t}\mathrm{C}_{\frac{n-t-1}{2}} \left(\dfrac{1}{3}\right)^n & (n-t \ が奇数) \\[3mm] {}_n\mathrm{C}_t \cdot {}_{n-t}\mathrm{C}_{\frac{n-t}{2}} \left(\dfrac{1}{3}\right)^n & (n-t \ が偶数) \end{cases}$$

(ア) $n-t$ が奇数のとき, $n-t-1$ は偶数であるから

$$\frac{g(t+1)}{g(t)}$$

$$= \frac{{}_n\mathrm{C}_{t+1} \cdot {}_{n-t-1}\mathrm{C}_{\frac{n-t-1}{2}}}{{}_n\mathrm{C}_t \cdot {}_{n-t}\mathrm{C}_{\frac{n-t-1}{2}}}$$

$$= \frac{n!}{(t+1)!(n-t-1)!} \cdot \frac{(n-t-1)!}{\left(\dfrac{n-t-1}{2}\right)!\left(\dfrac{n-t-1}{2}\right)!} \cdot \frac{t!(n-t)!}{n!} \cdot \frac{\left(\dfrac{n-t-1}{2}\right)!\left(\dfrac{n-t+1}{2}\right)!}{(n-t)!}$$

$$= \frac{n-t+1}{2(t+1)}$$

$\dfrac{g(t+1)}{g(t)} > 1$, つまり $g(t) < g(t+1)$ となるのは, $\dfrac{n-t+1}{2(t+1)} > 1$ より, $t < \dfrac{n-1}{3}$ のとき

$\dfrac{g(t+1)}{g(t)} = 1$, つまり $g(t) = g(t+1)$ となるのは, $\dfrac{n-t+1}{2(t+1)} = 1$ より, $t = \dfrac{n-1}{3}$ のとき

$\dfrac{g(t+1)}{g(t)} < 1$, つまり $g(t) > g(t+1)$ となるのは, $\dfrac{n-t+1}{2(t+1)} < 1$ より, $t > \dfrac{n-1}{3}$ のとき

ここで, n は 3 の倍数であるから

$$\begin{cases} t \leqq \dfrac{n-3}{3} \text{ のとき, } g(t) < g(t+1) \\ t \geqq \dfrac{n}{3} \text{ のとき, } g(t) > g(t+1) \end{cases}$$

(イ) $n-t$ が偶数のとき, $n-t-1$ は奇数であるから

$$\frac{g(t+1)}{g(t)}$$

$$= \frac{{}_n C_{t+1} \cdot {}_{n-t-1}C_{\frac{n-t-2}{2}}}{{}_n C_t \cdot {}_{n-t}C_{\frac{n-t}{2}}}$$

$$= \frac{n!}{(t+1)!(n-t-1)!} \cdot \frac{(n-t-1)!}{\left(\frac{n-t-2}{2}\right)!\left(\frac{n-t}{2}\right)!} \cdot \frac{t!(n-t)!}{n!} \cdot \frac{\left(\frac{n-t}{2}\right)!\left(\frac{n-t}{2}\right)!}{(n-t)!}$$

$$= \frac{n-t}{2(t+1)}$$

$\dfrac{g(t+1)}{g(t)} > 1$, つまり $g(t) < g(t+1)$ となるのは, $\dfrac{n-t}{2(t+1)} > 1$ より, $t < \dfrac{n-2}{3}$ のとき

$\dfrac{g(t+1)}{g(t)} = 1$, つまり $g(t) = g(t+1)$ となるのは, $\dfrac{n-t}{2(t+1)} = 1$ より, $t = \dfrac{n-2}{3}$ のとき

$\dfrac{g(t+1)}{g(t)} < 1$, つまり $g(t) > g(t+1)$ となるのは, $\dfrac{n-t}{2(t+1)} < 1$ より, $t > \dfrac{n-2}{3}$ のとき

ここで, n は 3 の倍数であるから

$$\begin{cases} t \leqq \dfrac{n-3}{3} \text{ のとき, } g(t) < g(t+1) \\ t \geqq \dfrac{n}{3} \text{ のとき, } g(t) > g(t+1) \end{cases}$$

以上より

$$g(0) < g(1) < g(2) < \cdots < g\left(\frac{n}{3}\right) > \cdots > g(n)$$

であるから, 確率が最大となるのは, $t = \dfrac{n}{3}$ のときである。このとき $n-t = \dfrac{2}{3}n$ は偶数となるから, ①より求める点は

$$P\left(\frac{n}{3}, \frac{n}{3}\right) \quad \cdots\cdots(\text{答})$$

34

n を 3 以上の整数とする。$2n$ 枚のカードがあり，そのうち赤いカードの枚数は 6，白いカードの枚数は $2n-6$ である。これら $2n$ 枚のカードを，箱 A と箱 B に n 枚ずつ無作為に入れる。2 つの箱の少なくとも一方に赤いカードがちょうど k 枚入っている確率を p_k とする。

(1) p_2 を n の式で表せ。さらに，p_2 を最大にする n をすべて求めよ。

(2) $p_1 + p_2 < p_0 + p_3$ をみたす n をすべて求めよ。

ポイント　カードの入れ方は全部で ${}_{2n}C_n$ 通りあり，これらはすべて同様に確からしい。箱 A，B の赤いカードの枚数が x 枚，y 枚であることを (x, y) と表すと

- (i) $n=3$ のとき　　$(3, 3)$
- (ii) $n=4$ のとき　　$(2, 4)$，$(3, 3)$，$(4, 2)$
- (iii) $n=5$ のとき　　$(1, 5)$，$(2, 4)$，$(3, 3)$，$(4, 2)$，$(5, 1)$
- (iv) $n \geq 6$ のとき　　$(0, 6)$，$(1, 5)$，$(2, 4)$，$(3, 3)$，$(4, 2)$，$(5, 1)$，$(6, 0)$

の場合がある。

(1) 箱 A に赤いカードが 2 枚入っているのは，$n \geq 4$ のとき，${}_6C_2 \cdot {}_{2n-6}C_{n-2}$ 通りあり，箱 B に赤いカードが 2 枚入っている場合も同じである。求めた n の式を $P(n)$ とおき，$P(n)$ の最大値を求める。このときの方法としては，$P(n+1) - P(n)$ や $\dfrac{P(n+1)}{P(n)}$ を調べるのが常套手段である。

(2) $n=3, 4$ のとき，$p_1 = 0$ であり，$n \geq 5$ のときの p_1 を求める。赤いカードは全部で 6 枚なので，$p_4 = p_2$，$p_5 = p_1$，$p_6 = p_0$ であり，$k>3$ の場合は考えなくてもよい。すなわち，$p_0 + p_1 + p_2 + p_3 = 1$ であることに着目して

$$p_1 + p_2 < p_0 + p_3 \Longleftrightarrow p_1 + p_2 < \frac{1}{2}$$

をみたす n を求めればよい。

解法 1

(1) $n=3$ のとき，赤いカードが 6 枚であるので，箱 A，B ともに赤いカードが 3 枚ずつとなるので，$p_2 = 0$ である。

$n \geq 4$ のとき，箱 A に赤いカードが 2 枚入る確率と，箱 B に赤いカードが 2 枚入る確率は同じであるので

$$p_2 = 2 \cdot \frac{{}_6C_2 \cdot {}_{2n-6}C_{n-2}}{{}_{2n}C_n} = \frac{2 \cdot 15 \cdot \dfrac{(2n-6)!}{(n-2)!(n-4)!}}{\dfrac{(2n)!}{n!\,n!}}$$

$$= \frac{30(2n-6)!\,n!\,n!}{(2n)!(n-2)!(n-4)!}$$

$$= \frac{30n(n-1)n(n-1)(n-2)(n-3)}{2n(2n-1)(2n-2)(2n-3)(2n-4)(2n-5)}$$

$$= \frac{15n(n-1)(n-3)}{4(2n-1)(2n-3)(2n-5)} \quad \cdots\cdots(\text{答})$$

これは，$n=3$ のときもみたしている。

$$P(n) = \frac{15n(n-1)(n-3)}{4(2n-1)(2n-3)(2n-5)}$$

とおくと，$n \geqq 4$ のとき

$$\frac{P(n+1)}{P(n)} = \frac{15(n+1)n(n-2)}{4(2n+1)(2n-1)(2n-3)} \cdot \frac{4(2n-1)(2n-3)(2n-5)}{15n(n-1)(n-3)}$$

$$= \frac{(n+1)(n-2)(2n-5)}{(2n+1)(n-1)(n-3)} \gtreqless 1$$

$$\Longleftrightarrow (n+1)(n-2)(2n-5) \gtreqless (2n+1)(n-1)(n-3)$$

$$\Longleftrightarrow -n+7 \gtreqless 0$$

したがって

$4 \leqq n < 7$ のとき	$P(n+1) > P(n)$
$n=7$ のとき	$P(n+1) = P(n)$
$n>7$ のとき	$P(n+1) < P(n)$

で，$P(3)=0$, $P(4)=\dfrac{3}{7}$ であるから

$$P(3) < P(4) < P(5) < P(6) < P(7) = P(8) > P(9) > P(10) > \cdots$$

となる。

よって，p_2 を最大にする n は　　$n=7, 8$　$\cdots\cdots$（答）

(2) $p_0 + p_1 + p_2 + p_3 = 1$ であるから

$$p_1 + p_2 < p_0 + p_3 \Longleftrightarrow p_1 + p_2 < 1 - (p_1 + p_2)$$

よって

$$p_1 + p_2 < \frac{1}{2} \quad \cdots\cdots\text{①}$$

$n=3$ のとき，(1)と同様に　　$p_1 = 0$

$n=4$ のとき，赤いカードが 6 枚，白いカードが 2 枚であるから，箱A，Bとも少なくとも赤いカードが 2 枚含まれるので　　$p_1 = 0$

$n \geqq 5$ のとき

$$p_1 = 2 \cdot \frac{{}_6 C_1 \cdot {}_{2n-6} C_{n-1}}{{}_{2n} C_n} = \frac{2 \cdot 6 \cdot \dfrac{(2n-6)!}{(n-1)!(n-5)!}}{\dfrac{(2n)!}{n!n!}}$$

$$= \frac{12 \cdot (2n-6)! \, n! \, n!}{(2n)! \, (n-1)! \, (n-5)!}$$

$$= \frac{12n \cdot n(n-1)(n-2)(n-3)(n-4)}{2n(2n-1)(2n-2)(2n-3)(2n-4)(2n-5)}$$

$$= \frac{3n(n-3)(n-4)}{2(2n-1)(2n-3)(2n-5)}$$

これは，$n=3$, 4 のときもみたしている。

よって，①より

$$p_1 + p_2 = \frac{3n(n-3)(n-4)}{2(2n-1)(2n-3)(2n-5)} + \frac{15n(n-1)(n-3)}{4(2n-1)(2n-3)(2n-5)}$$

$$= \frac{3n(n-3)\{2(n-4)+5(n-1)\}}{4(2n-1)(2n-3)(2n-5)}$$

$$= \frac{3n(n-3)(7n-13)}{4(2n-1)(2n-3)(2n-5)} < \frac{1}{2}$$

$$\Longleftrightarrow 3n(n-3)(7n-13) < 2(2n-1)(2n-3)(2n-5)$$

$$\Longleftrightarrow 5(n-2)(n^2-4n-3) < 0$$

$n \geqq 3$ より，$n-2 > 0$ であるから

$$n^2 - 4n - 3 < 0 \quad \text{つまり} \quad 2 - \sqrt{7} < n < 2 + \sqrt{7}$$

これをみたす $n \geqq 3$ の n は　　$n = 3$, 4　……(答)

解法 2

(1) $(P(n))$ をおくところまでは〔解法1〕に同じ)

$n \geqq 4$ のとき

$$P(n+1) - P(n) = \frac{15(n+1)n(n-2)}{4(2n+1)(2n-1)(2n-3)} - \frac{15n(n-1)(n-3)}{4(2n-1)(2n-3)(2n-5)}$$

$$= \frac{15n\{(n+1)(n-2)(2n-5)-(n-1)(n-3)(2n+1)\}}{4(2n+1)(2n-1)(2n-3)(2n-5)}$$

$$= \frac{15n(7-n)}{4(2n+1)(2n-1)(2n-3)(2n-5)} \gtreqless 0$$

$$\Longleftrightarrow 7 - n \gtreqless 0$$

(以下，〔解法1〕に同じ)

35

1が書かれたカードが1枚，2が書かれたカードが1枚，…，nが書かれたカードが1枚の全部でn枚のカードからなる組がある。この組から1枚を抜き出し元にもどす操作を3回行う。抜き出したカードに書かれた数をa，b，cとするとき，得点Xを次の規則(i)，(ii)に従って定める。

(i) a，b，cがすべて異なるとき，Xはa，b，cのうちの最大でも最小でもない値とする。

(ii) a，b，cのうちに重複しているものがあるとき，Xはその重複した値とする。

$1 \leqq k \leqq n$をみたすkに対して，$X = k$となる確率をp_kとする。

(1) p_kをnとkで表せ。

(2) p_kが最大となるkをnで表せ。

ポイント (1) この種の問題では，具体的に$n = 5$ぐらいでモデルを作って考えるのがよい。p_kを求めるには次の3つの場合に分ければよいことがわかる。

(ア) a，b，cがすべて異なり，そのうち1つがkである。

(イ) a，b，cのうち，2つだけがkである。

(ウ) a，b，cすべてがkである。

(2) p_kがkについての2次関数となるので，p_kが最大となるkは容易に求まるが，n，kともに整数であることに注意が必要である。

解 法

(1) カードの取り出し方の総数はn^3で同様に確からしい。

$n = 1$のとき，(ii)の場合しか起こらないので

$$p_k = 1 \quad (k = 1)$$

$n = 2$のときも(ii)の場合しかなく

$$p_k = \frac{1 + {}_3 C_2}{2^3} = \frac{1}{2} \quad (k = 1, \ 2)$$

$n \geqq 3$のとき

(ア) a，b，cがすべて異なるとき，$X = k$ $(2 \leqq k \leqq n-1)$とすると，最小となるものは1から$k-1$までの$k-1$通り，最大となるものは$k+1$からnまでの$n-k$通りである。

$$\underbrace{1, \cdots, k-1}_{k-1\text{ 通り}}, k, \underbrace{k+1, \cdots, n}_{n-k\text{ 通り}}$$

また，取り出す順序がそれぞれ $3!$ 通りだから，$X=k$ となるのは，

$3!(k-1)(n-k)$ 〔通り〕である。

これは $k=1$, n のとき 0 となるから，$1 \leqq k \leqq n$ で成立する。

(イ) a, b, c のうち，2 つが k で他の 1 つが k 以外の数となるのは $n-1$ 通りで，取り出す順序は $_3C_2$ 通りだから，$X=k$ となるのは，$_3C_2(n-1)$ 〔通り〕である。

(ウ) a, b, c がすべて k となるのは 1 通りで，取り出し方も 1 通りだから，$X=k$ となるのは 1 通りである。

(ア)，(イ)，(ウ) より

$$p_k = \frac{3!(k-1)(n-k) + _3C_2(n-1) + 1}{n^3}$$

$$= \frac{1}{n^3}\{6(k-1)(n-k) + 3(n-1) + 1\}$$

$$= \frac{1}{n^3}\{-6k^2 + 6(n+1)k - 3n - 2\} \quad \cdots\cdots\text{(答)}$$

これは

$n=1$, $k=1$ のとき　　$p_1 = 1$

$n=2$, $k=1$, 2 のとき　　$p_1 = p_2 = \dfrac{1}{2}$

となるから，すべての n について成立する。

(2) (1)より

$$p_k = \frac{1}{n^3}\left\{-6\left(k - \frac{n+1}{2}\right)^2 + \frac{3}{2}(n+1)^2 - 3n - 2\right\}$$

$$= \frac{1}{n^3}\left\{-6\left(k - \frac{n+1}{2}\right)^2 + \frac{3}{2}n^2 - \frac{1}{2}\right\}$$

ここで，k を実数 x にした式を $f(x)$ とすると，$y=f(x)$ のグラフは右図のようになる。よって，n, k は整数だから，p_k が最大になるときの k は

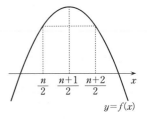

$y=f(x)$

n が奇数のとき　　$k = \dfrac{n+1}{2}$

n が偶数のとき　　$k = \dfrac{n}{2}$, $\dfrac{n+2}{2}$

$\left.\phantom{\begin{array}{c}1\\1\end{array}}\right\}$ ……(答)

36 2006年度 〔5〕 Level C

1, 2, 3, 4が1つずつ記された4枚のカードがある。これらのカードから1枚を抜き出し元に戻すという試行をn回繰り返す。抜き出したn個の数の和をX_nとし，積をY_nとする。

(1) $X_n \leq n+3$ となる確率をnで表せ。

(2) Y_n が8で割り切れる確率をnで表せ。

ポイント 場合分けして条件をみたす場合の数を求めるのが普通の考え方である。場合分けをするときは，すべての場合を，もれなく，また重複することなく，そして計算しやすくなるように細心の注意を払う必要がある。本問では，この方法はやや煩雑であるので，組み合わせの考え方を用いて求める方法が有効である。抜き出したn個の数を順に$a_1, a_2, \cdots, a_n$として，$a_1+a_2+\cdots+a_n=n+3, n+2, n+1, n$をみたす$a_1, a_2, \cdots, a_n$の組がそれぞれ何通りあるか考える。次の例をヒントに求めてみよう。

（例）$a_1+a_2+a_3+a_4=7$をみたすa_1, a_2, a_3, a_4の組は，○を7個並べ，○と○の間6カ所から3カ所を選んで仕切り｜を入れて4つの部分に区切ると，下図のように，左から順にa_1, a_2, a_3, a_4の値が1組確定する。

$$a_1=1 \quad a_2=2 \quad a_3=3 \quad a_4=1$$

このように考えると，$a_1+a_2+a_3+a_4=7$をみたすa_1, a_2, a_3, a_4の組は，${}_6C_3=20$〔通り〕あることがわかる。

$X_n=n+3$のときの場合の数を正確に求めると，あとはこれを利用して，$X_n=n+2, n+1, n$のときの場合の数を容易に求めることができる。

(2) 余事象すなわちY_nが8で割り切れない場合を考える。このような問題では，$n=1, 2, \cdots, 5$程度の小さなモデルを作り，考え方を整理することも大切である。

解法 1

(1) $n=1$のとき，いずれの場合も$X_1 \leq 1+3$となるから，その確率は1である。

$n \geq 2$のとき，抜き出したn個の数を順に$a_1, a_2, \cdots, a_n$とすると

$$X_n \leq n+3 \Longleftrightarrow X_n = a_1+a_2+\cdots+a_n = n+3, n+2, n+1, n$$

$$a_k = 1, 2, 3, 4 \quad (k=1, 2, \cdots, n)$$

であるから，$X_n = a_1+a_2+\cdots+a_n = n+3$をみたす$a_1, a_2, \cdots, a_n$の組は，○を

$(n+3)$ 個横に並べ，○と○の間 $(n+2)$ カ所から $(n-1)$ カ所選んで仕切り | を入れて n 個の部分に区切り，これら n 個の部分の○の個数を左から順に a_1, a_2, $\cdots$, a_n と考えると，${}_{n+2}C_{n-1}$ 通りあることがわかる。

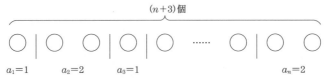

$$a_1=1 \qquad a_2=2 \qquad a_3=1 \qquad\qquad a_n=2$$

同様に，$X_n=n+2$, $n+1$, n をみたす a_1, a_2, $\cdots$, a_n の組はそれぞれ ${}_{n+1}C_{n-1}$ 通り，${}_nC_{n-1}$ 通り，${}_{n-1}C_{n-1}$ 通りある。

以上より，条件をみたす a_1, a_2, $\cdots$, a_n の組は

$$\begin{aligned}
&{}_{n+2}C_{n-1}+{}_{n+1}C_{n-1}+{}_nC_{n-1}+{}_{n-1}C_{n-1}\\
&={}_{n+2}C_3+{}_{n+1}C_2+{}_nC_1+1\\
&=\frac{(n+2)(n+1)n}{6}+\frac{(n+1)n}{2}+n+1\\
&=\frac{(n+1)(n+2)(n+3)}{6} \text{ 通り}
\end{aligned}$$

あるから，条件をみたす確率は

$$\frac{(n+1)(n+2)(n+3)}{6}\cdot\left(\frac{1}{4}\right)^n$$

これは $n=1$ のときもみたすので，求める確率は

$$\frac{(n+1)(n+2)(n+3)}{6}\cdot\left(\frac{1}{4}\right)^n \quad\cdots\cdots\text{(答)}$$

(2) Y_1 は 8 で割り切れないから，$n=1$ のときの確率は 0 である。

$n\geqq2$ のとき，Y_n が 8 で割り切れないのは

$$\left\{\begin{array}{l}
n \text{ 回すべて奇数}\\
1 \text{ 回だけ 2 で，その他はすべて奇数}\\
1 \text{ 回だけ 4 で，その他はすべて奇数}\\
2 \text{ 回だけ 2 で，その他はすべて奇数}
\end{array}\right.$$

の場合であり，これらの事象はすべて互いに排反であるから，その確率は

$$\begin{aligned}
&\left(\frac{2}{4}\right)^n+{}_nC_1\left(\frac{1}{4}\right)\left(\frac{2}{4}\right)^{n-1}+{}_nC_1\left(\frac{1}{4}\right)\left(\frac{2}{4}\right)^{n-1}+{}_nC_2\left(\frac{1}{4}\right)^2\left(\frac{2}{4}\right)^{n-2}\\
&=\frac{1}{2^n}\left\{1+\frac{n}{2}+\frac{n}{2}+\frac{n(n-1)}{8}\right\}\\
&=\frac{1}{2^n}\cdot\frac{n^2+7n+8}{8}
\end{aligned}$$

$$= \frac{1}{2^{n+3}}(n^2 + 7n + 8)$$

よって，Y_n が 8 で割り切れる確率は

$$1 - \frac{1}{2^{n+3}}(n^2 + 7n + 8) \quad \cdots\cdots(\text{答})$$

これは，$n=1$ のときにも適する。

解法 2

(1) (a) $n=1$ のとき，いずれの場合も $X_1 \leqq 1+3$ となるから，その確率は 1 である。

(b) $n=2$ のとき，$X_2 \leqq 2+3$ となるのは

$$(1, 1), (1, 2), (1, 3), (1, 4), (2, 1),$$
$$(2, 2), (2, 3), (3, 1), (3, 2), (4, 1)$$

の場合だから，その確率は

$$\frac{10}{4^2} = \frac{5}{8}$$

(c) $n \geqq 3$ のとき，$X_n \leqq n+3$ となるのは

$$X_n = n, \ n+1, \ n+2, \ n+3$$

の場合である。

(i) $X_n = n$ となるのは，「すべて 1 のとき」で，その確率は $\left(\frac{1}{4}\right)^n$

(ii) $X_n = n+1$ となるのは，「1 回だけ 2 でその他はすべて 1 のとき」だから，その確率は

$$_n\mathrm{C}_1 \left(\frac{1}{4}\right)\left(\frac{1}{4}\right)^{n-1} = {}_n\mathrm{C}_1 \left(\frac{1}{4}\right)^n$$

(iii) $X_n = n+2$ となるのは，「1 回だけ 3 でその他はすべて 1 のとき」，「2 回だけ 2 でその他はすべて 1 のとき」だから，その確率は

$$_n\mathrm{C}_1 \left(\frac{1}{4}\right)\left(\frac{1}{4}\right)^{n-1} + {}_n\mathrm{C}_2 \left(\frac{1}{4}\right)^2 \left(\frac{1}{4}\right)^{n-2} = ({}_n\mathrm{C}_1 + {}_n\mathrm{C}_2)\left(\frac{1}{4}\right)^n$$

(iv) $X_n = n+3$ となるのは，「1 回だけ 4 でその他はすべて 1 のとき」，「2 と 3 が 1 回ずつでその他はすべて 1 のとき」，「3 回だけ 2 でその他はすべて 1 のとき」だから，その確率は

$$_n\mathrm{C}_1 \left(\frac{1}{4}\right)\left(\frac{1}{4}\right)^{n-1} + {}_n\mathrm{P}_2 \left(\frac{1}{4}\right)\left(\frac{1}{4}\right)\left(\frac{1}{4}\right)^{n-2} + {}_n\mathrm{C}_3 \left(\frac{1}{4}\right)^3 \left(\frac{1}{4}\right)^{n-3}$$

$$= ({}_n\mathrm{C}_1 + {}_n\mathrm{P}_2 + {}_n\mathrm{C}_3)\left(\frac{1}{4}\right)^n$$

よって，$n \geqq 3$ のとき，求める確率は

$$(1 + {}_n\mathrm{C}_1 + {}_n\mathrm{C}_1 + {}_n\mathrm{C}_2 + {}_n\mathrm{C}_1 + {}_n\mathrm{P}_2 + {}_n\mathrm{C}_3)\left(\frac{1}{4}\right)^n$$

$$= \left\{ 1 + n + n + \frac{n(n-1)}{2} + n + n(n-1) + \frac{n(n-1)(n-2)}{6} \right\} \left(\frac{1}{4} \right)^n$$

$$= \frac{(n^3 + 6n^2 + 11n + 6)}{6} \cdot \left(\frac{1}{4} \right)^n$$

$$= \frac{(n+1)(n+2)(n+3)}{6 \cdot 4^n}$$

これは，$n=1$，2のときそれぞれ1，$\frac{5}{8}$となり，$n=1$，2のときの確率とも一致するから，すべての自然数nに対して，求める確率は

$$\frac{(n+1)(n+2)(n+3)}{6 \cdot 4^n} \quad \cdots\cdots (答)$$

解法 3

(1) $b=0$，1，2，3とすると

$$a_1 + a_2 + \cdots + a_n \leqq n+3 \iff a_1 + a_2 + \cdots + a_n + b = n+3$$

をみたすa_1，a_2，$\cdots$，a_n，bの組は，○を$(n+3)$個横に並べ，○の後の$(n+3)$カ所からnカ所に仕切り$|$を入れて$(n+1)$個の部分に区切り，仕切りに区切られた○の個数を左からそれぞれa_1，a_2，$\cdots$，a_n，bと考えると，条件をみたすa_1，a_2，$\cdots$，a_n，bの組は$_{n+3}C_n$通りある。

したがって，求める確率は

$$_{n+3}C_n \cdot \left(\frac{1}{4} \right)^n = _{n+3}C_3 \left(\frac{1}{4} \right)^n = \frac{(n+3)(n+2)(n+1)}{6} \cdot \left(\frac{1}{4} \right)^n \quad \cdots\cdots (答)$$

37

AとBの2人があるゲームを繰り返し行う。1回ごとのゲームでAがBに勝つ確率は p, BがAに勝つ確率は $1-p$ であるとする。n 回目のゲームで初めてAとBの双方が4勝以上になる確率を x_n とする。

(1) x_n を p と n で表せ。

(2) $p=\dfrac{1}{2}$ のとき, x_n を最大にする n を求めよ。

ポイント (1) ゲームの問題では, 終了の1回前を基準にして処理をするのが常套手段である。n 回目で初めてどちらも4勝以上になるには, $n\geqq8$ は明らかで, 1回前はどちらかが3勝で, 他が $(n-4)$ 勝となっている。そこで, Aが3勝のときとBが3勝のときに分けて考える。また, $n\leqq7$ のときは, $x_n=0$ である。

(2) $p=\dfrac{1}{2}$ を代入し, まず x_n を求める。ここで, x_n と x_{n+1} の大小を比較し, $x_{n+1}>x_n$ が言えれば x_n は増加し, $x_{n+1}<x_n$ が言えれば x_n は減少している。一般的に, 増加から減少に転ずるところで最大となるので, x_{n+1} と x_n の大小を比較する。

解 法 1

(1) (i) $n\leqq7$ のとき $x_n=0$

(ii) $n\geqq8$ のとき, n 回目で初めて A も B も4勝以上になるのは

 (ア) $(n-1)$ 回目までで A が3勝, B が $(n-4)$ 勝で, n 回目に A が勝つ

 (イ) $(n-1)$ 回目までで B が3勝, A が $(n-4)$ 勝で, n 回目に B が勝つ

 場合である。

 (ア)のとき

$$_{n-1}C_3 p^3(1-p)^{n-4}\cdot p = {}_{n-1}C_3 p^4(1-p)^{n-4}$$

 (イ)のとき

$$_{n-1}C_3 p^{n-4}(1-p)^3\cdot(1-p) = {}_{n-1}C_3 p^{n-4}(1-p)^4$$

 よって

$$x_n = {}_{n-1}C_3\{p^4(1-p)^{n-4}+p^{n-4}(1-p)^4\}$$
$$= \frac{(n-1)(n-2)(n-3)}{6}\{p^4(1-p)^{n-4}+p^{n-4}(1-p)^4\}$$

したがって

$n \leqq 7$ のとき　　$x_n = 0$

$n \geqq 8$ のとき　　$x_n = \dfrac{(n-1)(n-2)(n-3)}{6}\{p^4(1-p)^{n-4}+p^{n-4}(1-p)^4\}$ ⎫⎬⎭ ……(答)

(2) $p=\dfrac{1}{2}$ のとき，(1)の結果から，$n \geqq 8$ のとき

$$x_n = {}_{n-1}C_3\left(\dfrac{1}{2}\right)^n + {}_{n-1}C_3\left(\dfrac{1}{2}\right)^n = {}_{n-1}C_3 \cdot 2 \cdot \left(\dfrac{1}{2}\right)^n = {}_{n-1}C_3\left(\dfrac{1}{2}\right)^{n-1}$$

これより

$$x_{n+1} - x_n = {}_nC_3\left(\dfrac{1}{2}\right)^n - {}_{n-1}C_3\left(\dfrac{1}{2}\right)^{n-1}$$

$$= \dfrac{n \cdot (n-1)(n-2)}{3 \cdot 2 \cdot 1} \cdot \left(\dfrac{1}{2}\right)^n - \dfrac{(n-1)(n-2)(n-3)}{3 \cdot 2 \cdot 1} \cdot \left(\dfrac{1}{2}\right)^{n-1}$$

$$= \dfrac{(n-1)(n-2)}{3 \cdot 2 \cdot 1} \cdot \left(\dfrac{1}{2}\right)^n \{n - 2(n-3)\}$$

$$= \dfrac{(n-1)(n-2)}{3 \cdot 2 \cdot 1} \cdot \left(\dfrac{1}{2}\right)^n (6-n) < 0 \quad (n \geqq 8 \text{ より})$$

よって，$n \geqq 8$ のとき，$x_{n+1} < x_n$ だから，x_n を最大にする n の値は

　　$n = 8$　……(答)

解法 2

(2) $p=\dfrac{1}{2}$ のとき，(1)の結果から，$n \geqq 8$ のとき

$$x_n = {}_{n-1}C_3\left(\dfrac{1}{2}\right)^{n-1}$$

であるから

$$\dfrac{x_{n+1}}{x_n} = \dfrac{{}_nC_3\left(\dfrac{1}{2}\right)^n}{{}_{n-1}C_3\left(\dfrac{1}{2}\right)^{n-1}} = \dfrac{\dfrac{n(n-1)(n-2)}{3 \cdot 2 \cdot 1}}{\dfrac{(n-1)(n-2)(n-3)}{3 \cdot 2 \cdot 1}} \times \dfrac{1}{2} = \dfrac{n}{2(n-3)}$$

$$= \dfrac{1}{2\left(1-\dfrac{3}{n}\right)} \leqq \dfrac{4}{5} \quad (n \geqq 8 \text{ より})$$

よって　$\dfrac{x_{n+1}}{x_n} < 1$

すなわち，$n \geqq 8$ のとき $x_{n+1} < x_n$ だから，x_n を最大にする n の値は

　　$n = 8$　……(答)

38 2004年度〔5〕 Level C

　n 枚のカードがあり，1枚目のカードに1，2枚目のカードに2，…，n 枚目のカードに n が書かれている。これらの n 枚のカードから無作為に1枚を取り出してもとに戻し，もう一度無作為に1枚を取り出す。取り出されたカードに書かれている数をそれぞれ x, y とする。また，k を n の約数とする。

(1)　$x+y$ が k の倍数となる確率を求めよ。

(2)　さらに，$k=pq$ とする。ただし，p, q は異なる素数である。xy が k の倍数となる確率を求めよ。

ポイント　(1)　x を k で割った余りと y を k で割った余りを足して，0 または k になれば，$x+y$ は k の倍数となる。k で割った余りは，0, 1, 2, …, $k-1$ であるが，数直線上には，k の倍数，k で割ると1余る数，k で割ると2余る数，… はそれぞれ長さ k の間隔で等間隔に並んでいる。

(2)　xy が $k=pq$ の倍数となるのは下表の4つの場合に分類できる。

x	y
pq の倍数	何でもよい
p の倍数	q の倍数
q の倍数	p の倍数
p の倍数でも q の倍数でもない	pq の倍数

解法1

(1)　k が n の約数だから，$n=kl$ （l は自然数）と表すことができる。

ここで，1から n までの自然数を k で割ったときの余りが，0, 1, 2, …, $k-1$ となるものは，それぞれ $\dfrac{n}{k}=l$ 個である。

1回目に引いたカードの数を k で割った余りが，0, 1, 2, …, $k-1$ のとき，2回目にはそれぞれ余りが，0, $k-1$, $k-2$, …, 1 のカードを引けばよいから，$1\leqq x\leqq n$ であるような x の各値に対して，このような y の値は l 個ずつある。

（l 個の区間 $[1, k]$, $[k+1, 2k]$, …, $[(l-1)k+1, lk=n]$ に1個ずつある）

また，x, y のすべての出方は n^2 通りある。

よって，求める確率は

$$\frac{n \times l}{n^2} = \frac{\dfrac{n}{k}}{n} = \frac{1}{k} \quad \cdots\cdots(\text{答})$$

(2) $k=pq$ で，k は n の約数だから，p, q は n の約数である。

よって，1 枚のカードを取り出したとき，そのカードに書かれている数字が p, q, $k=pq$ の倍数である確率は，それぞれ $\dfrac{1}{p}$, $\dfrac{1}{q}$, $\dfrac{1}{pq}$ である。

ここで，xy が k の倍数となるのは，次の 4 つの場合である。

(i) x が $k=pq$ の倍数のとき，y は何であってもよいから，その確率は

$$\frac{1}{pq}$$

(ii) x が p の倍数だが，q の倍数でないとき，y は q の倍数である（p, q が異なる素数だから，x が p の倍数であるという事象と，q の倍数であるという事象はそれぞれ独立である）。

その確率は $\quad \dfrac{1}{p}\left(1-\dfrac{1}{q}\right)\cdot\dfrac{1}{q}$

(iii) x が q の倍数だが，p の倍数でないとき，y は p の倍数であり，(ii)と同様にして，

その確率は $\quad \dfrac{1}{q}\left(1-\dfrac{1}{p}\right)\cdot\dfrac{1}{p}$

(iv) x が p の倍数でも q の倍数でもないとき，y は pq の倍数であり，(ii)と同様にして，

その確率は $\quad \left(1-\dfrac{1}{p}\right)\left(1-\dfrac{1}{q}\right)\cdot\dfrac{1}{pq}$

(i)～(iv)はどの 2 つも互いに排反な事象だから，求める確率は

$$\frac{1}{pq}+\frac{1}{p}\left(1-\frac{1}{q}\right)\cdot\frac{1}{q}+\frac{1}{q}\left(1-\frac{1}{p}\right)\cdot\frac{1}{p}+\left(1-\frac{1}{p}\right)\left(1-\frac{1}{q}\right)\cdot\frac{1}{pq}$$

$$=\frac{(2p-1)(2q-1)}{p^2q^2} \quad \cdots\cdots(\text{答})$$

参考 このような問題では，具体的に，$n=12$, $k=6$, $p=2$, $q=3$ の場合などのモデルを作って考えてみるとよい。x, y を 6 で割った余りによって，グループ分けすると，2 個 $\left(\dfrac{12}{6}\text{個}\right)$ ずつになる。(1)で，たと

余り	0	1	2	3	4	5
x または y	6 12	1 7	2 8	3 9	4 10	5 11

えば，1 回目に 8 を引くと，2 回目に 4 か 10 を引いたときに，$x+y$ が 6 の倍数となる。他の場合もすべて 1 つのグループの 2 個の数字だけが条件をみたすことがわかる。

また，(2)で p, q が異なる素数となっているのは，次のような理由である。

$p=6$, $q=2$ とすると，x が p の倍数であり，q の倍数でない確率は 0 であり，$\dfrac{1}{p}\left(1-\dfrac{1}{q}\right)$

とはならない。つまり，6 の倍数であるという事象と，2 の倍数であるという事象は独立ではないからだ。

解法 2

(2)　$n = kl$（l は自然数）と表すと，$k = pq$ のとき，$n = pql$ となる。

よって，1 から n までの中に，p の倍数は ql 個，q の倍数は pl 個，pq の倍数は l 個ある。これらの整数は，重複のない 4 つの組に分類できる。

(ⅰ)　pq の倍数…l 個

(ⅱ)　p の倍数だが q の倍数でない…$(q-1)l$ 個

(ⅲ)　q の倍数だが p の倍数でない…$(p-1)l$ 個

(ⅳ)　p の倍数でも q の倍数でもない…$(p-1)(q-1)l$ 個

xy が $k = pq$ の倍数となるのは

(Ⅰ)　x が(ⅰ)のとき，y は何でもよい

(Ⅱ)　x が(ⅱ)のとき，y は q の倍数

(Ⅲ)　x が(ⅲ)のとき，y は p の倍数

(Ⅳ)　x が(ⅳ)のとき，y は pq の倍数

となるときである。

したがって，その確率は

$$\frac{1}{n^2}\{l \cdot pql + (q-1)l \cdot pl + (p-1)l \cdot ql + (p-1)(q-1)l \cdot l\}$$

$$= \frac{l^2\{pq + (q-1)p + (p-1)q + (p-1)(q-1)\}}{p^2q^2l^2}$$

$$= \frac{4pq - 2p - 2q + 1}{p^2q^2}$$

$$= \frac{(2p-1)(2q-1)}{p^2q^2} \quad \cdots\cdots(答)$$

§3 数　列

39

2023 年度〔4〕

Level　C

xy 平面上で，x 座標と y 座標がともに正の整数であるような各点に，下の図のような番号をつける。点 (m, n) につけた番号を $f(m, n)$ とする。

たとえば，$f(1, 1) = 1$, $f(3, 4) = 19$ である。

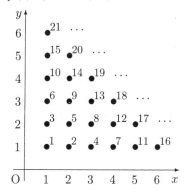

(1) $f(m, n) + f(m+1, n+1) = 2f(m, n+1)$ が成り立つことを示せ。

(2) $f(m, n) + f(m+1, n) + f(m, n+1) + f(m+1, n+1) = 2023$ となるような整数の組 (m, n) を求めよ。

ポイント (1) 〔**解法 1**〕では，「点 (m, n) から点 $(m, n+1)$ までの格子点の個数」と「点 $(m, n+1)$ から点 $(m+1, n+1)$ までの格子点の個数」が等しいことに注目する。示し方については次の等差中項の証明をイメージするとよい。

「$(a, b, c$ はこの順で等差数列)$\Longrightarrow a + c = 2b$」

の証明は

「$b - a = c - b$（＝公差）より，$a + c = 2b$」

となる。

また，〔**解法 2**〕のように，直線 $x + y = k + 1$（$x \geqq 1$, $y \geqq 1$）上にある格子点の番号の集合を第 k 群として，$f(m, n)$ が第何群の何番目にあるかを m, n を用いて表してから示してもよい。

(2) 線分 $x + y = k + 1$, $x \geqq 1$, $y \geqq 1$ 上にある格子点につけられている番号を第 k 群とおき，群数列の処理の仕方と同じ要領で求める。つまり，(1)より与えられた等式を

$f(m+1, n)=505$ と変形し，第 505 項が第 N 群にあると仮定して，不等式

$$f(1, N-1)<505 \leqq f(1, N) \quad (f(1, N)=1+2+3+\cdots+N)$$

すなわち

$$\frac{1}{2}(N-1)N<505 \leqq \frac{1}{2}N(N+1)$$

を満たす自然数 N を見つけるとよい。

解法 1

(1) $A(m, n)$，$B(m, n+1)$，$C(m+1, n+1)$

とし，さらに

$$D(1, m+n-1), \ E(m+n, 1)$$
$$F(1, m+n), \ G(m+n+1, 1)$$

とおく。

線分 AD 上（両端を含む）にある格子点の個数と線分 BF 上（両端を含む）にある格子点の個数はともに m 個である。また，線分 BE 上（両端を含む）にある格子点の個数と線分 CG 上（両端を含む）にある格子点の個数はともに $n+1$ 個である。

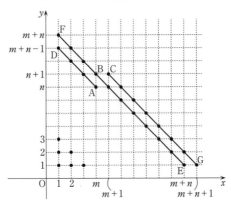

これより

$$f(m, n+1)-f(m, n)=f(m+1, n+1)-f(m, n+1) \ (=m+n)$$

が成り立つから

$$f(m, n)+f(m+1, n+1)=2f(m, n+1) \qquad \text{（証明終）}$$

(2) $f(m, n)+f(m+1, n)+f(m, n+1)+f(m+1, n+1)=2023$

(1)より

$$3f(m, n+1)+f(m+1, n)=2023 \quad \cdots\cdots\text{①}$$

である。また

$$f(m, n+1) = f(m+1, n) + 1$$

が成り立つから，①に代入すると

$$3\{f(m+1, n)+1\} + f(m+1, n) = 2023$$

$$4f(m+1, n) = 2020$$

$$f(m+1, n) = 505 \quad \cdots\cdots②$$

となる。

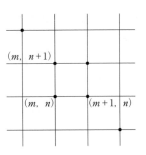

ここで，$k=1, 2, 3, \cdots$ について，直線 $x+y=k+1$ 上にある点につけた番号の集合を第 k 群とすると，第 k 群に含まれる番号は

$$f(k, 1), f(k-1, 2), f(k-3, 3), \cdots, f(1, k) \quad (k \text{ 個})$$

である。

②が第 N 群（$N \geqq 2$）にあるとすると

$$\binom{\text{第 } N-1 \text{ 群の末項}}{\text{までの項数}} < 505 \leqq \binom{\text{第 } N \text{ 群の末項}}{\text{までの項数}}$$

すなわち

$$1 + 2 + \cdots + (N-1) < 505 \leqq 1 + 2 + 3 + \cdots + N$$

が成り立つから

$$\frac{1}{2}(N-1)N < 505 \leqq \frac{1}{2}N(N+1) \quad \cdots\cdots③$$

である。

ところで，$\frac{1}{2} \cdot 31 \cdot 32 = 496$，$\frac{1}{2} \cdot 32 \cdot 33 = 528$ であるから，③を満たす 2 以上の整数 N は 32 である。

よって，点 $(m+1, n)$ は線分 $x+y=33$，$x \geqq 1$，$y \geqq 1$ 上にある。

したがって，点 $(1, 31)$ の番号が 496 より，点 $(32, 1)$ の番号は 497 であり，点 $(1, 32)$ の番号は 528 である。

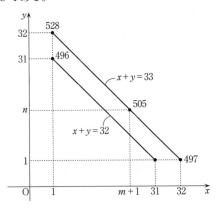

ゆえに，番号が 505 である点 $(m+1, n)$ は点 $(32, 1)$ から 9 個目の格子点となるから

$$\begin{cases} (m+1)+8=32 \\ n=9 \end{cases}$$

が成り立つ。

以上から，求める整数の組 (m, n) は

$$(m, n)=(23, 9) \quad \cdots\cdots(答)$$

解 法 2

(1) 直線 $x+y=k+1$ $(k=1, 2, 3, \cdots)$ 上にある点につけられた次の集合を第 k 群とする。

第 k 群 : $f(k, 1)$，$f(k-1, 2)$，$\cdots$，$f(1, k)$ （k 個）

これより，第 1 群の初項から第 k 群の末項までの項数は

$$1+2+3+\cdots+k=\frac{1}{2}k(k+1) \text{ 個}$$

である。

$f(m, n)$ は，第 $m+n-1$ 群の n 番目の項であるから

$$f(m, n)=\frac{1}{2}(m+n-2)(m+n-1)+n$$

$f(m+1, n+1)$ は，第 $m+n+1$ 群の $n+1$ 番目の項であるから

$$f(m+1, n+1)=\frac{1}{2}(m+n)(m+n+1)+n+1$$

$f(m, n+1)$ は，第 $m+n$ 群の $n+1$ 番目の項であるから

$$f(m, n+1)=\frac{1}{2}(m+n-1)(m+n)+n+1$$

よって

$$\begin{aligned} &f(m, n)+f(m+1, n+1) \\ &=\left\{\frac{1}{2}(m+n-2)(m+n-1)+n\right\}+\left\{\frac{1}{2}(m+n)(m+n+1)+n+1\right\} \\ &=\left\{\frac{1}{2}(m+n)^2-\frac{3}{2}(m+n)+1+n\right\}+\left\{\frac{1}{2}(m+n)^2+\frac{1}{2}(m+n)+n+1\right\} \\ &=(m+n)^2-(m+n)+2n+2 \\ &=(m+n)(m+n-1)+2(n+1) \\ &=2\left\{\frac{1}{2}(m+n-1)(m+n)+n+1\right\} \\ &=2f(m, n+1) \end{aligned}$$

（証明終）

40

実数 x に対し，x を超えない最大の整数を $[x]$ で表す。数列 $\{a_k\}$ を

$$a_k = 2^{[\sqrt{k}]} \quad (k=1,\ 2,\ 3,\ \cdots)$$

で定義する。正の整数 n に対して

$$b_n = \sum_{k=1}^{n^2} a_k$$

を求めよ。

ポイント　k に 1 から順々に代入して，$[\sqrt{k}]$ の規則性を見つければいいので，

$[\sqrt{k}]$ $(k=1,\ 2,\ 3,\ \cdots,\ 25)$ の値は次の表のようになる。

k	1, 2, 3	4, $\cdots$, 8	9, $\cdots$, 15	16, $\cdots$, 24	$\cdots$	(ア)	$\cdots$
$[\sqrt{k}]$ $_{(a_k)}$	$1_{(2^1)}$	$2_{(2^2)}$	$3_{(2^3)}$	$4_{(2^4)}$	$\cdots$	$m_{(2^m)}$	$\cdots$
k の個数	3 個	5 個	7 個	9 個	$\cdots$	(イ)	$\cdots$
和	3×2^1	5×2^2	7×2^3	9×2^4	$\cdots$	(ウ)	$\cdots$

表より，k が平方数になると，$[\sqrt{k}]$ の値は「+1」され，k の個数は初項 3，公差 2 の等差数列という規則が見えてくる（群数列のような感じになる）。そこで，まず，$[\sqrt{k}] = m$ となる k の値（(ア)の欄）とそのときの k の個数（(イ)の欄）を求めることを考え，次に，$[\sqrt{k}] = m$ となる項の和（(ウ)の欄）を調べるとよい。

$\sum$ の計算において，$[\sqrt{k}] = n$ となる k の値は n^2 のみであるので，$b_n = \sum_{k=1}^{n^2-1} a_k + a_{n^2}$ としなければならない。また，$\sum$（等差数列）×（等比数列）となるから，これを S とおいて $S - rS$（r は等比数列の公比）を計算するとよい。

解　法

$$a_k = 2^{[\sqrt{k}]} \quad (k=1,\ 2,\ 3,\ \cdots)$$

自然数 m に対して，$[\sqrt{k}] = m$ を満たす自然数 k の値を求める。
$[x]$ の定義より

$$m \leqq \sqrt{k} < m+1 \quad \text{すなわち} \quad m^2 \leqq k < (m+1)^2$$

となるから，k の値は

$$k = m^2,\ m^2+1,\ m^2+2,\ \cdots,\ (m+1)^2-1\ (=m^2+2m)$$

であり，その個数は

$$\{(m+1)^2-1\} - m^2 + 1 = 2m+1 \text{ 個}$$

である。

よって，自然数 m に対して，$[\sqrt{k}]=m$ となるすべての項の和を T_m とすると

$$T_m = a_{m^2} + a_{m^2+1} + a_{m^2+2} + \cdots + a_{(m+1)^2-1}$$

$$= 2^m + 2^m + 2^m + \cdots + 2^m \quad (2^m \text{ は } 2m+1 \text{ 個ある})$$

$$= (2m+1) \cdot 2^m$$

である。

また，$1 \leqq k \leqq n^2$ と $[\sqrt{n^2}] = [n] = n$，$[\sqrt{n^2-1}] = n-1$ より

$\quad n \geqq 2$ のとき，T_m の m のとり得る値は $\quad$ 1，2，3，$\cdots$，$n-1$

$\quad [\sqrt{k}] = n$ となる k の値は $\quad n^2$ のみ

である。

したがって，$n \geqq 2$ のとき

$$b_n = \sum_{k=1}^{n^2} a_k$$

$$= \sum_{k=1}^{n^2-1} a_k + a_{n^2}$$

$$= \sum_{m=1}^{n-1} T_m + 2^n$$

$$= \sum_{m=1}^{n-1} (2m+1) \cdot 2^m + 2^n \quad \cdots\cdots ①$$

ここで，$S_n = \sum_{m=1}^{n-1} (2m+1) \cdot 2^m \quad (n \geqq 2)$ とおくと

$$\begin{array}{r} S_n = 3 \cdot 2^1 + 5 \cdot 2^2 + 7 \cdot 2^3 + \cdots + (2n-1) \cdot 2^{n-1} \\ -) \ 2S_n = \qquad 3 \cdot 2^2 + 5 \cdot 2^3 + \cdots + (2n-3) \cdot 2^{n-1} + (2n-1) \cdot 2^n \\ \hline -S_n = \underline{3 \cdot 2} + 2 \cdot 2^2 + 2 \cdot 2^3 + \cdots + 2 \cdot 2^{n-1} \qquad - (2n-1) \cdot 2^n \end{array}$$

となるから

$$S_n = -(\underbrace{2 + 2^2} + 2^3 + 2^4 + \cdots + 2^n) + (2n-1) \cdot 2^n$$

$$= -\frac{2(2^n-1)}{2-1} + (2n-1) \cdot 2^n$$

$$= (2n-3) \cdot 2^n + 2$$

したがって，これを①に代入して

$$b_n = \{(2n-3) \cdot 2^n + 2\} + 2^n$$

$$= (n-1) \cdot 2^{n+1} + 2 \quad (n \geqq 2) \quad \cdots\cdots ②$$

$n=1$ のとき，$b_1 = a_1 = 2^{[\sqrt{1}]} = 2$，②の右辺に $n=1$ を代入すると，

$(1-1) \cdot 2^2 + 2 = 2$ で，b_1 と一致するから，②は $n=1$ のときも成り立つ。ゆえに

$$b_n = (n-1) \cdot 2^{n+1} + 2 \quad (n \geqq 1) \quad \cdots\cdots (\text{答})$$

41

p を自然数とする。数列 $\{a_n\}$ を

$$a_1 = 1, \quad a_2 = p^2, \quad a_{n+2} = a_{n+1} - a_n + 13 \quad (n = 1, \ 2, \ 3, \ \cdots)$$

により定める。数列 $\{a_n\}$ に平方数でない項が存在することを示せ。

ポイント　与えられた漸化式は解けないから，a_1, a_2 は平方数より，a_3, a_4, a_5 の値を具体的に求め，平方数でないかどうか 1 つ 1 つ調べていく。そこで，a_3 が平方数になるかどうかを調べるために，$a_3 = q^2$ が成り立つような自然数 p, q の組を求める。このとき，$q^2 - p^2 = 12$ の等式が現れるので，(整数)×(整数) = (整数) の形を作るために左辺を因数分解し，さらに，$q+p$ と $q-p$ の組合せを減らすために 2 数の大小や偶奇に注目するとよい。よく使うテクニックであるから使えるようにしておこう。また，$(p, \ q) = (2, \ 4)$ のとき，a_3 は平方数となるから，a_4, a_5 などの値を調べる。

解　法

$a_1 = 1$，$a_2 = p^2$（p は自然数）より，a_1, a_2 は平方数である。

$a_{n+2} = a_{n+1} - a_n + 13 \ (n = 1, \ 2, \ 3, \ \cdots)$ より

$$a_3 = a_2 - a_1 + 13 = p^2 - 1 + 13 = p^2 + 12$$

ここで，a_3 が平方数であるとし，$a_3 = q^2$（q は自然数）とおくと

$$p^2 + 12 = q^2 \quad \text{すなわち} \quad q^2 - p^2 = 12$$

となるから

$$(q+p)(q-p) = 12 \quad \cdots\cdots ①$$

p, q は自然数より，$q+p$ は正の整数であるから，$q-p$ も正の整数であり，$q+p > q-p$ である。さらに，$(q+p) - (q-p) = 2p$（偶数）より，$q+p$ と $q-p$ の偶奇は一致し，かつ積が偶数（12）であるから，$q+p$ と $q-p$ は正の偶数である。

よって，①を満たす $q+p$ と $q-p$ の組合せは

$$q+p = 6, \quad q-p = 2$$

に限られ，これを解くと

$$(p, \ q) = (2, \ 4)$$

このとき，$a_2 = 2^2$，$a_3 = 2^2 + 12 = 4^2$ であるから

$$a_4 = a_3 - a_2 + 13 = 4^2 - 2^2 + 13 = 5^2$$

$$a_5 = a_4 - a_3 + 13 = 5^2 - 4^2 + 13 = 22 \quad (\text{平方数でない})$$

よって，平方数でない項が存在する。

また，a_3 が平方数でないとすると，平方数でない項が存在する。

したがって，数列 $\{a_n\}$ に平方数でない項が存在する。　　　　　　　　（証明終）

〔注〕 $a_1=1$, $a_2=p^2$, $a_3=p^2+12$, $a_4=25$, $a_5=26-p^2$, $a_6=14-p^2$,
$a_7=1$, $a_8=p^2$

となるから，$a_7=a_1$，$a_8=a_2$ が成り立つ。これより，数列 $\{a_n\}$ は周期 6 の周期数列であることがわかる。

42

θ を実数とし，数列 $\{a_n\}$ を

$$a_1=1,\ a_2=\cos\theta,\ a_{n+2}=\frac{3}{2}a_{n+1}-a_n \quad (n=1,\ 2,\ 3,\ \cdots)$$

により定める。すべての n について $a_n=\cos(n-1)\theta$ が成り立つとき，$\cos\theta$ を求めよ。

ポイント　漸化式 $a_{n+2}=\frac{3}{2}a_{n+1}-a_n$ に対して，一般項 $a_n=\cos(n-1)\theta$ が与えられているから，〔解法1〕のように一般項を漸化式に代入して三角方程式を解くとよい。もしくは，すべての自然数 n について考えるから，〔解法2〕のように a_3, a_4 を利用して必要条件を求め，最後に十分性を確認する方法もよい。

解 法 1

$$a_1=1,\ a_2=\cos\theta,\ a_{n+2}=\frac{3}{2}a_{n+1}-a_n \quad (n=1,\ 2,\ 3,\ \cdots) \quad \cdots\cdots①$$

すべての自然数 n について，$a_n=\cos(n-1)\theta$ が成り立つとき

$$a_{n+1}=\cos n\theta,\ a_{n+2}=\cos(n+1)\theta$$

であるから，これらを①に代入して

$$\cos(n+1)\theta=\frac{3}{2}\cos n\theta-\cos(n-1)\theta \quad \cdots\cdots(★)$$

$$\cos n\theta\cos\theta-\sin n\theta\sin\theta=\frac{3}{2}\cos n\theta-(\cos n\theta\cos\theta+\sin n\theta\sin\theta)$$

$$2\cos n\theta\cos\theta-\frac{3}{2}\cos n\theta=0$$

$$2\cos n\theta\left(\cos\theta-\frac{3}{4}\right)=0$$

$\cos\theta\neq\frac{3}{4}$ とすると

$$\cos n\theta=0 \quad \cdots\cdots②$$

②はすべての自然数 n に対して成り立つことになるから

$$a_2=\cos\theta=0,\ a_3=\cos2\theta=0$$

であるが，$\cos2\theta=2\cos^2\theta-1$ より，これを満たす実数 θ は存在しない。

よって

$$\cos\theta = \frac{3}{4} \quad \cdots\cdots(\text{答})$$

〔注〕 （★）から，和から積になおす公式を用いて，次のように変形してもよい。

$$\cos(n+1)\theta = \frac{3}{2}\cos n\theta - \cos(n-1)\theta \quad \cdots\cdots(\bigstar)$$

$$\{\cos(n+1)\theta + \cos(n-1)\theta\} - \frac{3}{2}\cos n\theta = 0$$

$$2\cos\frac{(n+1)\theta+(n-1)\theta}{2}\cos\frac{(n+1)\theta-(n-1)\theta}{2} - \frac{3}{2}\cos n\theta = 0$$

$$2\cos n\theta\cos\theta - \frac{3}{2}\cos n\theta = 0$$

$$2\cos n\theta\left(\cos\theta - \frac{3}{4}\right) = 0$$

以下，〔解法1〕に同じ。

解法 2

$$a_1 = 1, \quad a_2 = \cos\theta, \quad a_{n+2} = \frac{3}{2}a_{n+1} - a_n \quad (n = 1, 2, 3, \cdots) \quad \cdots\cdots⑦$$

すべての自然数 n について，$a_n = \cos(n-1)\theta$ が成り立つとき

$$a_3 = \cos 2\theta, \quad a_4 = \cos 3\theta$$

⑦より，$a_3 = \frac{3}{2}a_2 - a_1$ であるから

$$\cos 2\theta = \frac{3}{2}\cos\theta - 1$$

$$2\cos^2\theta - 1 = \frac{3}{2}\cos\theta - 1$$

$$\cos\theta\left(\cos\theta - \frac{3}{4}\right) = 0$$

$$\cos\theta = 0, \quad \frac{3}{4} \quad \cdots\cdots①$$

⑦より，$a_4 = \frac{3}{2}a_3 - a_2$ であるから

$$\cos 3\theta = \frac{3}{2}\cos 2\theta - \cos\theta$$

$$-3\cos\theta + 4\cos^3\theta = \frac{3}{2}(2\cos^2\theta - 1) - \cos\theta$$

$$8\cos^3\theta - 6\cos^2\theta - 4\cos\theta + 3 = 0$$

$$8\left(\cos\theta - \frac{3}{4}\right)\left(\cos\theta - \frac{1}{\sqrt{2}}\right)\left(\cos\theta + \frac{1}{\sqrt{2}}\right) = 0$$

$$\cos\theta = \frac{3}{4}, \quad \frac{1}{\sqrt{2}}, \quad -\frac{1}{\sqrt{2}} \quad \cdots\cdots ⑦$$

①かつ⑦より

$$\cos\theta = \frac{3}{4}$$

であることが必要。

このとき，逆に，$\cos\theta = \frac{3}{4}$ ならば，すべての自然数 n に対して

$$a_n = \cos(n-1)\theta \quad \cdots\cdots(*)$$

が成り立つことを数学的帰納法で示す。

〔Ⅰ〕 $n=1,\ 2$ のとき

$a_1 = 1 = \cos 0 \cdot \theta,\ a_2 = \cos\theta = \cos 1 \cdot \theta$ であるから，（$*$）は成り立つ。

〔Ⅱ〕 $n=k,\ k+1\ (k\geqq 1)$ のとき

$a_k = \cos(k-1)\theta,\ a_{k+1} = \cos k\theta$ が成り立つと仮定すると

$n=k+2$ のとき

$$\begin{aligned}
a_{k+2} &= \frac{3}{2}a_{k+1} - a_k \\
&= \frac{3}{2}\cos k\theta - \cos(k-1)\theta \quad (仮定より) \\
&= \frac{3}{4} \cdot 2\cos k\theta - \cos(k-1)\theta \\
&= 2\cos k\theta \cos\theta - \cos(k-1)\theta \quad \left(\cos\theta = \frac{3}{4}\ より\right) \\
&= \{\cos(k+1)\theta + \cos(k-1)\theta\} - \cos(k-1)\theta
\end{aligned}$$

$$(積から和になおす公式より)$$

$$= \cos(k+1)\theta$$

となるから，（$*$）は $n=k+2$ のときも成り立つ。

〔Ⅰ〕，〔Ⅱ〕より，すべての自然数 n に対して（$*$）は成り立つ。

したがって，求める $\cos\theta$ は

$$\cos\theta = \frac{3}{4} \quad \cdots\cdots(答)$$

43 2015年度 〔5〕[I] Level B

数列 $\{a_k\}$ を $a_k = k + \cos\left(\dfrac{k\pi}{6}\right)$ で定める。n を正の整数とする。

(1) $\displaystyle\sum_{k=1}^{12n} a_k$ を求めよ。

(2) $\displaystyle\sum_{k=1}^{12n} a_k{}^2$ を求めよ。

ポイント (1) 一般項 a_k に周期性をもつ関数 $\cos\left(\dfrac{k\pi}{6}\right)$ が含まれるので $\displaystyle\sum_{k=1}^{12n} a_k$ の計算は周期性を利用して求めることになる。よって，周期がいくつになっているかに注目する。そこで，$\cos x$ の周期が 2π であることと「$12n$」まで計算することから，周期が 12 であると予想がつくのでそのことを頭に入れながら周期を調べていくとよい。

(2) $\displaystyle\sum_{k=1}^{12n} k\cos\left(\dfrac{k\pi}{6}\right)$ と $\displaystyle\sum_{k=1}^{12n} \cos^2\left(\dfrac{k\pi}{6}\right)$ をどう計算するかがポイントとなる。$\displaystyle\sum_{k=1}^{12n} \cos^2\left(\dfrac{k\pi}{6}\right)$ については，(1)の計算の過程を踏まえれば問題ないと思われるが，$\displaystyle\sum_{k=1}^{12n} k\cos\left(\dfrac{k\pi}{6}\right)$ の計算はたいへんである。これは，$\displaystyle\sum_{k=1}^{12} k\cos\left(\dfrac{k\pi}{6}\right)$, $\displaystyle\sum_{k=13}^{24} k\cos\left(\dfrac{k\pi}{6}\right)$, … を計算していき，一般化を考えるという方針がよい。

解 法

$$a_k = k + \cos\left(\dfrac{k\pi}{6}\right)$$

(1) $\displaystyle\sum_{k=1}^{12n} a_k = \sum_{k=1}^{12n}\left\{k + \cos\left(\dfrac{k\pi}{6}\right)\right\} = \sum_{k=1}^{12n} k + \sum_{k=1}^{12n}\cos\left(\dfrac{k\pi}{6}\right)$ ……①

ここで

$$\sum_{k=1}^{12n} k = \dfrac{1}{2}\cdot 12n\cdot(12n+1) = 6n(12n+1)$$

であり

$$\sum_{k=1}^{12}\cos\left(\dfrac{k\pi}{6}\right) = \cos\dfrac{\pi}{6} + \cos\dfrac{\pi}{3} + \cos\dfrac{\pi}{2} + \cos\dfrac{2}{3}\pi + \cos\dfrac{5}{6}\pi + \cos\pi$$
$$+ \cos\dfrac{7}{6}\pi + \cos\dfrac{4}{3}\pi + \cos\dfrac{3}{2}\pi + \cos\dfrac{5}{3}\pi + \cos\dfrac{11}{6}\pi + \cos 2\pi$$

$$= 0$$

となることと

$$\cos\left\{\frac{(k+12)\pi}{6}\right\} = \cos\left(\frac{k\pi}{6} + 2\pi\right) = \cos\left(\frac{k\pi}{6}\right)$$

となることから，数列 $\left\{\cos\left(\frac{k\pi}{6}\right)\right\}$ は周期 12 の数列である。 ……(＊)

よって，$12n$ が 12 の倍数であることに注意すると，① より

$$\sum_{k=1}^{12n} a_k = 6n(12n+1) + 0\cdot n = 6n(12n+1) \quad ……(答)$$

(2) $\quad \sum_{k=1}^{12n} a_k{}^2 = \sum_{k=1}^{12n}\left\{k + \cos\left(\frac{k\pi}{6}\right)\right\}^2$

$$= \sum_{k=1}^{12n} k^2 + 2\sum_{k=1}^{12n} k\cos\left(\frac{k\pi}{6}\right) + \sum_{k=1}^{12n}\cos^2\left(\frac{k\pi}{6}\right) \quad ……②$$

ここで

$$\sum_{k=1}^{12n} k^2 = \frac{1}{6}\cdot 12n\cdot(12n+1)(2\cdot 12n+1) = 2n(12n+1)(24n+1)$$

であり，さらに，m を自然数として

$$\sum_{k=1}^{12n} k\cos\left(\frac{k\pi}{6}\right) = \sum_{k=1}^{12} k\cos\left(\frac{k\pi}{6}\right) + \sum_{k=13}^{24} k\cos\left(\frac{k\pi}{6}\right) + \cdots + \sum_{k=12n-11}^{12n} k\cos\left(\frac{k\pi}{6}\right)$$

$$= \sum_{m=1}^{n}\left\{\sum_{k=12m-11}^{12m} k\cos\left(\frac{k\pi}{6}\right)\right\}$$

であることに注意すると

$$\sum_{k=12m-11}^{12m} k\cos\left(\frac{k\pi}{6}\right)$$

$$= (12m-11)\cos\frac{(12m-11)\pi}{6} + (12m-10)\cos\frac{(12m-10)\pi}{6}$$

$$\qquad + (12m-9)\cos\frac{(12m-9)\pi}{6} + (12m-8)\cos\frac{(12m-8)\pi}{6}$$

$$\qquad + (12m-7)\cos\frac{(12m-7)\pi}{6} + (12m-6)\cos\frac{(12m-6)\pi}{6}$$

$$\qquad + (12m-5)\cos\frac{(12m-5)\pi}{6} + (12m-4)\cos\frac{(12m-4)\pi}{6}$$

$$\qquad + (12m-3)\cos\frac{(12m-3)\pi}{6} + (12m-2)\cos\frac{(12m-2)\pi}{6}$$

$$\qquad + (12m-1)\cos\frac{(12m-1)\pi}{6} + 12m\cos\frac{12m}{6}\pi$$

$$= (12m-11)\cdot\frac{\sqrt{3}}{2} + (12m-10)\cdot\frac{1}{2} + (12m-9)\cdot 0$$

$$+ (12m-8) \cdot \left(-\frac{1}{2}\right) + (12m-7) \cdot \left(-\frac{\sqrt{3}}{2}\right) + (12m-6) \cdot (-1)$$

$$+ (12m-5) \cdot \left(-\frac{\sqrt{3}}{2}\right) + (12m-4) \cdot \left(-\frac{1}{2}\right) + (12m-3) \cdot 0$$

$$+ (12m-2) \cdot \frac{1}{2} + (12m-1) \cdot \frac{\sqrt{3}}{2} + 12m \cdot 1$$

$$= 6$$

となるから

$$\sum_{k=1}^{12n} k \cos\left(\frac{k\pi}{6}\right) = \sum_{m=1}^{n} 6 = 6n$$

である。

また，（＊）と同様に考えると

$$\sum_{k=1}^{12} \cos^2\left(\frac{k\pi}{6}\right) = 4\left(\pm\frac{\sqrt{3}}{2}\right)^2 + 4\left(\pm\frac{1}{2}\right)^2 + 2 \cdot (\pm 1)^2 = 6$$

となるから，$12n$ が 12 の倍数であることに注意すると，②より

$$\sum_{k=1}^{12n} a_k{}^2 = 2n(12n+1)(24n+1) + 2 \cdot 6n + 6 \cdot n$$

$$= 4n(144n^2 + 18n + 5) \quad \cdots\cdots (\text{答})$$

44

0 以上の整数 a_1, a_2 があたえられたとき，数列 $\{a_n\}$ を

$$a_{n+2} = a_{n+1} + 6a_n$$

により定める。

(1)　$a_1 = 1$, $a_2 = 2$ のとき，a_{2010} を 10 で割った余りを求めよ。

(2)　$a_2 = 3a_1$ のとき，$a_{n+4} - a_n$ は 10 の倍数であることを示せ。

ポイント　(1)　正の整数を 10 で割ったときの余りは 0 から 9 までの整数である。a_n を 10 で割ったときの余りを r_n とすると，r_{n+2} は r_n と r_{n+1} から定まるので，周期性があると考えて調べてみる。すなわち，$a_n = 10p_n + r_n$，$a_{n+1} = 10p_{n+1} + r_{n+1}$ (p_n, p_{n+1} は整数) と表せるので

$$
\begin{aligned}
a_{n+2} &= a_{n+1} + 6a_n \\
&= (10p_{n+1} + r_{n+1}) + 6(10p_n + r_n) \\
&= 10(p_{n+1} + 6p_n) + (r_{n+1} + 6r_n)
\end{aligned}
$$

上式より，r_{n+2} は $(r_{n+1} + 6r_n)$ を 10 で割った余りに一致するから，これを利用して，数列 $\{r_n\}$ の周期性を見つける。

(2)　$a_3 = 9a_1$, $a_4 = 27a_1$, … より，$a_n = 3^{n-1}a_1$ と類推できる。これを数学的帰納法で証明してから，$a_{n+4} - a_n$ が 10 の倍数であることを示せばよい。

解 法

(1)　$a_1 = 1$, $a_2 = 2$ で，$a_{n+2} = a_{n+1} + 6a_n$ ……① より，a_n, a_{n+1} が整数ならば，a_{n+2} は整数なので，数列 $\{a_n\}$ は整数の列である。

a_n を 10 で割ったときの余りを r_n とすると

$$a_n = 10p_n + r_n, \quad a_{n+1} = 10p_{n+1} + r_{n+1} \quad (p_n,\ p_{n+1} \text{ は整数})$$

と表せるから

$$
\begin{aligned}
a_{n+2} &= (10p_{n+1} + r_{n+1}) + 6(10p_n + r_n) \\
&= 10(p_{n+1} + 6p_n) + (r_{n+1} + 6r_n)
\end{aligned}
$$

よって，r_{n+2} は $(r_{n+1} + 6r_n)$ を 10 で割った余りに一致する。

r_n を順に求めると

$$r_1 = 1,\ r_2 = 2,\ r_3 = 8,\ r_4 = 0,\ r_5 = 8,\ r_6 = 8,\ r_7 = 6,\ r_8 = 4,$$
$$r_9 = 0,\ r_{10} = 4,\ r_{11} = 4,\ r_{12} = 8,\ r_{13} = 2,\ r_{14} = 0,\ r_{15} = 2,\ r_{16} = 2,$$
$$r_{17} = 4,\ r_{18} = 6,\ r_{19} = 0,\ r_{20} = 6,\ r_{21} = 6,\ r_{22} = 2,\ r_{23} = 8,\ r_{24} = 0$$

となり

$$r_2 = r_{22}, \quad r_3 = r_{23}$$

である。したがって

$$r_{n+20} = r_n \quad (n \geqq 2)$$

$2010 = 1 + 20 \times 100 + 9$ であるから，r_{2010} は，r_2 から始まる数列 2, 8, 0, 8, 8, 6, 4, 0, 4, … の 9 番目である 4 となる。 ……(答)

(2) $a_2 = 3a_1$ であるから，①より

$$a_3 = a_2 + 6a_1 = 9a_1,$$
$$a_4 = a_3 + 6a_2 = 27a_1,$$
$$a_5 = a_4 + 6a_3 = 81a_1$$

よって，$a_n = 3^{n-1}a_1$ ……② と類推できる。

(i) $n = 1, 2$ のとき

$$a_1 = 3^{1-1}a_1 = a_1$$
$$a_2 = 3^{2-1}a_1 = 3a_1$$

よって，②は成立する。

(ii) $n = k, k+1$ (k は自然数) のとき，②が成立すると仮定すると

$$a_k = 3^{k-1}a_1, \quad a_{k+1} = 3^k a_1 \quad \cdots\cdots③$$

$n = k+2$ のとき

$$
\begin{aligned}
a_{k+2} &= a_{k+1} + 6a_k \\
&= 3^k a_1 + 6 \cdot 3^{k-1}a_1 \quad (\because \quad ③) \\
&= 3^k a_1 + 2 \cdot 3^k a_1 \\
&= (1+2) 3^k a_1 \\
&= 3^{k+1} a_1
\end{aligned}
$$

よって，$n = k+2$ のときも②は成立する。

(i)，(ii)より，すべての自然数 n について，②は成立する。

したがって

$$
\begin{aligned}
a_{n+4} - a_n &= 3^{n+3}a_1 - 3^{n-1}a_1 \\
&= (3^4 - 1) 3^{n-1}a_1 \\
&= 10 \cdot 8 \cdot 3^{n-1}a_1
\end{aligned}
$$

よって，$a_{n+4} - a_n$ は 10 の倍数である。 (証明終)

> **参考** (1)では，一般項 a_n を求めて活用する方法は適さないが，隣接 3 項間漸化式から一般項を求める方法については心得ておきたい。
>
> $$a_{n+2} - 3a_{n+1} = -2(a_{n+1} - 3a_n), \quad a_{n+2} + 2a_{n+1} = 3(a_{n+1} + 2a_n)$$
>
> と変形し，$a_1 = 1$，$a_2 = 2$ より
>
> $$a_{n+1} - 3a_n = -2(a_n - 3a_{n-1}) = \cdots = (-2)^{n-1}(a_2 - 3a_1)$$

$$= -(-2)^{n-1} \quad \cdots\cdots(※)$$
$$a_{n+1} + 2a_n = 3(a_n + 2a_{n-1}) = \cdots = 3^{n-1}(a_2 + 2a_1)$$
$$= 4 \cdot 3^{n-1}$$

第 1 式から第 2 式を引くと

$$-5a_n = -(-2)^{n-1} - 4 \cdot 3^{n-1} \qquad a_n = \frac{(-2)^{n-1} + 4 \cdot 3^{n-1}}{5}$$

〔注〕　(2)で $a_n = 3^{n-1}a_1$ を導く際は，（※）に着目すると

$$a_{n+1} - 3a_n = (-2)^{n-1}(a_2 - 3a_1) = 0 \quad (\because \quad a_2 = 3a_1)$$

より，$a_{n+1} = 3a_n$ であるから

$$a_n = 3a_{n-1} = \cdots = 3^{n-1}a_1$$

とすることもできる。

45

2007 年度 〔2〕

数列 $\{a_n\}$, $\{b_n\}$, $\{c_n\}$ を

$$a_1 = 2, \quad a_{n+1} = 4a_n$$

$$b_1 = 3, \quad b_{n+1} = b_n + 2a_n$$

$$c_1 = 4, \quad c_{n+1} = \frac{c_n}{4} + a_n + b_n$$

と順に定める。放物線 $y = a_n x^2 + 2b_n x + c_n$ を H_n とする。

(1) H_n は x 軸と 2 点で交わることを示せ。

(2) H_n と x 軸の交点を P_n, Q_n とする。$\sum_{k=1}^{n} P_k Q_k$ を求めよ。

ポイント (1) $a_n x^2 + 2b_n x + c_n = 0$ の判別式 $D_n = 4b_n^2 - 4a_n c_n > 0$（異なる 2 点で交わる）を示す。$\{a_n\}$, $\{b_n\}$, $\{c_n\}$ の一般項を求めることなく，D_{n+1} と D_n の関係を用いるのがポイントである。

(2) $P_n Q_n$ を n の式で表す。等比数列の和 S_n の公式 $S_n = \dfrac{a(1-r^n)}{1-r}$（初項 a, 公比 r, $r \neq 1$）を用いる。

解 法

(1) $\quad a_n x^2 + 2b_n x + c_n = 0 \quad \cdots\cdots$ ①

①の判別式を D_n とおくと

$$D_n = 4b_n^2 - 4a_n c_n$$

したがって

$$\begin{aligned}
D_{n+1} &= 4b_{n+1}^2 - 4a_{n+1}c_{n+1} \\
&= 4(b_n + 2a_n)^2 - 4 \cdot 4a_n \left(\frac{c_n}{4} + a_n + b_n\right) \\
&= 4b_n^2 - 4a_n c_n \\
&= D_n
\end{aligned}$$

となるから

$$D_n = D_{n-1} = D_{n-2} = \cdots = D_1$$

ここで

$$D_1 = 4b_1^2 - 4a_1 c_1$$

$$= 4 \cdot 3^2 - 4 \cdot 2 \cdot 4$$
$$= 4$$

となるから，$D_n > 0$ である。よって，H_n は x 軸と異なる 2 点で交わる。

(証明終)

(2) a_n は初項 2，公比 4 の等比数列だから

$$a_n = 2 \cdot 4^{n-1} \quad (\neq 0)$$

ここで①の解は

$$x = \frac{-2b_n \pm \sqrt{D_n}}{2a_n}$$

これより

$$P_n Q_n = \frac{-2b_n + \sqrt{D_n}}{2a_n} - \frac{-2b_n - \sqrt{D_n}}{2a_n}$$

$$= \frac{\sqrt{D_n}}{a_n} = \frac{\sqrt{4}}{2 \cdot 4^{n-1}} = \left(\frac{1}{4}\right)^{n-1}$$

したがって

$$\sum_{k=1}^{n} P_k Q_k = \sum_{k=1}^{n} \left(\frac{1}{4}\right)^{k-1} = \frac{1 - \left(\frac{1}{4}\right)^n}{1 - \frac{1}{4}}$$

$$= \frac{4}{3}\left\{1 - \left(\frac{1}{4}\right)^n\right\} \quad \cdots\cdots(答)$$

46

$0° \leqq \theta < 360°$ をみたす θ と正の整数 m に対して，$f_m(\theta)$ を次のように定める。

$$f_m(\theta) = \sum_{k=0}^{m} \sin(\theta + 60° \times k)$$

(1) $f_5(\theta)$ を求めよ。

(2) θ が $0° \leqq \theta < 360°$ の範囲を動くとき，$f_4(\theta)$ の最大値を求めよ。

(3) m がすべての正の整数を動き，θ が $0° \leqq \theta < 360°$ の範囲を動くとき，$f_m(\theta)$ の最大値を求めよ。

ポイント (1) 変換公式 $\sin(\theta + 180°) = -\sin\theta$ を用いる。

(3) 加法定理 $\sin(\alpha + \beta) = \sin\alpha\cos\beta + \cos\alpha\sin\beta$ と三角関数の合成公式 $a\sin\theta + b\cos\theta = \sqrt{a^2 + b^2}\sin(\theta + \alpha)$ を用いる。(1)で，$f_5(\theta) = 0$ となることがヒントになっている。

$f_6(\theta) = f_5(\theta) + \sin(\theta + 360°) = \sin\theta = f_0(\theta)$,

$f_7(\theta) = f_5(\theta) + \sin(\theta + 360°) + \sin(\theta + 420°)$

$\qquad = \sin\theta + \sin(\theta + 60°) = f_1(\theta)$

となり，$f_m(\theta)$ は，$f_0(\theta)$, $f_1(\theta)$, $\cdots$, $f_5(\theta)$ のいずれかと同じ値をとることになるので，これら6つの最大値を調べればよい。

なお，和積公式 $\sin A + \sin B = 2\sin\dfrac{A+B}{2}\cdot\cos\dfrac{A-B}{2}$ を知っていれば計算が楽になる。

解法

(1) $f_5(\theta) = \sin\theta + \sin(\theta + 60°) + \sin(\theta + 120°) + \sin(\theta + 180°)$

$\qquad\qquad\qquad + \sin(\theta + 60° + 180°) + \sin(\theta + 120° + 180°)$

$\quad = \sin\theta + \sin(\theta + 60°) + \sin(\theta + 120°) - \sin\theta - \sin(\theta + 60°) - \sin(\theta + 120°)$

$\quad = 0$ ……(答)

(2) $f_4(\theta) = f_5(\theta) - \sin(\theta + 300°) = -\sin(\theta + 300°)$

$0° \leqq \theta < 360°$ だから

$\quad f_4(\theta)$ は $\theta = 330°$ のとき最大で，最大値は 1 ……(答)

(3) $\sin\{\theta + 60° \times (k+6)\} = \sin(\theta + 60° \times k)$

また，$f_5(\theta) = 0$ だから，n を0以上の整数とすると

$$f_{6n+l}(\theta) = f_l(\theta) \quad (l = 0, 1, 2, 3, 4, 5)$$

よって，$f_m(\theta)$ は $f_0(\theta)$，$f_1(\theta)$，$\cdots$，$f_5(\theta)$ のいずれかと等しい。

ここで

$$f_0(\theta) = \sin\theta \leqq 1$$

$$f_1(\theta) = \sin\theta + \sin(\theta + 60°) = \sin\theta + \sin\theta\cos 60° + \cos\theta\sin 60°$$

$$= \sin\theta + \frac{1}{2}\sin\theta + \frac{\sqrt{3}}{2}\cos\theta = \frac{3}{2}\sin\theta + \frac{\sqrt{3}}{2}\cos\theta$$

$$= \sqrt{3}\sin(\theta + 30°) \leqq \sqrt{3}$$

$$f_2(\theta) = \sin\theta + \sin(\theta + 60°) + \sin(\theta + 120°)$$

$$= \sin\theta + \sin\theta\cos 60° + \cos\theta\sin 60° + \sin\theta\cos 120° + \cos\theta\sin 120°$$

$$= \sin\theta + \frac{1}{2}\sin\theta + \frac{\sqrt{3}}{2}\cos\theta - \frac{1}{2}\sin\theta + \frac{\sqrt{3}}{2}\cos\theta$$

$$= \sin\theta + \sqrt{3}\cos\theta = 2\sin(\theta + 60°) \leqq 2$$

$$f_3(\theta) = f_5(\theta) - \sin(\theta + 240°) - \sin(\theta + 300°)$$

$$= -\sin\theta\cos 240° - \cos\theta\sin 240° - \sin\theta\cos 300° - \cos\theta\sin 300°$$

$$= \frac{1}{2}\sin\theta + \frac{\sqrt{3}}{2}\cos\theta - \frac{1}{2}\sin\theta + \frac{\sqrt{3}}{2}\cos\theta$$

$$= \sqrt{3}\cos\theta \leqq \sqrt{3}$$

$$f_4(\theta) = -\sin(\theta + 300°) \leqq 1$$

$$f_5(\theta) = 0$$

したがって，$f_2(\theta) \leqq 2$（等号成立は $\theta = 30°$ のとき）だから

$f_m(\theta)$ は $m = 6n + 2$（$n = 0, 1, 2, \cdots$），$\theta = 30°$ のとき最大で，最大値は 2

$$\cdots\cdots\text{(答)}$$

§4 平面図形

47

次の問いに答えよ。

(1) 実数 x, y について,「$|x-y| \leqq x+y$」であることの必要十分条件は「$x \geqq 0$ かつ $y \geqq 0$」であることを示せ。

(2) 次の不等式で定まる xy 平面上の領域を図示せよ。
$$|1+y-2x^2-y^2| \leqq 1-y-y^2$$

ポイント (1) $|X| = \begin{cases} X & (X \geqq 0 \text{ のとき}) \\ -X & (X < 0 \text{ のとき}) \end{cases}$ を用いて絶対値記号を外し,同値変形をしても「$x \geqq 0$ かつ $y \geqq 0$」とはならないが,$\begin{cases} y \leqq x \\ y \geqq 0 \end{cases}$ または $\begin{cases} y > x \\ x \geqq 0 \end{cases}$ が表す領域を考えると「$x \geqq 0$ かつ $y \geqq 0$」が得られる。また,〔解法2〕のように,次の事柄を用いて示してもよい。

実数 P, Q について
$$|P| \leqq Q \iff -Q \leqq P \leqq Q \quad \cdots\cdots(*)$$

(2) (1)と同様にすると,$1+y-2x^2-y^2 \geqq 0$ や $1+y-2x^2-y^2 < 0$ がでてきてこの不等式が表す領域がわからなくなるので,(1)の結果が使えるように,$A-B = 1+y-2x^2-y^2$,$A+B = 1-y-y^2$ とおいて,A, B を計算し,(1)の結果から「$A \geqq 0$ かつ $B \geqq 0$」に代入して求めるとよい。また,〔解法2〕のように $(*)$ を使って解いてもよい。

解法 1

(1) $\quad |x-y| \leqq x+y$

$\iff \begin{cases} x-y \geqq 0 \\ x-y \leqq x+y \end{cases}$ または $\begin{cases} x-y < 0 \\ -(x-y) \leqq x+y \end{cases}$

$\iff \begin{cases} y \leqq x \\ y \geqq 0 \end{cases}$ または $\begin{cases} y > x \\ x \geqq 0 \end{cases} \quad \cdots\cdots①$

であり,xy 平面において,①が表す領域は右図の網かけ部分。ただし,境界線を含む。

右図より,①は「$x \geqq 0$ かつ $y \geqq 0$」が表す領域となる。

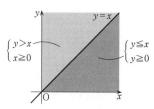

よって,「$|x-y|\leqq x+y$」であることの必要十分条件は,「$x\geqq 0$ かつ $y\geqq 0$」である。

(証明終)

(2)　　$|1+y-2x^2-y^2|\leqq 1-y-y^2$ ……②

　　　　$A-B=1+y-2x^2-y^2$,　$A+B=1-y-y^2$

とおき,A,Bについて解くと

　　　　$A=1-x^2-y^2$,　$B=-y+x^2$ ……③

②は,「$|A-B|\leqq A+B$」と表せるから,(1)の結果を用いると

　　　　$A\geqq 0$　かつ　$B\geqq 0$ ……④

これが必要十分条件であり,③を④に代入して

　　　　$1-x^2-y^2\geqq 0$　かつ　$-y+x^2\geqq 0$

すなわち

　　　　$x^2+y^2\leqq 1$　かつ　$y\leqq x^2$ ……⑤

よって,②が表す領域は⑤が表す領域と同値であるから,求める領域は下図の網かけ部分。ただし,境界線を含む。

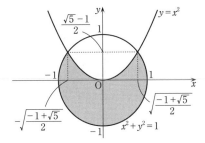

〔注〕　$x^2+y^2=1$ と $y=x^2$ の共有点の座標は,2式より y を消去すると

　　　　$x^2+x^4=1$　つまり　$x^4+x^2-1=0$

となるから,x^2 について解くと,$x^2=\dfrac{-1\pm\sqrt{5}}{2}$ となり

　　　　$\left(\pm\sqrt{\dfrac{-1+\sqrt{5}}{2}},\ \dfrac{-1+\sqrt{5}}{2}\right)$

解法 2

(1)　　$|x-y|\leqq x+y \Longleftrightarrow -(x+y)\leqq x-y\leqq x+y$

　　　　　　　　　　$\Longleftrightarrow -(x+y)\leqq x-y$　かつ　$x-y\leqq x+y$

　　　　　　　　　　$\Longleftrightarrow x\geqq 0$　かつ　$y\geqq 0$ 　　　　　　(証明終)

(2)　　$|1+y-2x^2-y^2|\leqq 1-y-y^2$

　　$\Longleftrightarrow -(1-y-y^2)\leqq 1+y-2x^2-y^2\leqq 1-y-y^2$

$\Longleftrightarrow -(1-y-y^2)\leqq 1+y-2x^2-y^2$　かつ　$1+y-2x^2-y^2\leqq 1-y-y^2$

$\Longleftrightarrow -2\leqq -2x^2-2y^2$　かつ　$2y\leqq 2x^2$

$\Longleftrightarrow x^2+y^2\leqq 1$　かつ　$y\leqq x^2$

（以下，〔解法1〕に同じ）

48

次の問いに答えよ。

(1) a, b を実数とし，2次方程式 $x^2 - ax + b = 0$ が実数解 α, β をもつとする。ただし，重解の場合は $\alpha = \beta$ とする。3辺の長さが 1, α, β である三角形が存在する (a, b) の範囲を求め図示せよ。

(2) 3辺の長さが 1, α, β である三角形が存在するとき，

$$\frac{\alpha\beta + 1}{(\alpha + \beta)^2}$$

の値の範囲を求めよ。

ポイント (1) α, β は $x^2 - ax + b = 0$ の実数解であり，かつ三角形の辺の長さでもあることから，「0 より大きい解をもつという条件」と「三角形の成立条件」より，(a, b) の範囲を求めるとよい。0 より大きい解をもつという条件については，「頂点の y 座標の符号」と「軸の範囲」と「端点の符号」に着目して a, b の関係式を求めるとよい。三角形の成立条件については，次の事柄を用いて a, b の関係式を求めるとよい。
3辺の長さが x, y, z である三角形が存在する条件は

$\quad x < y + z$ かつ $y < z + x$ かつ $z < x + y$ ……(∗)

もしくは

$\quad |y - z| < x < y + z$

(∗) と $|y - z| < x < y + z$ は同値である（〔注〕参照）。

(2) $\dfrac{\alpha\beta + 1}{(\alpha + \beta)^2}$ が α, β の対称式で表されているので，α, β について考えるのではなく，α, β の基本対称式 $(\alpha + \beta = a,\ \alpha\beta = b)$ から得られる a, b の2変数について考える。このとき，a, b の関係が (1) より領域で図示されているので，〔解法1〕のように，$\dfrac{\alpha\beta + 1}{(\alpha + \beta)^2}$ を a, b で表した式を「$= k$」とおいて，(1) で求めた領域と共有点をもつように変化させたときの k のとり得る値の範囲を求めるとよい。また，〔解法2〕のように，「$= k$」とおいた式を (1) で得られた不等式に代入して，a, b の存在条件を用いて k のとり得る値の範囲を求めてもよい。さらに，他の解法として，まず a を 1 より大きい値として固定し，b の関数として b を動かす。次に，固定していた a を $a > 1$ の範囲で a の関数として動かし求めてもよいが，やや面倒である。

解 法 1

$f(x) = x^2 - ax + b$ とおくと

$$f(x) = \left(x - \frac{a}{2}\right)^2 - \frac{1}{4}a^2 + b$$

(1) α, β は，方程式 $f(x) = 0$ の実数解（重解含む）であり，かつ，三角形の辺の長さであるから正である。よって，$f(x) = 0$ が 0 より大きい解をもつ条件は，$y = f(x)$ のグラフが下に凸の放物線より

$$\begin{cases} (\text{頂点の } y \text{ 座標}) = -\frac{1}{4}a^2 + b \leqq 0 \\ \text{軸} : x = \frac{a}{2} > 0 \\ f(0) = b > 0 \end{cases}$$

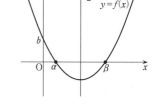

であるから

$$\begin{cases} b \leqq \frac{1}{4}a^2 \\ a > 0 & \cdots\cdots ① \\ b > 0 \end{cases}$$

さらに，3辺の長さが 1，α，β である三角形が存在する条件は，三角形の成立条件より

$$|\alpha - \beta| < 1 < \alpha + \beta$$

であるから

$$\begin{cases} \alpha + \beta > 1 \\ |\alpha - \beta|^2 < 1^2 \end{cases} \quad \text{すなわち} \quad \begin{cases} \alpha + \beta > 1 \\ (\alpha + \beta)^2 - 4\alpha\beta < 1 \end{cases} \quad \cdots\cdots ②$$

ここで，α, β は，方程式 $f(x) = 0$ の解であるから，解と係数の関係より

$$\alpha + \beta = a, \quad \alpha\beta = b \quad \cdots\cdots ③$$

となるので，②に③を代入して

$$\begin{cases} a > 1 \\ a^2 - 4b < 1 \end{cases} \quad \text{すなわち} \quad \begin{cases} a > 1 \\ b > \frac{1}{4}a^2 - \frac{1}{4} \end{cases} \quad \cdots\cdots ②'$$

よって，点 (a, b) が存在する範囲は，①かつ②' より

$$\begin{cases} a > 1 \\ \frac{1}{4}a^2 - \frac{1}{4} < b \leqq \frac{1}{4}a^2 \end{cases} \quad \cdots\cdots (\bigstar)$$

図示すると，次図の網かけ部分。ただし，境界は $b = \frac{1}{4}a^2$ の $a > 1$ の部分のみ含み

（実線部分），それ以外は含まない（点線部分と白丸）。

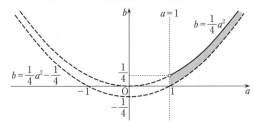

(2) (1)で求めた領域を D とする。$\dfrac{\alpha\beta+1}{(\alpha+\beta)^2}=k$ とおき，③を代入すると

$$\frac{b+1}{a^2}=k \quad \text{すなわち} \quad b=ka^2-1 \quad \cdots\cdots④$$

k という値をとる条件は

　　　「k となる点 $(a,\ b)$ が D に存在すること」

すなわち

　　　「④と領域 D が共有点をもつこと」

であり，④は点 $(0,\ -1)$ を必ず通る。

④が点 $\left(1,\ \dfrac{1}{4}\right)$ を通るときの k の値は

$$\frac{1}{4}=k\cdot 1^2-1$$

$$k=\frac{5}{4}$$

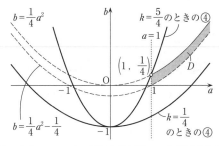

また，$k=\dfrac{1}{4}$ のとき，④は $b=\dfrac{1}{4}a^2$ を b 軸

方向に -1 だけ平行移動したものと一致

する。このことと図から，④が領域 D と共有点をもつための必要条件は

$$\frac{1}{4}<k<\frac{5}{4}$$

このとき，④と $b=\dfrac{1}{4}a^2$ が $a>1$ の範囲で共有点をもつかどうかを調べる。

2式より，b を消去すると

$$ka^2-1=\frac{1}{4}a^2 \quad \text{すなわち} \quad \left(k-\frac{1}{4}\right)a^2=1$$

となるから，$k>\dfrac{1}{4}$ より，共有点の a 座標は

$$a = \pm \frac{1}{\sqrt{k - \frac{1}{4}}}$$

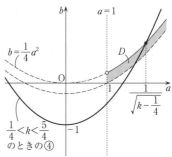

$b = \frac{1}{4}a^2$

D

$b = \frac{1}{4}a^2$ と $a > 1$ の範囲で確かに共有点を

$\frac{1}{4} < k < \frac{5}{4}$ のとき，$a = \frac{1}{\sqrt{k - \frac{1}{4}}} > 1$ となるから，

④は $b = \frac{1}{4}a^2$ と $a > 1$ の範囲で確かに共有点を

もつ。

$\frac{1}{4} < k < \frac{5}{4}$ のときの④

よって，$\frac{1}{4} < k < \frac{5}{4}$ のとき，④は領域 D と共有点をもつから，求める k の値の範囲は

$$\frac{1}{4} < k < \frac{5}{4}$$

したがって

$$\frac{1}{4} < \frac{\alpha\beta + 1}{(\alpha + \beta)^2} < \frac{5}{4} \quad \cdots\cdots (答)$$

〔注〕 三角形の成立条件は，〔解法1〕で用いた $|\alpha - \beta| < 1 < \alpha + \beta$ 以外の同値な

$|\beta - 1| < \alpha < \beta + 1$ や $|\alpha - 1| < \beta < \alpha + 1$

を使っても，波線部分で $\alpha > 0$ と $\beta > 0$ という条件も考えていることになるので，方程式 $f(x) = 0$ が2つの実数解をもつという条件，つまり，①は $b \leqq \frac{1}{4}a^2$ だけでも正解は得られる。

解法 2

(2) （④を導くところまでは〔解法1〕に同じ）

（★）かつ④を満たす実数 a，b が存在するような k の値の範囲を求めるとよい。
そこで

$$((\bigstar) \text{かつ} \circled{4}) \Longleftrightarrow \begin{cases} b = ka^2 - 1 \\ \frac{1}{4}a^2 - \frac{1}{4} < b \leqq \frac{1}{4}a^2 \\ a > 1 \end{cases}$$

$$\Longleftrightarrow \begin{cases} b = ka^2 - 1 \\ 3 < (4k - 1)a^2 \leqq 4 \\ a > 1 \end{cases} \quad \cdots\cdots (*)$$

であるから，$(*)$ を満たす実数 a が存在するような k の値の範囲を求めれば，b の条件も満たされる。

$3 < (4k - 1)a^2 \leqq 4$ $\cdots\cdots \circledⒶ$ を満たす実数 a が存在するためには $a^2 \geqq 0$ であるから

$$4k-1>0 \quad \text{すなわち} \quad k>\frac{1}{4}$$

が必要であり，このとき，㋐は

$$\frac{3}{4k-1}<a^2\leqq\frac{4}{4k-1} \quad \cdots\cdots㋐'$$

さらに，㋐' を満たす 1 より大きい a が存在する条件は

$$1<\frac{4}{4k-1}$$

であるから，$k>\dfrac{1}{4}$ に注意して

$$4k-1<4 \quad \text{すなわち} \quad k<\frac{5}{4}$$

よって，（＊）を満たす実数 a が存在するような k の値の範囲，つまり，求める k の値の範囲は

$$\frac{1}{4}<k<\frac{5}{4}$$

したがって

$$\frac{1}{4}<\frac{\alpha\beta+1}{(\alpha+\beta)^2}<\frac{5}{4} \quad \cdots\cdots（答）$$

49

半径1の円周上に3点A，B，Cがある。内積 $\overrightarrow{AB}\cdot\overrightarrow{AC}$ の最大値と最小値を求めよ。

ポイント　〔解法1〕　独立した動点が3個（点A，B，C）ある図形の問題では，「2個の点を固定し，1個を動かす。次に，固定していた2個の点のうち，1個の点を固定し，残り1個を動かす。さらに，固定していた残り1個の点を動かす」という手法をとるのが定石であるから，この流れに沿って解く。このとき，3個の点はすべて円周上にあるから座標を設定して三角関数を用いるとよい。

また，三角関数の最大・最小の問題において，$\cos(\beta-\alpha_0)-\cos\beta$ のように変数角 β が離れているときは，三角関数の合成や和（または差）から積に直す公式を用いて角をまとめるように変形を行うとよい。しばしば出題されるので覚えておこう。

〔解法2〕　$\overrightarrow{AB}\cdot\overrightarrow{AC}=|\overrightarrow{AB}||\overrightarrow{AC}|\cos\theta$ の「$|\overrightarrow{AC}|\cos\theta$」の部分を直角三角形の底辺の長さとみるという，内積の定義を図形的に捉えた考え方を用いる。このような考え方も重要であるから理解しておくとよい。

解 法 1

座標平面を設定して考える。対称性より

A $(1,\ 0)$

B $(\cos\alpha,\ \sin\alpha)$　$(0\leqq\alpha\leqq\pi)$

C $(\cos\beta,\ \sin\beta)$　$(0\leqq\beta<2\pi)$

とおくと

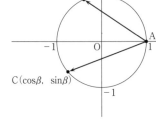

$$\overrightarrow{AB}=(\cos\alpha,\ \sin\alpha)-(1,\ 0)$$
$$=(\cos\alpha-1,\ \sin\alpha)$$
$$\overrightarrow{AC}=(\cos\beta,\ \sin\beta)-(1,\ 0)$$
$$=(\cos\beta-1,\ \sin\beta)$$

であるから

$$\overrightarrow{AB}\cdot\overrightarrow{AC}=(\cos\alpha-1)(\cos\beta-1)+\sin\alpha\sin\beta$$
$$=(\cos\beta\cos\alpha+\sin\beta\sin\alpha)-(\cos\beta+\cos\alpha)+1$$
$$=\cos(\beta-\alpha)-\cos\beta-\cos\alpha+1$$

ここで，α を α_0 $(0\leqq\alpha_0\leqq\pi)$ と固定し，β を $0\leqq\beta<2\pi$ の範囲で動かすと

$$\overrightarrow{AB}\cdot\overrightarrow{AC}=\{\cos(\beta-\alpha_0)-\cos\beta\}-\cos\alpha_0+1$$
$$=-2\sin\frac{(\beta-\alpha_0)+\beta}{2}\sin\frac{(\beta-\alpha_0)-\beta}{2}+(1-\cos\alpha_0)$$

$$= -2\sin\left(\beta - \frac{\alpha_0}{2}\right)\sin\left(-\frac{\alpha_0}{2}\right) + 2\sin^2\frac{\alpha_0}{2}$$

$$= 2\sin\frac{\alpha_0}{2}\sin\left(\beta - \frac{\alpha_0}{2}\right) + 2\sin^2\frac{\alpha_0}{2}$$

「$0 \le \dfrac{\alpha_0}{2} \le \dfrac{\pi}{2}$ より，$2\sin\dfrac{\alpha_0}{2}$ は 0 以上 2 以下の定数であること」と「$0 \le \beta < 2\pi$ より，

$-1 \le \sin\left(\beta - \dfrac{\alpha_0}{2}\right) \le 1$ であること」から

$$\underbrace{-2\sin\frac{\alpha_0}{2} + 2\sin^2\frac{\alpha_0}{2}}_{①} \le \overrightarrow{AB}\cdot\overrightarrow{AC} \le \underbrace{2\sin\frac{\alpha_0}{2} + 2\sin^2\frac{\alpha_0}{2}}_{②} \quad \cdots\cdots(*)$$

次に，α_0 を α として $0 \le \alpha \le \pi$ の範囲で動かす。

①について

$$-2\sin\frac{\alpha}{2} + 2\sin^2\frac{\alpha}{2} = 2\left(\sin\frac{\alpha}{2} - \frac{1}{2}\right)^2 - \frac{1}{2} \ge -\frac{1}{2}$$

等号成立は，$\sin\dfrac{\alpha}{2} = \dfrac{1}{2}$，つまり，$\alpha = \dfrac{\pi}{3}$ $\left(\beta = \dfrac{5}{3}\pi\right)$ のときである。

②について

$$2\sin\frac{\alpha}{2} + 2\sin^2\frac{\alpha}{2} = 2\left(\sin\frac{\alpha}{2} + \frac{1}{2}\right)^2 - \frac{1}{2} \le 4$$

等号成立は，$\sin\dfrac{\alpha}{2} = 1$，つまり，$\alpha = \pi$ $(\beta = \pi)$ のときである。

これらのことと$(*)$より

$$-\frac{1}{2} \le \overrightarrow{AB}\cdot\overrightarrow{AC} \le 4$$

よって

内積 $\overrightarrow{AB}\cdot\overrightarrow{AC}$ の最大値は 4，最小値は $-\dfrac{1}{2}$ $\cdots\cdots$(答)

解法 2

円の中心を O とする。

(i) $\overrightarrow{AB} = \vec{0}$ または $\overrightarrow{AC} = \vec{0}$ のとき

$\overrightarrow{AB}\cdot\overrightarrow{AC} = 0$

(ii) $\overrightarrow{AB} \ne \vec{0}$ かつ $\overrightarrow{AC} \ne \vec{0}$ のとき

$\overrightarrow{AB}$ と $\overrightarrow{AC}$ のなす角を θ $(0 \le \theta \le \pi)$ とおくと

$\overrightarrow{AB}\cdot\overrightarrow{AC} = |\overrightarrow{AB}||\overrightarrow{AC}|\cos\theta$

・最大値について

$|\overrightarrow{AB}|\leq2$, $|\overrightarrow{AC}|\leq2$, $\cos\theta\leq1$ であるから

$$\overrightarrow{AB}\cdot\overrightarrow{AC}=|\overrightarrow{AB}||\overrightarrow{AC}|\cos\theta$$
$$\leq2\cdot2\cdot1=4$$

等号は右図のとき成り立つ。

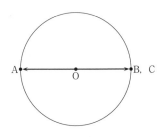

・最小値について

$\cos\theta<0$, つまり, θ が鈍角のとき, $\overrightarrow{AB}\cdot\overrightarrow{AC}$ は最小となり得る。

このとき, 2点A, Bを固定し, 点Cから直線 AB に下ろした垂線の足をHとすると

$$\overrightarrow{AB}\cdot\overrightarrow{AC}=|\overrightarrow{AB}||\overrightarrow{AC}|\cos\theta$$
$$=|\overrightarrow{AB}|\{-|\overrightarrow{AC}|\cos(\pi-\theta)\}$$
$$=|\overrightarrow{AB}|(-|\overrightarrow{AH}|)\quad\binom{\text{直角三角形 ACH}}{\text{に注目した}}$$
$$=-|\overrightarrow{AB}||\overrightarrow{AH}|\quad\cdots\cdots㋐$$

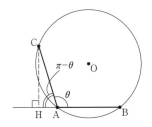

$|\overrightarrow{AB}|$ は 0 より大きい定数であるから, $\overrightarrow{AB}\cdot\overrightarrow{AC}$ が最小となるのは $|\overrightarrow{AH}|$ が最大となるときであり, 点Cが右図のような位置にあるときである。

次に, 固定していた2点A, Bを動かす。

ここで, $|\overrightarrow{AB}|=x$ $(0<x<2)$ とおくと, ㋐より

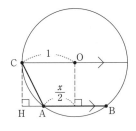

$$\overrightarrow{AB}\cdot\overrightarrow{AC}=-x\left(1-\frac{x}{2}\right)$$
$$=\frac{1}{2}x^2-x$$
$$=\frac{1}{2}(x-1)^2-\frac{1}{2}$$

$0<x<2$ より, $\overrightarrow{AB}\cdot\overrightarrow{AC}$ の最小値は

$$-\frac{1}{2}\quad(x=1\text{ のとき})$$

よって

内積 $\overrightarrow{AB}\cdot\overrightarrow{AC}$ の最大値は 4, 最小値は $-\dfrac{1}{2}$ ……(答)

50

2019 年度 〔2〕 Level A

原点をOとする座標平面上の点Qは円 $x^2+y^2=1$ 上の $x \geqq 0$ かつ $y \geqq 0$ の部分を動く。点Qと点 A $(2, 2)$ に対して

$$\overrightarrow{OP} = (\overrightarrow{OA} \cdot \overrightarrow{OQ}) \overrightarrow{OQ}$$

を満たす点Pの軌跡を求め，図示せよ。

ポイント 〔解法1〕 点Qは円 $x^2+y^2=1$ 上にあるから，次の事柄を用いて Q $(\cos\theta, \sin\theta)$ と表す。

「円 $x^2+y^2=r^2$ 上の点の座標は，$(r\cos\theta, r\sin\theta)$ と表せる」

さらに，Qは $x \geqq 0$ かつ $y \geqq 0$ の部分を動くから，$0 \leqq \theta \leqq \dfrac{\pi}{2}$ とする。

点Pを (X, Y) とおき，$\overrightarrow{OP} = (\overrightarrow{OA} \cdot \overrightarrow{OQ}) \overrightarrow{OQ}$ から X, Y をそれぞれ θ で表す。X, Y の関係式を作るには，θ の存在条件を使うとよい。つまり，連立方程式 $\begin{cases} \cos 2\theta = p \\ \sin 2\theta = q \end{cases}$ の解 θ が存在する条件「$p^2+q^2=1$」を利用するとよい。このとき，θ が $0 \leqq \theta \leqq \dfrac{\pi}{2}$ という範囲であることに注意する。

〔解法2〕 X, Y を θ で表すところまでは〔解法1〕と同じであるが，そこから

$X = \sin 2\theta + \cos 2\theta + 1$ には，cos 合成

$Y = \sin 2\theta - \cos 2\theta + 1$ には，sin 合成

をして，次の事柄を用いて点Pの軌跡を求めてもよい。

「円 $(x-a)^2+(y-b)^2=r^2$ を媒介変数表示すると，$x=a+r\cos\theta, y=b+r\sin\theta$ と表せる」

〔解法3〕 $\overrightarrow{OP} = (\overrightarrow{OA} \cdot \overrightarrow{OQ}) \overrightarrow{OQ}$ という式の形と $|\overrightarrow{OQ}|=1$ から，点Pは点Aから直線 OQ に下ろした垂線の足であることに気づいて軌跡を求める方法もあるが，このことを見抜くには，次の正射影ベクトルの知識が必要となってくる。

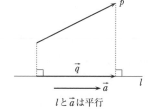

lと$\vec{a}$は平行

$\vec{q}$ を $\vec{p}$ の l への正射影ベクトルといい

$$\vec{q} = \dfrac{\vec{a} \cdot \vec{p}}{|\vec{a}|^2} \vec{a}$$

と表される。

解法 1

点 Q は，円 $x^2+y^2=1$ 上の $x \geqq 0$ かつ $y \geqq 0$ の部分を動くから，$Q(\cos\theta, \sin\theta)$ $\left(0 \leqq \theta \leqq \dfrac{\pi}{2}\right)$ とおけ，点 P の座標を $P(X, Y)$ とする。$\overrightarrow{OP} = (\overrightarrow{OA} \cdot \overrightarrow{OQ})\overrightarrow{OQ}$ より

$$
\begin{aligned}
(X, Y) &= (2 \times \cos\theta + 2 \times \sin\theta)(\cos\theta, \sin\theta) \\
&= (2\cos^2\theta + 2\sin\theta\cos\theta, \ 2\sin\theta\cos\theta + 2\sin^2\theta) \\
&= \left(2 \cdot \frac{1+\cos 2\theta}{2} + \sin 2\theta, \ \sin 2\theta + 2 \cdot \frac{1-\cos 2\theta}{2}\right) \\
&= (\sin 2\theta + \cos 2\theta + 1, \ \sin 2\theta - \cos 2\theta + 1) \quad \cdots\cdots(\bigstar)
\end{aligned}
$$

となるから

$$
\begin{cases}
X = \sin 2\theta + \cos 2\theta + 1 & \cdots\cdots① \\
Y = \sin 2\theta - \cos 2\theta + 1 & \cdots\cdots②
\end{cases}
$$

点 (X, Y) が点 P の軌跡に含まれる条件は

「①かつ②を満たす θ が $0 \leqq \theta \leqq \dfrac{\pi}{2}$ の範囲に存在すること」 $\cdots\cdots(*)$

である。

ここで，①，②を，$\cos 2\theta$，$\sin 2\theta$ についてそれぞれ解くと

$$
\cos 2\theta = \frac{X-Y}{2}, \ \sin 2\theta = \frac{X+Y-2}{2} \quad \cdots\cdots③
$$

$(*)$ と「③を満たす 2θ が $0 \leqq 2\theta \leqq \pi$ の範囲に存在すること」は，同値であるから，その条件は

$$
\left(\frac{X-Y}{2}\right)^2 + \left(\frac{X+Y-2}{2}\right)^2 = 1 \quad \text{かつ} \quad \frac{X+Y-2}{2} \geqq 0
$$

すなわち

$$
(X-1)^2 + (Y-1)^2 = 2 \quad \text{かつ} \quad Y \geqq -X+2
$$

よって，点 P の軌跡は

円 $(x-1)^2 + (y-1)^2 = 2$ の

$y \geqq -x+2$ の部分 $\cdots\cdots$(答)

図示すると，右図の太線部分（端点含む）。

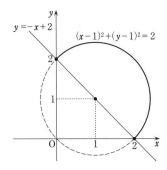

解法 2

（$(\bigstar)$までは〔解法1〕に同じ）

$$(X, Y) = \left(1 + \sqrt{2}\cos\left(2\theta - \frac{\pi}{4}\right), \ 1 + \sqrt{2}\sin\left(2\theta - \frac{\pi}{4}\right)\right)$$

と変形できるから

$$\begin{cases} X = 1 + \sqrt{2}\cos\left(2\theta - \dfrac{\pi}{4}\right) \\ Y = 1 + \sqrt{2}\sin\left(2\theta - \dfrac{\pi}{4}\right) \end{cases}$$

また，$0 \leqq \theta \leqq \dfrac{\pi}{2}$ より，$-\dfrac{\pi}{4} \leqq 2\theta - \dfrac{\pi}{4} \leqq \dfrac{3}{4}\pi$ である。

よって，点Pの軌跡は

　　円 $(x-1)^2 + (y-1)^2 = 2$ の $y \geqq -x+2$ の部分　……(答)

図は〔解法1〕に同じ。

解法 3

$\overrightarrow{\mathrm{OA}}$ と $\overrightarrow{\mathrm{OQ}}$ のなす角を θ とおくと，点Qは円 $x^2 + y^2 = 1$ 上の $x \geqq 0$ かつ $y \geqq 0$ の部分を

動くから，$0 \leqq \theta \leqq \dfrac{\pi}{4}$ である。

ここで，$0 < \theta \leqq \dfrac{\pi}{4}$ のとき，点Oを端点とする半直線 OQ に点 A$(2, 2)$ から下ろした

垂線の足をHとすると，$|\overrightarrow{\mathrm{OQ}}| = 1$ より，直角三角形 OAP に注目して

$$\overrightarrow{\mathrm{OA}} \cdot \overrightarrow{\mathrm{OQ}} = |\overrightarrow{\mathrm{OA}}||\overrightarrow{\mathrm{OQ}}|\cos\theta = |\overrightarrow{\mathrm{OA}}|\cos\theta$$
$$= \mathrm{OH}$$

このことと $\overrightarrow{\mathrm{OQ}}$ が単位ベクトルであることに注意
すると

$$\overrightarrow{\mathrm{OP}} = (\overrightarrow{\mathrm{OA}} \cdot \overrightarrow{\mathrm{OQ}})\overrightarrow{\mathrm{OQ}}$$
$$= (\mathrm{OH})\overrightarrow{\mathrm{OQ}}$$
$$= \overrightarrow{\mathrm{OH}}$$

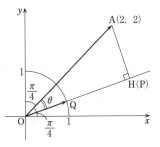

となるから，PはHと一致する。
よって

　　$\theta = 0$ のとき　　　P＝A

　　$0 < \theta \leqq \dfrac{\pi}{4}$ のとき　　　$\angle \mathrm{OPA} = \dfrac{\pi}{2}$

したがって，点Pの軌跡は

　　2点O，Aを直径の両端とする円 $((x-1)^2 + (y-1)^2 = 2)$ 上の $x \geqq 0$ かつ $y \geqq 0$
　　の部分　……(答)

図は〔解法1〕に同じ。

51 2018年度〔2〕 Level B

$-1 \leqq t \leqq 1$ とし，曲線 $y = \dfrac{x^2-1}{2}$ 上の点 $\left(t, \dfrac{t^2-1}{2}\right)$ における接線を l とする。半円 $x^2+y^2=1$ $(y \leqq 0)$ と l で囲まれた部分の面積を S とする。S のとりうる値の範囲を求めよ。

> **ポイント** l と半円の交点を P，Q とすると，一般的には面積 S は
> $$S = (扇形\ OPQ\ の面積) - \triangle OPQ - (t\ の式)$$
> として求めるが，$\angle POQ$ を t で表すことができないから，別の方法で面積 S を考える必要がある。$t=0$, $\dfrac{1}{2}$, 1 のときの S を実験的に描いてみると，$t=0$ のとき S は大きく，$t=1$ のとき S は小さいと感覚的にわかる。一方，円と直線を扱うときは，「円の中心と直線との距離」を考えるのが基本であるから，原点 O と l との距離 d と面積 S の関係に注目し，d の値が増加するほど S の値が減少していくことに気づくとよい。

解 法

曲線 $y = \dfrac{x^2-1}{2}$ 上の点 $\left(t, \dfrac{t^2-1}{2}\right)$ $(-1 \leqq t \leqq 1)$ における接線 l の方程式は，$y'=x$ より
$$y - \frac{t^2-1}{2} = t(x-t)$$
すなわち
$$2tx - 2y - (t^2+1) = 0$$
l と原点 O との距離を d とすると
$$d = \frac{|2t \cdot 0 - 2 \cdot 0 - (t^2+1)|}{\sqrt{(2t)^2 + (-2)^2}}$$
$$= \frac{t^2+1}{2\sqrt{t^2+1}} = \frac{\sqrt{t^2+1}}{2} \quad \cdots\cdots①$$

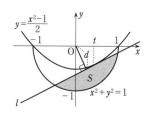

また，条件より，半円 $x^2+y^2=1$ $(y \leqq 0)$ と l は常に異なる 2 点で交わり，さらに，右図からわかるように
$$S\ の値は\ d\ の値が増加するほど減少する。 \quad \cdots\cdots②$$
ここで，$-1 \leqq t \leqq 1$ の範囲において $1 \leqq t^2+1 \leqq 2$ であるから，d のとりうる値の範囲は，①より
$$\frac{1}{2} \leqq d \leqq \frac{\sqrt{2}}{2}$$
である。

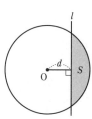

ここで，$d=\dfrac{1}{2}$ のときの S の値を S_1，$d=\dfrac{\sqrt{2}}{2}$ のときの S の値を S_2 とすると，②より

$$S_2 \leqq S \leqq S_1 \quad \cdots\cdots ③$$

となる。半円と l の2交点を P，Q とすると，S は

$$S = (扇形\ OPQ\ の面積) - \triangle OPQ$$

として求まるから，S_1，S_2 は次のようになる。

$d=\dfrac{1}{2}$ のとき

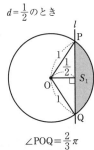

$\angle POQ = \dfrac{2}{3}\pi$

$d=\dfrac{\sqrt{2}}{2}$ のとき

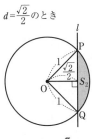

$\angle POQ = \dfrac{\pi}{2}$

$$S_1 = \dfrac{1}{2}\cdot 1^2\cdot\dfrac{2}{3}\pi - \dfrac{1}{2}\cdot 1^2\cdot\sin\dfrac{2}{3}\pi = \dfrac{\pi}{3} - \dfrac{\sqrt{3}}{4}$$

$$S_2 = \dfrac{1}{2}\cdot 1^2\cdot\dfrac{\pi}{2} - \dfrac{1}{2}\cdot 1^2\cdot\sin\dfrac{\pi}{2} = \dfrac{\pi}{4} - \dfrac{1}{2}$$

したがって，S のとりうる値の範囲は，これらを③に代入して

$$\dfrac{\pi}{4} - \dfrac{1}{2} \leqq S \leqq \dfrac{\pi}{3} - \dfrac{\sqrt{3}}{4} \quad \cdots\cdots (答)$$

〔注〕 S が最大になるのは，$d=\dfrac{1}{2}$ のときで，このとき $t=0$，l は $y=-\dfrac{1}{2}$ であり，S が最小になるのは，$d=\dfrac{\sqrt{2}}{2}$ のときで，このとき $t=\pm 1$，l は $y=\pm x-1$（複号同順）である。

52 2017年度〔4〕 Level B

正の実数 a, b, c は $a+b+c=1$ を満たす。連立不等式

$$|ax+by|\leqq1, \quad |cx-by|\leqq1$$

の表す xy 平面の領域を D とする。D の面積の最小値を求めよ。

> **ポイント** 文字がたくさんあるが，気にせず
>
> $$|X|\leqq A \ (A \text{ は正の定数}) \Longleftrightarrow -A\leqq X\leqq A$$
>
> を用いて領域 D を図示する。D の面積の立式の仕方はいろいろ考えられるが，平行四辺形の対角線が y 軸上にあることに注目して求めると早い。最小値については，与えられた条件 $a+b+c=1$ を用いて 1 変数で表し，導くとよい。このとき，1 変数のとり得る値の範囲を忘れずに調べる。

解 法

$|ax+by|\leqq1$ より

$$-1\leqq ax+by\leqq1$$

であるから

$$-\frac{a}{b}x-\frac{1}{b}\leqq y\leqq-\frac{a}{b}x+\frac{1}{b} \quad (b>0 \text{ より}) \quad \cdots\cdots\text{①}$$

$|cx-by|\leqq1$ より

$$-1\leqq cx-by\leqq1$$

であるから

$$\frac{c}{b}x-\frac{1}{b}\leqq y\leqq\frac{c}{b}x+\frac{1}{b} \quad (b>0 \text{ より}) \quad \cdots\cdots\text{②}$$

直線 $y=-\dfrac{a}{b}x+\dfrac{1}{b}$ と $y=\dfrac{c}{b}x-\dfrac{1}{b}$ の交点の x 座標は

$$-\frac{a}{b}x+\frac{1}{b}=\frac{c}{b}x-\frac{1}{b} \quad \text{つまり} \quad x=\frac{2}{a+c}$$

直線 $y=-\dfrac{a}{b}x-\dfrac{1}{b}$ と $y=\dfrac{c}{b}x+\dfrac{1}{b}$ の交点の x 座標は

$$-\frac{a}{b}x-\frac{1}{b}=\frac{c}{b}x+\frac{1}{b} \quad \text{つまり} \quad x=-\frac{2}{a+c}$$

$a>0$, $b>0$, $c>0$ より，領域 D は，①かつ②が表す領域で次図の網かけ部分となる。ただし，境界は含む。

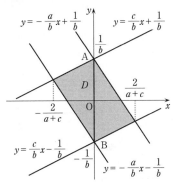

$A\left(0, \dfrac{1}{b}\right)$, $B\left(0, -\dfrac{1}{b}\right)$ とし，D の面積を S とすると，線分 AB を底辺とする 2 つの三角形とみて

$$S=\frac{1}{2}\left\{\frac{1}{b}-\left(-\frac{1}{b}\right)\right\}\cdot\frac{2}{a+c}+\frac{1}{2}\left\{\frac{1}{b}-\left(-\frac{1}{b}\right)\right\}\cdot\left\{0-\left(-\frac{2}{a+c}\right)\right\}$$

$$=\frac{4}{b(a+c)}$$

さらに，$a+b+c=1$ より

$$a+c=1-b \quad \cdots\cdots③$$

であるから

$$S=\frac{4}{b(1-b)}=\frac{4}{-\left(b-\dfrac{1}{2}\right)^2+\dfrac{1}{4}}$$

ここで，b のとり得る値の範囲は，$a>0$, $b>0$, $c>0$ と③より

$$b>0 \quad かつ \quad 1-b>0$$

となるから

$$0<b<1$$

したがって，S は $b=\dfrac{1}{2}$, $a+c=\dfrac{1}{2}$ のときに最小となり，最小値は

$$\frac{4}{\dfrac{1}{4}}=16 \quad \cdots\cdots(答)$$

53

座標平面上の原点をOとする。点 A $(a,\ 0)$，点 B $(0,\ b)$ および点Cが

$$OC=1,\quad AB=BC=CA$$

を満たしながら動く。

(1)　$s=a^2+b^2$，$t=ab$ とする。s と t の関係を表す等式を求めよ。

(2)　△ABC の面積のとりうる値の範囲を求めよ。

ポイント　(1)　正三角形や二等辺三角形の頂点の座標を求めるときは，〔解法1〕のようにベクトルを用いるのが有効である。
$\vec{p}=(a,\ b)$ のとき，$\vec{p}$ と垂直なベクトル $\vec{q}$ は，$a\times b+b\times(-a)=0$，$a\times(-b)+b\times a=0$
であることに注意すると，$\vec{q}=(b,\ -a)$，もしくは，$\vec{q}=(-b,\ a)$ と表すことができる。
このことを利用して，$\overrightarrow{MC}$ の方向ベクトル，つまり，$\overrightarrow{MC}$ に平行なベクトルを求める。
ベクトルを用いないときは〔解法2〕のように計算が中心になるが，$a,\ b$ の6次式になり，あとの処理が少し煩雑になる。
(2)　$s,\ t$ が $a,\ b$ の対称式で表されているから，$a,\ b$ の存在条件を考えることにより，s のとりうる値の範囲を求めればよく，このとき，次の事項を利用する。
$\alpha+\beta=p$，$\alpha\beta=q$ のとき，$\alpha,\ \beta$ を2解にもつ2次方程式の1つは，$x^2-px+q=0$ である。

解法 1

(1)　OC $=1$　　　……①

　　　AB $=$ BC $=$ CA　……②

点 A $(a,\ 0)$ と点 B $(0,\ b)$ が一致するとき，つまり，$a=b=0$ のとき，②より，C $=$ O となり，①に矛盾するから，$a^2+b^2\neq0$ である。

②より，3点A，B，Cは正三角形をなすから，線分 AB の中点をMとすると

$$\begin{cases} \overrightarrow{MC}\perp\overrightarrow{AB} & \cdots\cdots③ \\ |\overrightarrow{MC}|=\dfrac{\sqrt{3}}{2}|\overrightarrow{AB}| & \cdots\cdots④ \end{cases}$$

である。

直線 CM の方向ベクトルの1つを $\vec{n}$ とすると，③

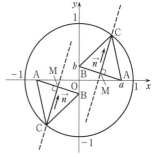

より，$\vec{n} \perp \overrightarrow{AB}$，つまり，$\vec{n} \cdot \overrightarrow{AB} = 0$ であることと，$\overrightarrow{AB} = (-a, b)$ であることから

$$\vec{n} = (b, a)$$

と表せ，さらに，$|\vec{n}| = \sqrt{b^2 + a^2} = |\overrightarrow{AB}|$ であることと④とから

$$\overrightarrow{MC} = \pm \frac{\sqrt{3}}{2} \vec{n}$$

である。これより

$$\overrightarrow{OC} = \overrightarrow{OM} + \overrightarrow{MC} = \frac{1}{2}(\overrightarrow{OA} + \overrightarrow{OB}) \pm \frac{\sqrt{3}}{2} \vec{n}$$

$$= \frac{1}{2}\{(a, 0) + (0, b)\} \pm \frac{\sqrt{3}}{2}(b, a)$$

$$= \left(\frac{a \pm \sqrt{3}b}{2}, \frac{b \pm \sqrt{3}a}{2} \right) \quad (複号同順)$$

①より，$|\overrightarrow{OC}|^2 = 1$ であるから

$$\left(\frac{a \pm \sqrt{3}b}{2} \right)^2 + \left(\frac{b \pm \sqrt{3}a}{2} \right)^2 = 1$$

$$(a \pm \sqrt{3}b)^2 + (b \pm \sqrt{3}a)^2 = 4 \quad (複号同順)$$

$$(a^2 + b^2) \pm \sqrt{3}ab = 1$$

したがって，$s = a^2 + b^2$，$t = ab$ を代入して

$$s \pm \sqrt{3}t = 1 \quad \cdots\cdots(答)$$

---

(2) 　　$\triangle ABC = \dfrac{1}{2}AB^2 \sin\dfrac{\pi}{3} = \dfrac{1}{2}(a^2 + b^2) \cdot \dfrac{\sqrt{3}}{2} = \dfrac{\sqrt{3}}{4}s$ 　$\cdots\cdots$⑤

となるから，s のとりうる値の範囲を調べるとよい。

(1)の結果より

$$t = \pm \frac{1}{\sqrt{3}}(s-1) \quad つまり \quad t^2 = \frac{1}{3}(s-1)^2$$

となるから

$$\begin{cases} a^2 + b^2 = s \\ a^2 b^2 = \dfrac{1}{3}(s-1)^2 \end{cases}$$

これより，a^2，b^2 を2解にもつ2次方程式は

$$X^2 - sX + \frac{1}{3}(s-1)^2 = 0$$

であり，これが0以上の2解をもつような s の条件を考えればよい。ここで

$$f(X) = X^2 - sX + \frac{1}{3}(s-1)^2 = \left(X - \frac{s}{2} \right)^2 + \frac{s^2 - 8s + 4}{12}$$

とおくと，その条件は $Y=f(X)$ について

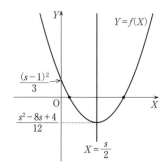

$$\begin{cases} (\text{頂点の } Y \text{ 座標}) = \dfrac{s^2-8s+4}{12} \leqq 0 \\ (\text{軸}) : X = \dfrac{s}{2} \geqq 0 \\ f(0) = \dfrac{(s-1)^2}{3} \geqq 0 \end{cases}$$

である。よって

$$\begin{cases} 4-2\sqrt{3} \leqq s \leqq 4+2\sqrt{3} \\ s \geqq 0 \\ s \text{ はすべての実数} \end{cases}$$

すなわち

$$4-2\sqrt{3} \leqq s \leqq 4+2\sqrt{3} \quad \cdots\cdots ⑥$$

したがって，⑤，⑥より

$$\frac{\sqrt{3}}{4}(4-2\sqrt{3}) \leqq \frac{\sqrt{3}}{4}s \leqq \frac{\sqrt{3}}{4}(4+2\sqrt{3})$$

$$\frac{2\sqrt{3}-3}{2} \leqq \triangle \text{ABC} \leqq \frac{2\sqrt{3}+3}{2} \quad \cdots\cdots (\text{答})$$

解法 2

(1)　　$\text{OC}=1$ ……⑦，$\text{AB}=\text{BC}=\text{CA}$ ……④

点Cの座標を (p, q) とおくと，⑦，④と $\text{A}(a, 0)$，$\text{B}(0, b)$ より

$$\begin{cases} p^2+q^2=1 & \cdots\cdots ⑨ \\ (p-a)^2+q^2=a^2+b^2 & \cdots\cdots ⓔ \\ p^2+(q-b)^2=a^2+b^2 & \cdots\cdots ⑦ \end{cases}$$

$a^2+b^2=0$ すなわち $a=b=0$ とすると，ⓔ，⑦はともに $p^2+q^2=0$ となり，⑨に矛盾するから，$a^2+b^2 \neq 0$ である。

⑨，ⓔより

$$p^2-2ap+a^2+q^2=a^2+b^2 \quad \text{つまり} \quad 1-2ap=b^2 \quad \cdots\cdots ⑰$$

⑨，⑦より

$$p^2+q^2-2bq+b^2=a^2+b^2 \quad \text{つまり} \quad 1-2bq=a^2 \quad \cdots\cdots ⑧$$

(i) $a \neq 0$ かつ $b \neq 0$ のとき

⑰より　　$p=\dfrac{1-b^2}{2a}$ ……⑰′

⑧より　　$q=\dfrac{1-a^2}{2b}$ ……⑧′

カ′, キ′を ⑦に代入して

$$\left(\frac{1-b^2}{2a}\right)^2+\left(\frac{1-a^2}{2b}\right)^2=1$$

$$b^2(1-b^2)^2+a^2(1-a^2)^2=4a^2b^2$$

$$(a^6+b^6)-2(a^4+b^4)+(a^2+b^2)=4a^2b^2 \quad\cdots\cdots⑦$$

ここで, $s=a^2+b^2$, $t=ab$ より

$$\begin{cases} a^6+b^6=(a^2+b^2)^3-3a^2b^2(a^2+b^2)=s^3-3st^2 \\ a^4+b^4=(a^2+b^2)^2-2a^2b^2=s^2-2t^2 \end{cases}$$

であるから, これらを⑦に代入して

$$(s^3-3st^2)-2(s^2-2t^2)+s=4t^2 \quad\text{つまり}\quad s\{(s-1)^2-3t^2\}=0$$

$s=a^2+b^2\neq0$ より

$$(s-1)^2-3t^2=0 \quad\text{つまり}\quad (s-1+\sqrt{3}t)(s-1-\sqrt{3}t)=0$$

よって $s\pm\sqrt{3}t=1 \quad\cdots\cdots(※)$

(ii) $a=0$ かつ $b\neq0$ のとき

⑰より $b^2=1$ つまり $b=\pm1$

$b=1$ のとき, ⑰, ㋓, ㋔を解くと

$$(p,\ q)=\left(\pm\frac{\sqrt{3}}{2},\ \frac{1}{2}\right)$$

$b=-1$ のとき, ⑰, ㋓, ㋔を解くと

$$(p,\ q)=\left(\pm\frac{\sqrt{3}}{2},\ -\frac{1}{2}\right)$$

このとき, 題意を満たすような点Cは存在する。

また, $s=1$, $t=0$ であり, (※)を満たす。

(iii) $a\neq0$ かつ $b=0$ のとき

㋖より $a^2=1$ つまり $a=\pm1$

$a=1$ のとき, ⑰, ㋓, ㋔を解くと

$$(p,\ q)=\left(\frac{1}{2},\ \pm\frac{\sqrt{3}}{2}\right)$$

$a=-1$ のとき, ⑰, ㋓, ㋔を解くと

$$(p,\ q)=\left(-\frac{1}{2},\ \pm\frac{\sqrt{3}}{2}\right)$$

このとき, 題意を満たすような点Cは存在する。

また, $s=1$, $t=0$ であり, (※)を満たす。

以上(i)〜(iii)より, s, t の関係式は $s\pm\sqrt{3}t=1 \quad\cdots\cdots$(答)

54

円 $C : x^2 + y^2 = 1$ 上の点 P における接線を l とする。点 $(1,\ 0)$ を通り l と平行な直線を m とする。直線 m と円 C の $(1,\ 0)$ 以外の共有点を P′ とする。ただし，m が直線 $x = 1$ のときは P′ を $(1,\ 0)$ とする。

円 C 上の点 P $(s,\ t)$ から点 P′ $(s',\ t')$ を得る上記の操作を T と呼ぶ。

(1)　$s',\ t'$ をそれぞれ s と t の多項式として表せ。

(2)　点 P に操作 T を n 回繰り返して得られる点を P_n とおく。P が $\left(\dfrac{\sqrt{3}}{2},\ \dfrac{1}{2} \right)$ のとき，$P_1,\ P_2,\ P_3$ を図示せよ。

(3)　正の整数 n について，$P_n = P$ となるような点 P の個数を求めよ。

ポイント　(1)　直線 m の傾きは，$l /\!/ m$ より l の傾きと一致する。l の傾きは

$l : sx + ty = 1$ より，傾きが $-\dfrac{s}{t}$ となるから，$t \neq 0$ と $t = 0$ のときで場合分けが必要となる。

(2)　(1)の結果である P′ $(s^2 - t^2,\ 2st)$　……(＊) に $s = \dfrac{\sqrt{3}}{2}$，$t = \dfrac{1}{2}$ を代入して P_1 を求め，P_2 は P_1 の x 座標を s，P_1 の y 座標を t とし，(＊)に代入して求める。P_3 も同様にして求める。

(3)　点 P は円周上にあるから，点 P の座標の置き方については次の事項を用いる。

「円 $x^2 + y^2 = r^2$ $(r > 0)$ 上の点の座標は，$(r\cos\theta,\ r\sin\theta)$」

　まず，P_n の座標を求める。P $(\cos\theta,\ \sin\theta)$ より(＊)に $s = \cos\theta$，$t = \sin\theta$ を代入して P′ の座標を求めるが，2 倍角の公式より P′ $(\cos 2\theta,\ \sin 2\theta)$ であることを導く（ここがポイント）。あとは(2)の手順と同様にして点 P_n の座標を求める。なお，P_n の座標は推定できるから，〔注〕にあるように数学的帰納法で示してもよい。

解法

(1) 点 $P(s, t)$ における接線 l の方程式は

$$sx + ty = 1$$

であり，さらに，P は $C : x^2 + y^2 = 1$ 上にあるから

$$s^2 + t^2 = 1 \quad \cdots\cdots ①$$

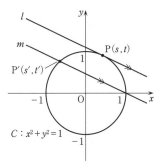

(i) $t \neq 0$ のとき

l の傾きは $-\dfrac{s}{t}$ であるから，直線 m は傾き $-\dfrac{s}{t}$ で，

点 $(1, 0)$ を通るので，m の方程式は

$$y = -\frac{s}{t}(x - 1)$$

これと C の交点である点 $P'(\neq (1, 0))$ の x 座標は

$$x^2 + \left\{ -\frac{s}{t}(x - 1) \right\}^2 = 1$$

$$(x^2 - 1) + \frac{s^2}{t^2}(x - 1)^2 = 0$$

$$(x - 1)\left\{ (x + 1) + \frac{s^2}{t^2}(x - 1) \right\} = 0$$

$x \neq 1$ より

$$x + 1 + \frac{s^2}{t^2}(x - 1) = 0$$

$$(s^2 + t^2)x - s^2 + t^2 = 0$$

$$x = s^2 - t^2 \quad (① より)$$

また，$y = -\dfrac{s}{t}(x - 1)$ と①より，点 P' の y 座標は

$$y = -\frac{s}{t}(s^2 - t^2 - 1) = -\frac{s}{t}(1 - t^2 - t^2 - 1) = 2st$$

よって，点 P' の座標は

$$P'(s^2 - t^2, \ 2st) \quad \cdots\cdots ②$$

(ii) $t = 0$ のとき

接線 l の方程式は直線 $x = \pm 1$（y 軸に平行）であるから，m の方程式は

$$x = 1$$

よって，点 P' の座標は　　$(1, 0)$

これは，②に $(s, t) = (1, 0)$，$(-1, 0)$ を代入したものと一致するから，②は(ii)
の場合にもあてはまる。

したがって，点 P' の座標は

P′$(s^2 - t^2,\ 2st)$　……②′　……(答)

(2)　②′に $s = \dfrac{\sqrt{3}}{2}$, $t = \dfrac{1}{2}$ を代入して

P$_1$$\left(\dfrac{1}{2},\ \dfrac{\sqrt{3}}{2} \right)$

さらに，②′に $s = \dfrac{1}{2}$, $t = \dfrac{\sqrt{3}}{2}$ を代入して

P$_2$$\left(-\dfrac{1}{2},\ \dfrac{\sqrt{3}}{2} \right)$

さらにまた，②′に $s = -\dfrac{1}{2}$, $t = \dfrac{\sqrt{3}}{2}$ を代入して

P$_3$$\left(-\dfrac{1}{2},\ -\dfrac{\sqrt{3}}{2} \right)$

よって，P$_1$, P$_2$, P$_3$ を図示すると右のようになる。

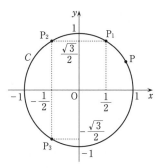

(3)　Pの座標を $(\cos\theta,\ \sin\theta)$ $(0 \leqq \theta < 2\pi)$ とすると，P′の座標は，②′に $s = \cos\theta$, $t = \sin\theta$ を代入して

$$(\cos^2\theta - \sin^2\theta,\ 2\cos\theta\sin\theta) = (\cos 2\theta,\ \sin 2\theta)$$

これより

P$_1$$(\cos 2\theta,\ \sin 2\theta)$, P$_2$$(\cos 2^2\theta,\ \sin 2^2\theta)$, $\cdots$

となるから

P$_n$$(\cos 2^n\theta,\ \sin 2^n\theta)$

P$_n$ = P のとき

$$(\cos 2^n\theta,\ \sin 2^n\theta) = (\cos\theta,\ \sin\theta)$$

であるから

$2^n\theta = \theta + 2k\pi$　(k は整数)

$$\theta = \frac{2k}{2^n - 1}\pi$$

$0 \leqq \theta < 2\pi$ となるような k の値は

$k = 0,\ 1,\ 2,\ \cdots,\ 2^n - 2$

であり，$2^n - 1$ 個ある。

θ の個数とPの個数は一致するから，P$_n$ = P となるPの個数は

$2^n - 1$ 個　……(答)

〔注〕 P_n の座標については次のように数学的帰納法で求めてもよい。

P_n の座標は $(\cos 2^n\theta,\ \sin 2^n\theta)$ ……(★) と推定できる。

(I) $n=1$ のとき，$P_1(\cos 2\theta,\ \sin 2\theta)$ より，(★) は成り立つ。

(II) $n=k$ のとき，$P_k(\cos 2^k\theta,\ \sin 2^k\theta)$ が成り立つと仮定する。

$n=k+1$ のとき

(＊)において，s に $\cos 2^k\theta$，t に $\sin 2^k\theta$ を代入すると

$\qquad P_{k+1}(\cos^2 2^k\theta - \sin^2 2^k\theta,\ 2\sin 2^k\theta\cos 2^k\theta)$

$\quad = P_{k+1}(\cos 2\cdot 2^k\theta,\ \sin 2\cdot 2^k\theta)$

$\quad = P_{k+1}(\cos 2^{k+1}\theta,\ \sin 2^{k+1}\theta)$

よって，$n=k+1$ のときも，(★) は成り立つ。

(I), (II)より，すべての自然数 n に対して (★) は成り立つ。

55 2013年度 〔2〕 Level B

平面上の4点O，A，B，Cが

$$OA=4,\quad OB=3,\quad OC=2,\quad \overrightarrow{OB}\cdot\overrightarrow{OC}=3$$

を満たすとき，△ABC の面積の最大値を求めよ。

ポイント OB，OC の長さと $\overrightarrow{OB}\cdot\overrightarrow{OC}$ の値がわかっているから，3点O，B，Cの位置関係を押さえることができる。次に，点Aに注目すると，OA=4より点Aは点Oを中心とする半径4の円周上を動くことがわかる。したがって，辺BC（長さは一定）を底辺とみなし，点Aがどこにあるとき高さが最大になるかを考える。

また，〔解法2〕にあるように，点Aが円周上にあることから座標を設定し，三角関数を用いてもよい。このとき，△ABC の面積は次の公式を用いるとよい。

「△ABC において，$\overrightarrow{AB}=(x_1,\ y_1)$，$\overrightarrow{AC}=(x_2,\ y_2)$ のとき

$$\triangle ABC=\frac{1}{2}|x_1y_2-x_2y_1|」$$

解法 1

OB=3，OC=2，$\overrightarrow{OB}\cdot\overrightarrow{OC}=3$ より

$$\cos\angle BOC=\frac{\overrightarrow{OB}\cdot\overrightarrow{OC}}{|\overrightarrow{OB}||\overrightarrow{OC}|}=\frac{3}{3\times2}=\frac{1}{2}$$

よって，$0\le\angle BOC\le\pi$ より

$$\angle BOC=\frac{\pi}{3}$$

さらに

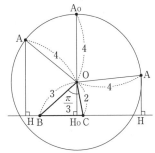

$$|\overrightarrow{BC}|^2=|\overrightarrow{OC}-\overrightarrow{OB}|^2$$
$$=|\overrightarrow{OC}|^2-2\overrightarrow{OB}\cdot\overrightarrow{OC}+|\overrightarrow{OB}|^2=2^2-2\times3+3^2=7$$

となるから

$$BC=\sqrt{7}\quad\cdots\cdots①$$

また，OA=4より，点Aは点Oを中心とする半径4の円周上を動く。

ここで，点Aから直線BC に下ろした垂線の足をH，Oから直線BC に下ろした垂線の足を H_0 とする。①より

$$\triangle ABC=\frac{1}{2}BC\times AH=\frac{\sqrt{7}}{2}AH$$

であるから，AH が最大のとき△ABC の面積は最大となり，それは図より，Hが H_0

と一致し,さらに直線 OH_0 と円の 2 交点のうち O に関して H_0 と反対側にある点に A が一致したときである。その点を A_0 とすると,△ABC の面積の最大値は

$$\frac{1}{2}BC \times A_0H_0 = \frac{1}{2}BC\,(A_0O + OH_0) = \frac{\sqrt{7}}{2}\,(4 + OH_0) \quad \cdots\cdots ②$$

ところで,△OBC の面積に注目すると

$$\frac{1}{2} \times \sqrt{7} \times OH_0 = \frac{1}{2} \times 3 \times 2\sin\frac{\pi}{3}$$

$$OH_0 = \frac{3\sqrt{21}}{7} \quad \cdots\cdots ③$$

よって,△ABC の面積の最大値は,③を②に代入して

$$\frac{\sqrt{7}}{2}\left(4 + \frac{3\sqrt{21}}{7}\right) = 2\sqrt{7} + \frac{3\sqrt{3}}{2} \quad \cdots\cdots (答)$$

解法 2

$\left(\angle BOC = \dfrac{\pi}{3}\, を求めるところまでは〔解法1〕\right.$

$\left.に同じ\right)$

ここで,O を原点とする xy 平面を設定する。

$OB = 3,\ OC = 2,\ \angle BOC = \dfrac{\pi}{3}$ より

$\qquad B\,(3,\ 0),\ C\,(1,\ \sqrt{3}\,)$

とし,さらに $OA = 4$ より

$\qquad A\,(4\cos\theta,\ 4\sin\theta) \quad (0 \leqq \theta < 2\pi)$

と定めることができるから

$$\overrightarrow{BA} = (4\cos\theta - 3,\ 4\sin\theta),\ \overrightarrow{BC} = (-2,\ \sqrt{3}\,) \quad \cdots\cdots ④$$

△ABC の面積を S とすると,④より

$$S = \frac{1}{2}\,|\,(4\cos\theta - 3) \times \sqrt{3} - 4\sin\theta \times (-2)\,|$$

$$= \frac{1}{2}\,|\,4\,(2\sin\theta + \sqrt{3}\cos\theta) - 3\sqrt{3}\,|$$

$$= \frac{1}{2}\,|\,4\sqrt{7}\sin(\theta + \alpha) - 3\sqrt{3}\,|$$

$$\left(ただし\, \alpha\, は\cos\alpha = \frac{2}{\sqrt{7}},\ \sin\alpha = \frac{\sqrt{3}}{\sqrt{7}}\, を満たす鋭角である\right)$$

$0 \leqq \theta < 2\pi$ より,$\alpha \leqq \theta + \alpha < 2\pi + \alpha$ であるから

$$-1 \leqq \sin(\theta + \alpha) \leqq 1$$

よって
$$-4\sqrt{7}-3\sqrt{3}\leqq 4\sqrt{7}\sin(\theta+\alpha)-3\sqrt{3}\leqq 4\sqrt{7}-3\sqrt{3}$$

となるから，$\sin(\theta+\alpha)=-1$ すなわち $\theta+\alpha=\dfrac{3}{2}\pi$ のとき，S は最大となり，最大値は

$$\dfrac{1}{2}|-4\sqrt{7}-3\sqrt{3}|=2\sqrt{7}+\dfrac{3\sqrt{3}}{2}\quad\cdots\cdots(\text{答})$$

56

点Oを中心とする半径 r の円周上に，2点A，Bを $\angle \mathrm{AOB} < \dfrac{\pi}{2}$ となるようにとり $\theta = \angle \mathrm{AOB}$ とおく。この円周上に点Cを，線分 OC が線分 AB と交わるようにとり，線分 AB 上に点Dをとる。また，点Pは線分 OA 上を，点Qは線分 OB 上を，それぞれ動くとする。

(1)　$\mathrm{CP} + \mathrm{PQ} + \mathrm{QC}$ の最小値を r と θ で表せ。

(2)　$a = \mathrm{OD}$ とおく。$\mathrm{DP} + \mathrm{PQ} + \mathrm{QD}$ の最小値を a と θ で表せ。

(3)　さらに，点Dが線分 AB 上を動くときの $\mathrm{DP} + \mathrm{PQ} + \mathrm{QD}$ の最小値を r と θ で表せ。

ポイント (1)・(2) 下記の事項を用いて求める。
「右図のように，2定点A，Bと直線 l があり，l 上に動点Pがある。このとき，2つの線分の和 AP＋PB の最小値は
$$\mathrm{AP} + \mathrm{BP} = \mathrm{AP} + \mathrm{B'P} \geqq \mathrm{AB'}$$
より，線分 $\mathrm{AB'}$ の長さである（B′は l に関してBと対称な点）。」
(3) 点Dが線分 AB 上を動くときを考えるから，a は変数となる。よって，a が最小になるときを考えればよい。

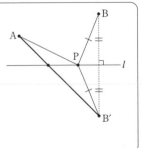

解法

(1)　線分 OA，OB に関して点Cと対称な点をそれぞれ C′，C″ とすると，$\mathrm{CP} = \mathrm{C'P}$，$\mathrm{CQ} = \mathrm{C''Q}$ であるから
$$\mathrm{CP} + \mathrm{PQ} + \mathrm{QC} = \mathrm{C'P} + \mathrm{PQ} + \mathrm{QC''}$$

また，$\angle \mathrm{C''OC'} = 2\theta$ であり，$0 < \theta < \dfrac{\pi}{2}$ より，$0 < 2\theta < \pi$ となるから，線分 C′C″ は線分 OA，OB と交わる。
よって
$$\mathrm{CP} + \mathrm{PQ} + \mathrm{QC} = \mathrm{C'P} + \mathrm{PQ} + \mathrm{QC''} \geqq \mathrm{C'C''}$$
したがって，$\mathrm{CP} + \mathrm{PQ} + \mathrm{QC}$ の最小値は
$$\mathrm{C'C''} = 2\mathrm{OC'}\sin\theta = 2r\sin\theta \quad \cdots\cdots (\text{答})$$

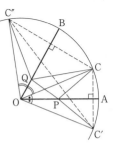

(2) (1)と同様に，線分 OA，OB に関して点Dと対称な
点をそれぞれ D′，D″ とすると

$$DP + PQ + QD = D'P + PQ + QD''$$

$0 < \theta < \dfrac{\pi}{2}$ より，線分 D′D″ は線分 OA，OB と交わる。

よって

$$DP + PQ + QD = D'P + PQ + QD'' \geqq D'D''$$

したがって，DP＋PQ＋QD の最小値は

$$D'D'' = 2OD'\sin\theta = 2a\sin\theta \quad \cdots\cdots(\text{答})$$

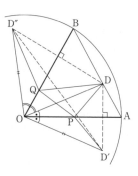

(3) DP＋PQ＋QD が最小となるのは，(2)より，a が最小になるときである。
図より，a が最小になるのは，OD⊥AB のときであり，点Dは線分 AB の中点となる
から，a の最小値は

$$OA\cos\frac{\theta}{2} = r\cos\frac{\theta}{2}$$

よって，(2)より

$$2r\cos\frac{\theta}{2}\sin\theta \quad \cdots\cdots(\text{答})$$

〔注〕 (1)において，$\dfrac{\pi}{2} < \theta$ のとき線分 C′C″ は線分 OA，OB と交わらないから，
C′P＋PQ＋QC″ ≧ C′C″ の等号は成立しない。(2)についても同様なことが言える。

57

p, q を実数とする。放物線 $y=x^2-2px+q$ が，中心 $(p, 2q)$ で半径 1 の円と中心 (p, p) で半径 1 の円の両方と共有点をもつ。この放物線の頂点が存在しうる領域を xy 平面上に図示せよ。

ポイント 放物線 $y=x^2-2px+q=(x-p)^2-p^2+q$ の軸は $x=p$ 上にあり，また，2 つの円の中心も $x=p$ 上にあるから，まず，放物線 $y=x^2+k$ と円 $x^2+y^2=1$ が共有点をもつための条件を求める。放物線 $y=x^2+k$ と円 $x^2+y^2=1$ が共有点をもつ条件は，k の値を変化させて図形的に考えてもよい。そうすると，$k=1$ のとき，明らかに接するし，$k=-\dfrac{5}{4}$ のときも接することより，$-\dfrac{5}{4} \le k \le 1$ を得ることができる。

　次に，放物線 $y=x^2-2px+q$ の頂点を $(X, Y)=(p, -p^2+q)$ とおき，上で得られる条件を用いて，X と Y のみの関係式を求めればよい。

解法

放物線 $y=x^2+k$ ……① と円 $x^2+y^2=1$ ……② が共有点をもつための条件を求める。

①より　　$x^2=y-k$

これを②に代入して整理すると

$$y^2+y-k-1=0 \quad \cdots\cdots ③$$

①と②が共有点をもつための条件は，③が $-1 \le y \le 1$ の実数解をもつことである。

③の判別式を D とすると

$$D=1-4(-k-1)=4k+5 \ge 0$$

$$k \ge -\frac{5}{4} \quad \cdots\cdots ④$$

また，解が $-1 \le y \le 1$ であるので

$$f(y)=y^2+y-k-1$$

とおくと

$$f(y)=\left(y+\frac{1}{2}\right)^2-k-\frac{5}{4}$$

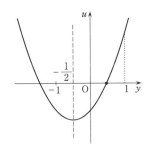

より，$u=f(y)$ の軸が $y=-\dfrac{1}{2}$ であるから，右図より

$$f(1)=1-k \ge 0$$

$$k \le 1 \quad \cdots\cdots ⑤$$

④, ⑤より　　　$-\dfrac{5}{4} \leqq k \leqq 1$　……⑥

次に, 放物線 $y = x^2 - 2px + q = (x-p)^2 - p^2 + q$ の頂点を (X, Y) とすると

　　　$X = p$,　　$Y = -p^2 + q$　……⑦

中心 $(p, 2q)$, 半径 1 の円 $(x-p)^2 + (y-2q)^2 = 1$　……⑧と放物線が共有点をもつ
ための条件は, ②と⑧の y 軸方向への平行移動と⑥より

　　　$2q - \dfrac{5}{4} \leqq Y \leqq 2q + 1$　……⑨

⑦より, $q = Y + X^2$ であるから, これを⑨に代入して

　　　$2(Y + X^2) - \dfrac{5}{4} \leqq Y \leqq 2(Y + X^2) + 1$

よって

　　　$-2X^2 - 1 \leqq Y \leqq -2X^2 + \dfrac{5}{4}$　……⑩

同様にして, 中心 (p, p), 半径 1 の円 $(x-p)^2 + (y-p)^2 = 1$　……⑪と放物線が共
有点をもつための条件は, ②と⑪の y 軸方向への平
行移動と⑥より

　　　$p - \dfrac{5}{4} \leqq Y \leqq p + 1$　……⑫

$p = X$ を⑫に代入して

　　　$X - \dfrac{5}{4} \leqq Y \leqq X + 1$　……⑬

⑩, ⑬の領域を xy 平面上に図示すると, 右図の網
かけ部分となる (境界も含む)。

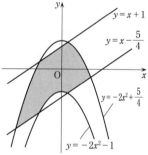

58 2009 年度 〔4〕 Level B

一辺の長さが 2 の正三角形 ABC を平面上におく。△ABC を 1 つの辺に関して 180°折り返すという操作を繰り返し行う。辺 BC に関する折り返しを T_A，辺 CA に関する折り返しを T_B，辺 AB に関する折り返しを T_C とする。△ABC は，最初 3 点 A，B，C がそれぞれ平面上の 3 点 O，B′，C′ の上に置かれているとする。

(1) T_A, T_C, T_B, T_C, T_A の順に折り返し操作を施したときの頂点 A の移り先を P とする。また，T_A, T_C, T_B, T_A, T_C, T_B, T_A の順に折り返し操作を施したときの頂点 A の移り先を Q とする。$\theta = \angle POQ$ とするとき，$\cos\theta$ の値を求めよ。

(2) 整数 k, l に対して，$\overrightarrow{OR} = 3k\overrightarrow{OB'} + 3l\overrightarrow{OC'}$ により定められる点 R は，T_A, T_B, T_C の折り返し操作を組み合わせることにより，点 A の移り先になることを示せ。

ポイント O$(0, 0)$，B′$(2, 0)$，C′$(1, \sqrt{3})$ とおくと，$|\overrightarrow{OB'}| = |\overrightarrow{OC'}| = 2$，$\overrightarrow{OB'} \cdot \overrightarrow{OC'}$ $= 2 \times 2 \times \cos 60° = 2$ である。

(1) $\overrightarrow{OP}$, $\overrightarrow{OQ}$ をそれぞれ $\overrightarrow{OB'}$, $\overrightarrow{OC'}$ で表し，$\cos\theta = \dfrac{\overrightarrow{OP} \cdot \overrightarrow{OQ}}{|\overrightarrow{OP}||\overrightarrow{OQ}|}$ によって求める。

(2) $\overrightarrow{OR} = k(3\overrightarrow{OB'}) + l(3\overrightarrow{OC'})$ より，点 A が $3\overrightarrow{OB'}$，$3\overrightarrow{OC'}$ だけ移動する操作を見つけることができるかどうかがポイントである。T_A, T_C, T_B, T_A, T_C, T_B の順に折り返す操作を行うと，△ABC が $3\overrightarrow{OB'}$ だけ平行移動し，逆の順に折り返すと，$-3\overrightarrow{OB'}$ だけ平行移動する。〔解法 2〕のように，少し煩雑であるが，点 A の移り先をすべて調べてもよい。

解法 1

(1) 下図のように，O$(0, 0)$，B′$(2, 0)$，C′$(1, \sqrt{3})$ とおくと
$$|\overrightarrow{OB'}| = |\overrightarrow{OC'}| = 2, \quad \overrightarrow{OB'} \cdot \overrightarrow{OC'} = 2 \quad \cdots\cdots ①$$
T_A, T_C, T_B, T_C, T_A の順に折り返し操作を施したときの頂点 A の移り先を P とすると
$$\overrightarrow{OP} = 2\overrightarrow{OB'} + 2\overrightarrow{OC'}$$
T_A, T_C, T_B, T_A, T_C, T_B, T_A の順に折り返し操作を施したときの頂点 A の移り先を Q とすると

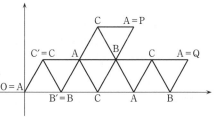

$$\overrightarrow{OQ} = 4\overrightarrow{OB'} + \overrightarrow{OC'}$$

よって

$$|\overrightarrow{OP}|^2 = |2\overrightarrow{OB'} + 2\overrightarrow{OC'}|^2 = 4|\overrightarrow{OB'}|^2 + 8\overrightarrow{OB'} \cdot \overrightarrow{OC'} + 4|\overrightarrow{OC'}|^2$$

$$= 4 \times 2^2 + 8 \times 2 + 4 \times 2^2 = 48 \quad (\text{①より})$$

$|\overrightarrow{OP}| > 0$ より　　$|\overrightarrow{OP}| = 4\sqrt{3}$　……②

$$|\overrightarrow{OQ}|^2 = |4\overrightarrow{OB'} + \overrightarrow{OC'}|^2 = 16|\overrightarrow{OB'}|^2 + 8\overrightarrow{OB'} \cdot \overrightarrow{OC'} + |\overrightarrow{OC'}|^2$$

$$= 16 \times 2^2 + 8 \times 2 + 2^2 = 84 \quad (\text{①より})$$

$|\overrightarrow{OQ}| > 0$ より　　$|\overrightarrow{OQ}| = 2\sqrt{21}$　……③

$$\overrightarrow{OP} \cdot \overrightarrow{OQ} = (2\overrightarrow{OB'} + 2\overrightarrow{OC'}) \cdot (4\overrightarrow{OB'} + \overrightarrow{OC'})$$

$$= 8|\overrightarrow{OB'}|^2 + 10\overrightarrow{OB'} \cdot \overrightarrow{OC'} + 2|\overrightarrow{OC'}|^2$$

$$= 8 \times 2^2 + 10 \times 2 + 2 \times 2^2 = 60 \quad (\text{①より})　……④$$

$\angle POQ = \theta$ より，②～④から

$$\cos\theta = \frac{\overrightarrow{OP} \cdot \overrightarrow{OQ}}{|\overrightarrow{OP}||\overrightarrow{OQ}|} = \frac{60}{4\sqrt{3} \times 2\sqrt{21}} = \frac{5}{2\sqrt{7}} = \frac{5\sqrt{7}}{14}　……（答）$$

〔注〕　$\overrightarrow{OP}$, $\overrightarrow{OQ}$ からP，Qの座標を求めて，余弦定理を用いてもよい。

$\overrightarrow{OP} = 2\overrightarrow{OB'} + 2\overrightarrow{OC'}$, $\overrightarrow{OQ} = 4\overrightarrow{OB'} + \overrightarrow{OC'}$ より　　P$(6, 2\sqrt{3})$，Q$(9, \sqrt{3})$

$$OP = \sqrt{6^2 + (2\sqrt{3})^2} = 4\sqrt{3}$$

$$OQ = \sqrt{9^2 + (\sqrt{3})^2} = 2\sqrt{21}$$

$$PQ = \sqrt{(9-6)^2 + (\sqrt{3} - 2\sqrt{3})^2} = 2\sqrt{3}$$

であるから，$\angle POQ = \theta$ とすると

$$\cos\theta = \frac{(4\sqrt{3})^2 + (2\sqrt{21})^2 - (2\sqrt{3})^2}{2 \times 4\sqrt{3} \times 2\sqrt{21}} = \frac{120}{48\sqrt{7}} = \frac{5\sqrt{7}}{14}$$

(2)　(1)の後半の操作を参考にすると，T_A, T_C, T_B, T_A, T_C, T_B の順に折り返す操作 F 1回につき，△ABC は $3\overrightarrow{OB'}$ だけ移動し，点Aも $3\overrightarrow{OB'}$ だけ移動する。また，逆に，T_B, T_C, T_A, T_B, T_C, T_A の順に折り返す操作 F^{-1} 1回につき，△ABC は $-3\overrightarrow{OB'}$ だけ移動し，点Aも $-3\overrightarrow{OB'}$ だけ移動する。

同様に，T_A, T_B, T_C, T_A, T_B, T_C の順に折り返す操作 G 1回につき，△ABC は $3\overrightarrow{OC'}$ だけ移動し，点Aも $3\overrightarrow{OC'}$ だけ移動する。また，逆の操作 G^{-1} 1回につき，点Aは $-3\overrightarrow{OC'}$ だけ移動する。

したがって，整数 k, l に対して，$\overrightarrow{OR} = 3k\overrightarrow{OB'} + 3l\overrightarrow{OC'}$ により定められる点Rは

$$\begin{cases} k \geqq 0 \text{ のとき，} F \text{ を } k \text{ 回，} k < 0 \text{ のとき，} F^{-1} \text{ を } |k| \text{ 回} \\ l \geqq 0 \text{ のとき，} G \text{ を } l \text{ 回，} l < 0 \text{ のとき，} G^{-1} \text{ を } |l| \text{ 回} \end{cases}$$

だけ操作を施すことにより，点Aの移り先となる。　　　　　　　　　（証明終）

解法 2

(2) 点Aを中心として見たとき，△ABC は右図の $\boxed{1}$ 〜 $\boxed{6}$ のいずれかの状態にある。また，T_B, T_C を繰り返すことで，Aの位置を固定したまま，$\boxed{1}$〜$\boxed{6}$ のどの状態にも移行できる。

$\boxed{1}$ の状態のときに T_A を行うと，AはDの位置に移る。$\boxed{2}$〜$\boxed{6}$ の状態のときも，同様にそれぞれ E〜I に移る。

$$\overrightarrow{AD}=\overrightarrow{OB'}+\overrightarrow{OC'} \qquad \overrightarrow{AE}=-\overrightarrow{OB'}+2\overrightarrow{OC'}$$
$$\overrightarrow{AF}=-2\overrightarrow{OB'}+\overrightarrow{OC'} \qquad \overrightarrow{AG}=-\overrightarrow{AD}$$
$$\overrightarrow{AH}=-\overrightarrow{AE} \qquad \overrightarrow{AI}=-\overrightarrow{AF}$$

であり，最初，AはOにあるため，Aの移り先を R′ とおくと

$$\overrightarrow{OR'}=p\overrightarrow{AD}+q\overrightarrow{AE}+r\overrightarrow{AF} \quad (p,\ q,\ r は整数)$$
$$=(p-q-2r)\overrightarrow{OB'}+(p+2q+r)\overrightarrow{OC'}$$

と表すことができる。

一方，$\overrightarrow{OR}=3k\overrightarrow{OB'}+3l\overrightarrow{OC'}$ なので

$$p-q-2r=3k \quad \cdots\cdots ⑤, \qquad p+2q+r=3l \quad \cdots\cdots ⑥$$

をみたすような整数 p, q, r が，k, l の値にかかわらず存在すれば，R は A の移り先である。

⑤+2×⑥ より　　$3p+3q=3k+6l$　つまり　$q=k+2l-p$　$\cdots\cdots ⑦$

2×⑤+⑥ より　　$3p-3r=6k+3l$　つまり　$r=-2k-l+p$　$\cdots\cdots ⑧$

⑦，⑧ より，任意の整数 k, l について，整数 p, q, r が存在する（p の値はどんな整数でもよい）。

よって，点Rは点Aの移り先である。　　　　　　　　　　　　　　　　（証明終）

59

2008 年度 〔3〕 Level B

a を正の実数とする。点 (x, y) が，不等式 $x^2 \leqq y \leqq x$ の定める領域を動くとき，常に $\dfrac{1}{2} \leqq (x-a)^2 + y \leqq 2$ となる。a の値の範囲を求めよ。

ポイント 〔解法1〕 一般に，命題 $p \Longrightarrow q$ が真であるとき，p, q の真理集合 P, Q について，$P \subseteq Q$ が成り立つ。したがって，不等式 $x^2 \leqq y \leqq x$ の定める領域 P が不等式 $\dfrac{1}{2} \leqq (x-a)^2 + y \leqq 2$ の定める領域 Q に含まれるような，正の実数 a の値の範囲を求めればよい。a の値の増加に従い，領域 Q を x 軸の正の向きへ平行移動することに着目する。
〔解法2〕 不等式で表して
$$\frac{1}{2} \leqq (x-a)^2 + x^2 \leqq (x-a)^2 + y \leqq (x-a)^2 + x \leqq 2$$
をみたす a の範囲を求める。

解法 1

不等式 $x^2 \leqq y \leqq x$ の定める領域 P は，$y = x^2$ と $y = x$ とで囲まれた部分であり，下図の網かけ部分（境界を含む）である。

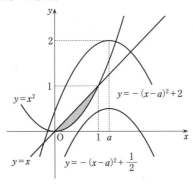

また，不等式 $\dfrac{1}{2} \leqq (x-a)^2 + y \leqq 2$ の定める領域 Q は，2 つの放物線

$y = -(x-a)^2 + \dfrac{1}{2}$ と $y = -(x-a)^2 + 2$ にはさまれた部分（境界を含む）である。

(i) $y = -(x-a)^2 + \dfrac{1}{2}$ が $y = x^2$ に接するとき

$$-(x-a)^2 + \frac{1}{2} = x^2 \qquad 2x^2 - 2ax + a^2 - \frac{1}{2} = 0$$

判別式を D とすると

$$\frac{D}{4} = a^2 - 2\left(a^2 - \frac{1}{2}\right) = -a^2 + 1 = 0$$

$$a = \pm 1$$

$a > 0$ より　　$a = 1$

このとき，領域 Q は領域 P を含んでいる。

(ii)　$y = -(x-a)^2 + 2$ が点 $(0, 0)$ を通るとき

$$-a^2 + 2 = 0$$

$a > 0$ より　　$a = \sqrt{2}$

このとき，領域 Q は領域 P を含んでいる。

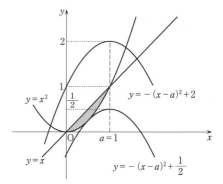

a の値が増加するに従い，領域 Q は x 軸の正の向きへ平行移動するので，(i), (ii)より，$a < 1$, $\sqrt{2} < a$ のときは，領域 P は領域 Q に含まれない。

したがって　　$1 \leqq a \leqq \sqrt{2}$　……(答)

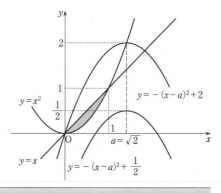

解法 2

連立不等式として処理することもできる。

$x^2 \leqq y \leqq x$　……① より

$$x^2 \leqq x \quad \text{つまり} \quad x(x-1) \leqq 0$$

よって

$$0 \leqq x \leqq 1$$

また，①より

$$(x-a)^2 + x^2 \leqq (x-a)^2 + y \leqq (x-a)^2 + x$$

であるから，$0 \leqq x \leqq 1$ で常に

$$\begin{cases} (x-a)^2 + x \leqq 2 & \cdots\cdots② \\ (x-a)^2 + x^2 \geqq \dfrac{1}{2} & \cdots\cdots③ \end{cases}$$

が成り立つような a の範囲を求めればよい。

②より　　$x^2 - (2a-1)x + a^2 - 2 \leqq 0$

この左辺を $f(x)$ とおくと，$y = f(x)$ のグラフは下に凸の放物線であるから，$0 \leqq x \leqq 1$ で常に②が成り立つ条件は

$f(0)=a^2-2\leqq0$　かつ　$f(1)=a(a-2)\leqq0$

すなわち　　　$-\sqrt{2}\leqq a\leqq\sqrt{2}$　かつ　$0\leqq a\leqq2$

よって

$0\leqq a\leqq\sqrt{2}$　……④

③より　　$4x^2-4ax+2a^2-1\geqq0$

この左辺を $g(x)$ とおくと

$$g(x)=4\left(x-\frac{a}{2}\right)^2+a^2-1$$

④より，$0\leqq\dfrac{a}{2}\leqq\dfrac{\sqrt{2}}{2}$ であるから，$0\leqq x\leqq1$ で常に③が成り立つ条件は

$$g\left(\frac{a}{2}\right)=a^2-1\geqq0$$

a は正の実数であるから　　$1\leqq a$　……⑤

よって，④，⑤より　　$1\leqq a\leqq\sqrt{2}$　……(答)

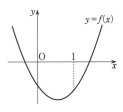

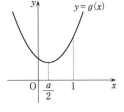

60 2006年度 〔2〕 Level A

　座標平面上に1辺の長さが2の正三角形 ABC がある。ただし，△ABC の重心は原点の位置にあり，辺 BC は x 軸と平行である。また，頂点Aは y 軸上にあって y 座標は正であり，頂点Cの x 座標は正である。直線 $y=x$ に関して3点A，B，Cと対称な点を，それぞれ A′，B′，C′ とする。

(1)　C′ の座標を求めよ。

(2)　△ABC と △A′B′C′ が重なる部分の面積を求めよ。

ポイント (1)　直線 $y=x$ に関して，点 $(a,\ b)$ と対称な点の座標は $(b,\ a)$ である。
(2)　△A′C′B′ は △ABC を原点のまわりに $-90°$ 回転したものであり，はみ出した部分の三角形がすべて合同である。
多角形の面積を直接求めるときは，三角形に分割するのが常套手段である。

解 法 1

(1)　線分 BC の中点をHとすると
$$BH = CH = 1, \quad AH = \sqrt{3}$$
であり，Oは △ABC の重心であるから
$$AO = \frac{2}{3}AH = \frac{2\sqrt{3}}{3}$$
$$OH = \frac{1}{3}AH = \frac{\sqrt{3}}{3}$$
である。よって，△ABC は右図のようになり，3頂点の座標は
$$A\left(0,\ \frac{2\sqrt{3}}{3}\right),\ B\left(-1,\ -\frac{\sqrt{3}}{3}\right),$$
$$C\left(1,\ -\frac{\sqrt{3}}{3}\right)$$

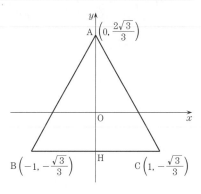

となるので，点Cと直線 $y=x$ に関して対称な点 C′ の座標は
$$\left(-\frac{\sqrt{3}}{3},\ 1\right)\ \ \cdots\cdots(答)$$

⑵　同様にして，$A'\left(\dfrac{2\sqrt{3}}{3},\ 0\right)$, $B'\left(-\dfrac{\sqrt{3}}{3},\ -1\right)$ となり，$\triangle ABC$，$\triangle A'B'C'$ は下図のようになる。

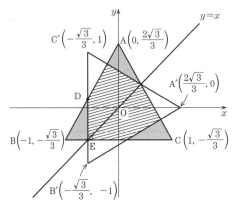

$\triangle A'C'B'$ は $\triangle ABC$ を原点のまわりに $-90°$ 回転したものなので，はみ出した部分の三角形（図の網かけ部分）はすべて合同である。

ここで，$\triangle ABC$ の面積は

$$\triangle ABC = \frac{1}{2} \cdot 2 \cdot 2 \cdot \sin 60° = \sqrt{3}$$

また，線分 AB と線分 B'C'，線分 BC と線分 B'C' の交点をそれぞれ D，E とすると，$E\left(-\dfrac{\sqrt{3}}{3},\ -\dfrac{\sqrt{3}}{3}\right)$ だから

$$BE = -\frac{\sqrt{3}}{3} - (-1) = 1 - \frac{\sqrt{3}}{3}$$

$$DE = \sqrt{3}\,BE$$

よって

$$\triangle BDE = \frac{1}{2} \cdot BE \cdot DE = \frac{\sqrt{3}}{2} BE^2$$

$$= \frac{\sqrt{3}}{2}\left(1 - \frac{\sqrt{3}}{3}\right)^2 = \frac{2\sqrt{3}-3}{3}$$

ゆえに，求める面積（図の斜線部分）を S とすると

$$S = \triangle ABC - 3\triangle BDE = \sqrt{3} - 3 \cdot \frac{2\sqrt{3}-3}{3}$$

$$= 3 - \sqrt{3} \quad \cdots\cdots (答)$$

解法 2

(2) 直線 AB の方程式は $y = \sqrt{3}x + \dfrac{2\sqrt{3}}{3}$ であるから，線分 AB と線分 B′C′ の交点 D

の座標は $\left(-\dfrac{\sqrt{3}}{3},\ \dfrac{2\sqrt{3}}{3} - 1 \right)$

また，線分 BC と線分 B′C′ の交点 E の座標は $\left(-\dfrac{\sqrt{3}}{3},\ -\dfrac{\sqrt{3}}{3} \right)$ であるから

$$\mathrm{DE} = \dfrac{2\sqrt{3}}{3} - 1 - \left(-\dfrac{\sqrt{3}}{3} \right) = \sqrt{3} - 1$$

$$\triangle \mathrm{ODE} = \dfrac{1}{2} \times (\sqrt{3} - 1) \times \dfrac{\sqrt{3}}{3} = \dfrac{3 - \sqrt{3}}{6}$$

したがって，求める面積 S は

$$S = 6 \times \triangle \mathrm{ODE} = 6 \times \dfrac{3 - \sqrt{3}}{6} = 3 - \sqrt{3} \quad \cdots\cdots \text{(答)}$$

61 2006 年度 〔3〕 Level C

大きさがそれぞれ 5，3，1 の平面上のベクトル $\vec{a},\ \vec{b},\ \vec{c}$ に対して，$\vec{z}=\vec{a}+\vec{b}+\vec{c}$ とおく。

(1) $\vec{a},\ \vec{b},\ \vec{c}$ を動かすとき，$|\vec{z}|$ の最大値と最小値を求めよ。

(2) $\vec{a}$ を固定し，$\vec{a}\cdot\vec{z}=20$ をみたすように $\vec{b},\ \vec{c}$ を動かすとき，$|\vec{z}|$ の最大値と最小値を求めよ。

ポイント (1) 2 数の差の大きさを記号～で表す（大きい方から小さい方をひく。つまり，$a\sim b=|a-b|$）と，一般に
$$|\vec{x}|\sim|\vec{y}|\leqq|\vec{x}+\vec{y}|\leqq|\vec{x}|+|\vec{y}|$$
であることを用いて，$|\vec{z}|$ のとりうる値の範囲を $\alpha\leqq|\vec{z}|\leqq\beta$ の形で表す。さらに等号成立条件を示して，最小値 α，最大値 β を求める。単に $|z|\leqq\beta$ と書いたとき，$|z|<\beta$ または $|z|=\beta$ が成り立つことを表し，必ずしも $z=\beta$ となる保証は得られていない。したがって，等号成立条件を確認しなければ最大値・最小値は求められない。
(2) $|\vec{z}-\vec{a}|=|\vec{b}+\vec{c}|$ および $-|\vec{b}||\vec{c}|\leqq\vec{b}\cdot\vec{c}\leqq|\vec{b}||\vec{c}|$（$\vec{b}\cdot\vec{c}=|\vec{b}||\vec{c}|\cos\theta,\ -1\leqq\cos\theta\leqq1$）
を用いて $|\vec{z}|^2$ のとりうる値の範囲を求める。
いずれも図で考えると，結論は明らかであるが，きちんと式で示すことが大切である。

解 法

(1) 題意より
$$|\vec{a}|=5,\ |\vec{b}|=3,\ |\vec{c}|=1$$
一般に，2 つのベクトル $\vec{x},\ \vec{y}$ に対して
$$|\vec{x}+\vec{y}|\geqq|\vec{x}|\sim|\vec{y}| \quad\cdots\cdots①\quad（ただし，\sim は 2 数の差の大きさを表す記号）$$
$$|\vec{x}+\vec{y}|\leqq|\vec{x}|+|\vec{y}| \quad\cdots\cdots②$$
等号成立条件は，$|\vec{x}|\neq0,\ |\vec{y}|\neq0$ のとき，①が $\vec{x},\ \vec{y}$ のなす角が $180°$，②が $\vec{x},\ \vec{y}$ のなす角が $0°$ である。
よって，②を繰り返し用いると
$$|\vec{z}|=|\vec{a}+\vec{b}+\vec{c}|$$
$$\leqq|\vec{a}+\vec{b}|+|\vec{c}| \quad\cdots\cdots③$$
$$\leqq|\vec{a}|+|\vec{b}|+|\vec{c}| \quad\cdots\cdots④$$

$$= 9$$

すなわち $\quad |\vec{z}| \leqq 9 \quad \cdots\cdots ⑤$

$|\vec{a}| \neq 0, \ |\vec{b}| \neq 0, \ |\vec{c}| \neq 0, \ |\vec{a}+\vec{b}| \neq 0 \quad \cdots\cdots (※)$ より

　④の等号成立条件は $\vec{a}$ と $\vec{b}$ のなす角が $0°$

　③の等号成立条件は $\vec{a}+\vec{b}$ と $\vec{c}$ のなす角が $0°$

であるから, ⑤の等号成立条件は $\vec{a}, \ \vec{b}, \ \vec{c}$ のなす角がすべて $0°$ である。

よって, $|\vec{z}|$ の最大値は 9。

同様にして, ①を繰り返し用いると

$$|\vec{z}| = |\vec{a}+\vec{b}+\vec{c}|$$

$$\geqq |\vec{a}+\vec{b}| - |\vec{c}| \quad \cdots\cdots ⑥$$

$$\left(\begin{array}{l} \because \ \left| |\vec{a}| - |\vec{b}| \right| \leqq |\vec{a}+\vec{b}| \leqq |\vec{a}| + |\vec{b}| \ \text{より}, \ 2 \leqq |\vec{a}+\vec{b}| \leqq 8 \ \text{であるから} \\ |\vec{a}+\vec{b}| \geqq |\vec{c}| \end{array} \right)$$

$$\geqq |\vec{a}| - |\vec{b}| - |\vec{c}| \quad \cdots\cdots ⑦ \quad (|\vec{a}| \geqq |\vec{b}| \ \text{より})$$

$$= 1$$

すなわち $\quad |\vec{z}| \geqq 1 \quad \cdots\cdots ⑧$

$(※)$ より

　⑦の等号成立条件は $\vec{a}$ と $\vec{b}$ のなす角が $180°$

　⑥の等号成立条件は $\vec{a}+\vec{b}$ と $\vec{c}$ のなす角が $180°$

であるから, ⑧の等号成立条件は $\vec{a}$ と $\vec{b}$, $\vec{a}$ と $\vec{c}$ のなす角がいずれも $180°$ である。

よって, $|\vec{z}|$ の最小値は 1。

したがって $\quad |\vec{z}|$ の最大値は 9, 最小値は 1 $\quad \cdots\cdots (答)$

(2) $\quad |\vec{z}-\vec{a}| = |\vec{b}+\vec{c}|$

$$|\vec{z}-\vec{a}|^2 = |\vec{b}+\vec{c}|^2$$

$$|\vec{z}|^2 - 2 \cdot \vec{a} \cdot \vec{z} + |\vec{a}|^2 = |\vec{b}|^2 + 2 \cdot \vec{b} \cdot \vec{c} + |\vec{c}|^2$$

与えられた条件と $\vec{a} \cdot \vec{z} = 20$ より

$$|\vec{z}|^2 - 2 \cdot 20 + 5^2 = 3^2 + 2 \cdot \vec{b} \cdot \vec{c} + 1^2$$

$$|\vec{z}|^2 = 2 \cdot \vec{b} \cdot \vec{c} + 25$$

ここで, $-|\vec{b}||\vec{c}| \leqq \vec{b} \cdot \vec{c} \leqq |\vec{b}||\vec{c}|$ だから

$$-3 \leqq \vec{b} \cdot \vec{c} \leqq 3 \quad \cdots\cdots ⑨$$

よって

$$2 \cdot (-3) + 25 \leqq |\vec{z}|^2 \leqq 2 \cdot 3 + 25$$

$$19 \leqq |\vec{z}|^2 \leqq 31$$

$$\sqrt{19} \leqq |\vec{z}| \leqq \sqrt{31} \quad \cdots\cdots \text{⑩}$$

$|\vec{b}| \neq 0$, $|\vec{c}| \neq 0$ より, ⑨, ⑩の左側不等号の等号成立条件は, $\vec{b}$ と $\vec{c}$ のなす角が180°, 右側不等号の等号成立条件は, $\vec{b}$ と $\vec{c}$ のなす角が0° である。

よって $|\vec{z}|$ の最大値は $\sqrt{31}$, 最小値は $\sqrt{19}$ $\cdots\cdots$(答)

62

2005 年度 〔2〕 Level B

原点を中心とする半径 1 の円を C とし，$0<a<1$，$b>1$ とする。A$(a, 0)$ と N$(0, 1)$ を通る直線が C と交わる点のうち N と異なるものを P とおく。また，B$(b, 0)$ と N を通る直線が C と交わる点のうち N と異なるものを Q とおく。

(1) P の座標を a で表せ。

(2) AQ∥PB のとき，AN·BN＝2 となることを示せ。

(3) AQ∥PB，∠ANB＝45° のとき，a の値を求めよ。

ポイント (1) 素直に直線 AN と円 C との交点を求める。
(2) NA：NP＝NQ：NB を直接長さの式に変える。また，〔解法2〕のように，A，P，Q，B の x 座標に着目すると計算が少し楽になる。
(3) a の値を直接求めようとせず，a, b についての関係式を 2 つ作る。

解 法 1

(1) 円 C の方程式は $x^2+y^2=1$ ……①
2 点 A$(a, 0)$，N$(0, 1)$ を通る直線の方程式は，$a>0$ だから

$$y=-\frac{x}{a}+1 \quad ……②$$

①，②より，円と直線の交点は

$$x^2+\left(-\frac{x}{a}+1\right)^2=1$$

$$\frac{a^2+1}{a^2}x^2-\frac{2}{a}x=0$$

$$\frac{a^2+1}{a^2}x\left(x-\frac{2a}{a^2+1}\right)=0$$

よって，点 P の x 座標は，$x\neq0$ より

$$x=\frac{2a}{a^2+1}$$

このとき②より

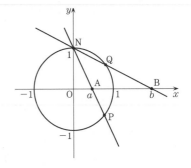

$$y = -\frac{1}{a} \cdot \frac{2a}{a^2+1} + 1 = \frac{a^2-1}{a^2+1}$$

したがって

$$P\left(\frac{2a}{a^2+1} , \frac{a^2-1}{a^2+1}\right) \quad \cdots\cdots (答)$$

(2) 同様にして，点 Q の座標は

$$\left(\frac{2b}{b^2+1} , \frac{b^2-1}{b^2+1}\right)$$

ここで，AQ∥PB だから

$$NA : NP = NQ : NB$$

よって

$$AN \cdot BN = NP \cdot NQ$$

$$= \sqrt{\left(\frac{2a}{a^2+1}\right)^2 + \left(\frac{a^2-1}{a^2+1}-1\right)^2} \times \sqrt{\left(\frac{2b}{b^2+1}\right)^2 + \left(\frac{b^2-1}{b^2+1}-1\right)^2}$$

$$= \sqrt{\frac{4a^2+4}{(a^2+1)^2} \cdot \frac{4b^2+4}{(b^2+1)^2}}$$

$$= \sqrt{\frac{4 \cdot 4}{(a^2+1)(b^2+1)}}$$

$$= \frac{4}{\sqrt{a^2+1}\sqrt{b^2+1}}$$

$$= \frac{4}{AN \cdot BN}$$

となるから

$$(AN \cdot BN)^2 = 4$$

AN>0, BN>0 だから $\quad$ AN・BN = 2 $\hspace{4cm}$ (証明終)

(3) $\quad \triangle ABN = \frac{1}{2} AN \cdot BN \sin 45° = \frac{1}{2} \cdot 2 \cdot \frac{\sqrt{2}}{2} = \frac{\sqrt{2}}{2}$

一方

$$\triangle ABN = \frac{1}{2} AB \cdot ON = \frac{1}{2}(b-a) \cdot 1 = \frac{b-a}{2}$$

したがって

$$\frac{b-a}{2} = \frac{\sqrt{2}}{2} \quad つまり \quad b-a = \sqrt{2} \quad \cdots\cdots ③$$

さらに，△ANB において，余弦定理を用いると

$$AB^2 = AN^2 + BN^2 - 2AN \cdot BN \cos 45°$$

$$(b-a)^2 = (a^2+1) + (b^2+1) - 2 \cdot 2 \cdot \frac{\sqrt{2}}{2}$$

$$ab = \sqrt{2} - 1 \quad \cdots\cdots ④$$

③，④より

$$a(\sqrt{2} + a) = \sqrt{2} - 1$$

$$a^2 + \sqrt{2}a - \sqrt{2} + 1 = 0$$

$$a = \frac{-\sqrt{2} \pm \sqrt{4\sqrt{2} - 2}}{2}$$

これらのうち，$0 < a < 1$ をみたすのは

$$a = \frac{-\sqrt{2} + \sqrt{4\sqrt{2} - 2}}{2} \quad \cdots\cdots (答)$$

解法 2

(2) （4行目までは〔解法1〕に同じ）

A，P，Q，B の x 座標を用いて $\quad a : \dfrac{2a}{a^2+1} = \dfrac{2b}{b^2+1} : b$

$$ab = \frac{2a}{a^2+1} \times \frac{2b}{b^2+1} \quad \text{つまり} \quad (a^2+1)(b^2+1) = 4$$

したがって
$$\begin{aligned}
AN \cdot BN &= \sqrt{a^2+1} \times \sqrt{b^2+1} \\
&= \sqrt{(a^2+1)(b^2+1)} \\
&= \sqrt{4} = 2
\end{aligned}$$

（証明終）

63 2004年度 〔1〕 Level B

Hを1辺の長さが1の正六角形とする。

(1) Hの中にある正方形のうち，1辺がHの1辺と平行なものの面積の最大値を求めよ。

(2) Hの中にある長方形のうち，1辺がHの1辺と平行なものの面積の最大値を求めよ。

ポイント 題意のような長方形の面積が最大となるのは，長方形と正六角形の中心をそろえて考えると，長方形の4頂点が正六角形の周上にあるときであることがわかる。あとは適当な線分の長さをxとして正方形や長方形の面積をxで表せば，日頃から目にする最大値，最小値を求める問題になる。正方形は長方形の特殊な場合である。

解法

(1) 正六角形 ABCDEF の内部の正方形で，一辺が正六角形 ABCDEF の辺と平行になっているもののうち，面積が最大になるのは，正方形 PQRS と正六角形の中心をそろえて考えると，4頂点が正六角形の周上にある場合である。

対称性を考慮して，辺 BC（EF）に平行な辺を右図のように PQ（RS）とする。右図において，BF と PQ の交点を T，PT $=x$ とおくと

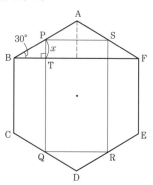

$$PQ = 1 + 2x \quad \left(0 \leq x < \frac{1}{2}\right)$$

$$PS = BF - 2BT = 2 \times \frac{\sqrt{3}}{2} - 2\sqrt{3}x$$

$$= \sqrt{3} - 2\sqrt{3}x \quad \left(0 \leq x < \frac{1}{2}\right)$$

四角形 PQRS が正方形になる条件は，PQ $=$ PS であるから

$$1 + 2x = \sqrt{3} - 2\sqrt{3}x$$

$$2(1 + \sqrt{3})x = \sqrt{3} - 1$$

$$x = \frac{\sqrt{3} - 1}{2(1 + \sqrt{3})} = \frac{2 - \sqrt{3}}{2}$$

よって，求める面積の最大値は

$$PQ^2 = \left(1 + 2 \times \frac{2-\sqrt{3}}{2}\right)^2 = (3-\sqrt{3})^2$$

$$= 12 - 6\sqrt{3} \quad \cdots\cdots \text{(答)}$$

(2) (1)と同様にして，長方形 PQRS の面積が最大になるのは，頂点がすべて正六角形の周上にある場合である。

対称性を考慮して，BC (EF) に平行な辺を PQ (RS) とする。このとき，点 P は辺 BC 上または辺 AB 上にある。

点 P が辺 BC 上にあるときは，P が B と一致するときが面積が最大だから，点 P が辺 AB 上にある場合を考えればよい。

よって，(1)から，長方形の面積は

$$PQ \cdot PS = (1 + 2x)(\sqrt{3} - 2\sqrt{3}x)$$

$$= \sqrt{3}(1 - 4x^2) \quad \left(0 \leqq x < \frac{1}{2}\right)$$

よって，求める面積の最大値は

$x = 0$, すなわち P が B と一致するときで $\sqrt{3}$ $\cdots\cdots$ (答)

§5 空間図形

64 2023年度 〔3〕　　　　　　　　　　　　Level B

　原点をOとする座標空間内に3点 A$(-3, 2, 0)$, B$(1, 5, 0)$, C$(4, 5, 1)$ がある。Pは $|\overrightarrow{PA}+3\overrightarrow{PB}+2\overrightarrow{PC}|\leqq36$ を満たす点である。4点O, A, B, Pが同一平面上にないとき，四面体OABPの体積の最大値を求めよ。

ポイント　空間座標が与えられているので，点Pの座標を (x, y, z) とおき，$|\overrightarrow{PA}+3\overrightarrow{PB}+2\overrightarrow{PC}|\leqq36$ をベクトルの成分表示を使って計算し，次の事柄を用いて点Pの動く範囲を調べるとよい。

　　中心が点 (a, b, c) で，半径が r の球面の方程式は
$$(x-a)^2+(y-b)^2+(z-c)^2=r^2$$
なお，空間座標が与えられていないときは，〔解法2〕のように，まず始点をOにそろえ，その式の特徴から点Pは球面およびその内部にあることを見抜いて球面のベクトル方程式の形に帰着させるとよい。

＜球面のベクトル方程式＞

　　中心がDで，半径が r の球面のベクトル方程式は
$$|\overrightarrow{DP}|=r \quad または \quad |\overrightarrow{OP}-\overrightarrow{OD}|=r$$
また，四面体OABPの体積は，3点O, A, Bがすべて xy 平面上にあることに注目すると，$\frac{1}{3}\times(\triangle OAB の面積)\times|(Pと xy 平面の距離)|$ で求まるので，Pと xy 平面の距離が最大になるときを図を使って考えるとよい。

解 法 1

　　A$(-3, 2, 0)$, B$(1, 5, 0)$, C$(4, 5, 1)$
　　$|\overrightarrow{PA}+3\overrightarrow{PB}+2\overrightarrow{PC}|\leqq36$　……①
点Pの座標を (x, y, z) とおくと
　　$\overrightarrow{PA}+3\overrightarrow{PB}+2\overrightarrow{PC}$
　$=(-3-x, 2-y, -z)+3(1-x, 5-y, -z)+2(4-x, 5-y, 1-z)$
　$=(8-6x, 27-6y, 2-6z)$
であるから，①より
　　$\sqrt{(8-6x)^2+(27-6y)^2+(2-6z)^2}\leqq36$
　　$(6x-8)^2+(6y-27)^2+(6z-2)^2\leqq36^2$

$$\left(x-\frac{4}{3}\right)^2+\left(y-\frac{9}{2}\right)^2+\left(z-\frac{1}{3}\right)^2\leqq36$$

よって, 点Pは, 中心 $\left(\dfrac{4}{3},\ \dfrac{9}{2},\ \dfrac{1}{3}\right)$, 半径 6 の球面上および内部を動く。

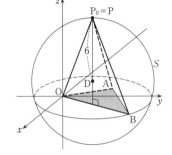

ここで, 中心を D, 球面を S とし, さらに, D を通り xy 平面に垂直な直線と S との 2 交点のうち, z 座標が正である方の点を P_0 とする。四面体 OABP の体積が最大になるのは, 三角形 OAB の面積が一定であることに注意すると, $P=P_0$ のときである。

2 点 A, B は xy 平面上にあるから

$$\triangle\mathrm{OAB}=\frac{1}{2}|(-3)\times5-2\times1|=\frac{17}{2}$$

であり, 点 P_0 と xy 平面との距離は

$$\mathrm{PD}+(\text{点 D の }z\text{ 座標})=6+\frac{1}{3}=\frac{19}{3}$$

よって, 四面体 OABP の体積の最大値は

$$\frac{1}{3}\times\frac{17}{2}\times\frac{19}{3}=\frac{323}{18}\quad\cdots\cdots(\text{答})$$

解 法 2

A $(-3,\ 2,\ 0)$, B $(1,\ 5,\ 0)$, C $(4,\ 5,\ 1)$

$$|\overrightarrow{\mathrm{PA}}+3\overrightarrow{\mathrm{PB}}+2\overrightarrow{\mathrm{PC}}|\leqq36\quad\cdots\cdots①$$

$$\overrightarrow{\mathrm{PA}}+3\overrightarrow{\mathrm{PB}}+2\overrightarrow{\mathrm{PC}}=(\overrightarrow{\mathrm{OA}}-\overrightarrow{\mathrm{OP}})+3(\overrightarrow{\mathrm{OB}}-\overrightarrow{\mathrm{OP}})+2(\overrightarrow{\mathrm{OC}}-\overrightarrow{\mathrm{OP}})$$
$$=\overrightarrow{\mathrm{OA}}+3\overrightarrow{\mathrm{OB}}+2\overrightarrow{\mathrm{OC}}-6\overrightarrow{\mathrm{OP}}$$

であるから, ①は

$$|\overrightarrow{\mathrm{OA}}+3\overrightarrow{\mathrm{OB}}+2\overrightarrow{\mathrm{OC}}-6\overrightarrow{\mathrm{OP}}|\leqq36$$

$$\left|6\left(\overrightarrow{\mathrm{OP}}-\frac{\overrightarrow{\mathrm{OA}}+3\overrightarrow{\mathrm{OB}}+2\overrightarrow{\mathrm{OC}}}{6}\right)\right|\leqq36$$

$$\left|\overrightarrow{\mathrm{OP}}-\frac{\overrightarrow{\mathrm{OA}}+3\overrightarrow{\mathrm{OB}}+2\overrightarrow{\mathrm{OC}}}{6}\right|\leqq6\quad\cdots\cdots①'$$

と変形できる。

ここで, $\overrightarrow{\mathrm{OD}}=\dfrac{\overrightarrow{\mathrm{OA}}+3\overrightarrow{\mathrm{OB}}+2\overrightarrow{\mathrm{OC}}}{6}$ とおくと

$$\overrightarrow{\mathrm{OD}}=\frac{1}{6}\{(-3,\ 2,\ 0)+3(1,\ 5,\ 0)+2(4,\ 5,\ 1)\}$$

$$=\left(\frac{4}{3},\ \frac{9}{2},\ \frac{1}{3}\right)$$

であり，①′ は

$$|\overrightarrow{\mathrm{DP}}|\leqq 6$$

となる。

よって，点Pは中心 $\left(\dfrac{4}{3},\ \dfrac{9}{2},\ \dfrac{1}{3}\right)$, 半径 6 の球面上および内部を動く。

（以下，〔**解法1**〕に同じ）

65

2022 年度 〔4〕   Level C

t を実数とし，座標空間に点 $A(t-1,\ t,\ t+1)$ をとる。また，$(0,\ 0,\ 0)$，$(1,\ 0,\ 0)$，$(0,\ 1,\ 0)$，$(1,\ 1,\ 0)$，$(0,\ 0,\ 1)$，$(1,\ 0,\ 1)$，$(0,\ 1,\ 1)$，$(1,\ 1,\ 1)$ を頂点とする立方体を D とする。点 P が D の内部およびすべての面上を動くとき，線分 AP の動く範囲を W とし，W の体積を $f(t)$ とする。

(1) $f(-1)$ を求めよ。

(2) $f(t)$ のグラフを描き，$f(t)$ の最小値を求めよ。

ポイント (2) 点 $A(t-1,\ t,\ t+1)$ は次の事柄を用いて，点 $(-1,\ 0,\ 1)$ を通り，$(1,\ 1,\ 1)$ を方向ベクトルとする直線上を動くことを読み取る。

「点 B を通り，ベクトル $\vec{u}\ (\neq \vec{0})$ に平行な直線のベクトル方程式は，原点を O とし，直線上の点を P とすると

$$\overrightarrow{OP} = \overrightarrow{OB} + t\vec{u} \quad (t\text{ はパラメータ})」$$

(1)から線分 AP の動く範囲 W の体積は，立方体 D の体積といくつかの四角錐の体積の和で求まることに気づくとよい。あとは点 A を少しずつ動かして場合分けを考えていくとよく，四角錐の底面がどこになるかに帰着し，「点 A の x 座標 $t-1$ が 0 と 1 の間にあるかないか」，「点 A の y 座標 t が 0 と 1 の間にあるかないか」，「点 A の z 座標 $t+1$ が 0 と 1 の間にあるかないか」で場合分けして $f(t)$ を求めるとよい。

解法

D の 6 つの面のうち，平面 $x=0$，$x=1$，$y=0$，$y=1$，$z=0$，$z=1$ 上にあるものを順に $S_{x,\,0}$，$S_{x,\,1}$，$S_{y,\,0}$，$S_{y,\,1}$，$S_{z,\,0}$，$S_{z,\,1}$ とする。また，立方体 D の体積を V，さらに，点 A を頂点として，$S_{x,\,0}$ を底面とする四角錐の体積を $V_{x,\,0}$ と表す。底面が他の面の場合も同様に表すことにする。

また

$$(t-1,\ t,\ t+1) = (-1,\ 0,\ 1) + t(1,\ 1,\ 1)$$

であるから，点 $A(t-1,\ t,\ t+1)$ は点 $(-1,\ 0,\ 1)$ を通り，$(1,\ 1,\ 1)$ を方向ベクトルとする直線上を動く。

(1) $t=-1$ のとき，$A(-2,\ -1,\ 0)$ である。

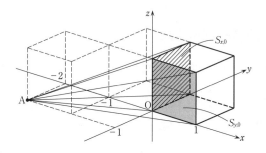

よって，図より

$$f(-1) = V + V_{x,\,0} + V_{y,\,0} = 1^3 + \frac{1}{3} \cdot 1^2 \cdot 2 + \frac{1}{3} \cdot 1^2 \cdot 1 = 2 \quad \cdots\cdots (答)$$

(2)　　$A_3(2,\ 3,\ 4)$，$A_2(1,\ 2,\ 3)$，$A_1(0,\ 1,\ 2)$，

　　　　$A_0(-1,\ 0,\ 1)$，$A_{-1}(-2,\ -1,\ 0)$，$A_{-2}(-3,\ -2,\ -1)$

とおく。$f(t)$ は，「A の x 座標 $t-1$ が 0 と 1 の間にあるかないか」または「A の y 座標 t が 0 と 1 の間にあるかないか」または「A の z 座標 $t+1$ が 0 と 1 の間にあるかないか」を考えて，A が半直線 A_2A_3 上にあるとき，A が A_2 と一致するとき，A が線分 A_1A_2 上にあるとき，A が A_1 と一致するとき，A が線分 A_0A_1 上にあるとき，A が A_0 と一致するとき，A が線分 $A_{-1}A_0$ 上にあるとき，A が A_{-1} と一致するとき，A が半直線 $A_{-1}A_{-2}$ 上にあるとき，に分けて求める（以下，本問では半直線と線分は端点を除くものとする）。

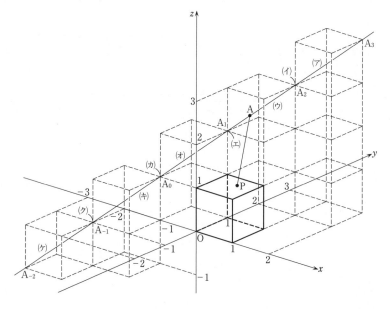

よって，図より，$f(t)$ は次のようになる。

(ア) Aが半直線 A_2A_3 上にあるとき，つまり，$t>2$ のとき

$$f(t) = V + V_{x,\,1} + V_{y,\,1} + V_{z,\,1}$$

$$= 1^3 + \frac{1}{3} \cdot 1^2 \cdot \{(t-1) - 1\} + \frac{1}{3} \cdot 1^2 \cdot (t-1) + \frac{1}{3} \cdot 1^2 \cdot \{(t+1) - 1\}$$

$$= t$$

(イ) Aが A_2 と一致するとき，つまり，$t=2$ のとき

$$f(t) = V + V_{y,\,1} + V_{z,\,1}$$

$$= 1^3 + \frac{1}{3} \cdot 1^2 \cdot 1 + \frac{1}{3} \cdot 1^2 \cdot 2$$

$$= 2$$

(ウ) Aが線分 A_1A_2 上にあるとき，つまり，$1<t<2$ のとき

$$f(t) = V + V_{y,\,1} + V_{z,\,1}$$

$$= 1^3 + \frac{1}{3} \cdot 1^2 \cdot (t-1) + \frac{1}{3} \cdot 1^2 \cdot \{(t+1) - 1\}$$

$$= \frac{2}{3}t + \frac{2}{3}$$

(エ) Aが A_1 と一致するとき，つまり，$t=1$ のとき

$$f(t) = V + V_{z,\,1}$$

$$= 1^3 + \frac{1}{3} \cdot 1^2 \cdot 1$$

$$= \frac{4}{3}$$

(オ) Aが線分 A_0A_1 上にあるとき，つまり，$0<t<1$ のとき

$$f(t) = V + V_{x,\,0} + V_{z,\,1}$$

$$= 1^3 + \frac{1}{3} \cdot 1^2 \cdot \{- (t-1)\} + \frac{1}{3} \cdot 1^2 \cdot \{(t+1) - 1\}$$

$$= \frac{4}{3}$$

(カ) Aが A_0 と一致するとき，つまり，$t=0$ のとき

$$f(t) = V + V_{x,\,0}$$

$$= 1^3 + \frac{1}{3} \cdot 1^2 \cdot 1$$

$$= \frac{4}{3}$$

(キ) Aが線分 $A_{-1}A_0$ 上にあるとき，つまり，$-1<t<0$ のとき

$$f(t) = V + V_{x,\,0} + V_{y,\,0}$$

$$= 1^3 + \frac{1}{3} \cdot 1^2 \cdot \{-(t-1)\} + \frac{1}{3} \cdot 1^2 \cdot (-t)$$

$$= -\frac{2}{3}t + \frac{4}{3}$$

(ク) AがA$_{-1}$と一致するとき，つまり，$t = -1$ のとき

(1)より $f(t) = 2$

(ケ) Aが半直線 A$_{-1}$A$_{-2}$ 上にあるとき，つまり，$t < -1$ のとき

$$f(t) = V + V_{x,\,0} + V_{y,\,0} + V_{z,\,0}$$

$$= 1^3 + \frac{1}{3} \cdot 1^2 \cdot \{-(t-1)\} + \frac{1}{3} \cdot 1^2 \cdot (-t) + \frac{1}{3} \cdot 1^2 \cdot \{-(t+1)\}$$

$$= -t + 1$$

したがって，(ア)～(ケ)をまとめると

$$f(t) = \begin{cases} -t+1 & (t \leq -1 \text{ のとき}) \\[2mm] -\dfrac{2}{3}t + \dfrac{4}{3} & (-1 \leq t \leq 0 \text{ のとき}) \\[2mm] \dfrac{4}{3} & (0 \leq t \leq 1 \text{ のとき}) \\[2mm] \dfrac{2}{3}t + \dfrac{2}{3} & (1 \leq t \leq 2 \text{ のとき}) \\[2mm] t & (t \geq 2 \text{ のとき}) \end{cases}$$

よって，$u = f(t)$ のグラフは右のようになる。

ゆえに，$f(t)$ の最小値は

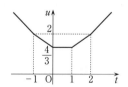

$$\frac{4}{3} \quad \cdots\cdots (\text{答})$$

66

p, q を正の実数とする。原点を O とする座標空間内の 3 点 P $(p,\ 0,\ 0)$，Q $(0,\ q,\ 0)$，R $(0,\ 0,\ 1)$ は $\angle \mathrm{PRQ} = \dfrac{\pi}{6}$ を満たす。四面体 OPQR の体積の最大値を求めよ。

ポイント 四面体 OPQR の体積を V とすると，$V = \dfrac{1}{6}pq$ となるから，p と q の関係式を作ることを考える。そこで，$\angle \mathrm{PRQ} = \dfrac{\pi}{6}$, $\mathrm{RP} = \sqrt{p^2+1}$, $\mathrm{RQ} = \sqrt{q^2+1}$, $\mathrm{PQ} = \sqrt{p^2+q^2}$ という条件に注目して内積の定義もしくは余弦定理を用いるとよい。

〔解法1〕 p^2, q^2 が出てくるので，$p^2 q^2$ の最大値を考えるとよいが，p^2 と q^2 の対称式が出てくることに注目する。対称式を扱うときは「存在条件」を考えるのが常套手段であるから，次の事柄を用いるとよい。

    $\alpha + \beta = u$，$\alpha \beta = v$ のとき，α, β を 2 解にもつ 2 次方程式の 1 つは，

    $x^2 - ux + v = 0$ ……(＊) である。

    本問では，さらに，(＊) が 2 つの正の解をもつ条件が加わるから

        ((＊) の判別式) ≧ 0，(2 解の和) > 0，(2 解の積) > 0

という必要十分条件を使って $p^2 q^2$ のとりうる値の範囲を求める。

〔解法2〕 ふつうに 1 文字を消去すると，$p^2 q^2$ は p の分数関数もしくは q の分数関数になるから，相加・相乗平均の大小関係を使ってもよい。

解 法 1

p, q を正の実数として

    P $(p,\ 0,\ 0)$，Q $(0,\ q,\ 0)$，R $(0,\ 0,\ 1)$

より，四面体 OPQR の体積を V とすると

$$V = \frac{1}{3} \triangle \mathrm{OPQ} \times \mathrm{OR}$$

$$= \frac{1}{3} \times \left(\frac{1}{2} \mathrm{OP} \times \mathrm{OQ} \right) \times \mathrm{OR}$$

$$= \frac{1}{6} pq \quad \cdots\cdots ①$$

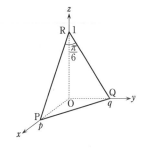

また，$\overrightarrow{\mathrm{RP}} = \overrightarrow{\mathrm{OP}} - \overrightarrow{\mathrm{OR}} = (p,\ 0,\ -1)$，$\overrightarrow{\mathrm{RQ}} = \overrightarrow{\mathrm{OQ}} - \overrightarrow{\mathrm{OR}} = (0,\ q,\ -1)$ と $\angle \mathrm{PRQ} = \dfrac{\pi}{6}$ より

$$\overrightarrow{\mathrm{RP}} \cdot \overrightarrow{\mathrm{RQ}} = |\overrightarrow{\mathrm{RP}}||\overrightarrow{\mathrm{RQ}}| \cos \frac{\pi}{6}$$

$$p \times 0 + 0 \times q + (-1) \times (-1) = \sqrt{p^2 + 0^2 + (-1)^2} \sqrt{0^2 + q^2 + (-1)^2} \times \frac{\sqrt{3}}{2}$$

$$1 = \frac{3}{4}(p^2+1)(q^2+1)$$

$$p^2 + q^2 = \frac{1}{3} - p^2 q^2 \quad \cdots\cdots②$$

ここで，$p^2 + q^2 = s$，$p^2 q^2 = t$ とおくと，①，②は，$pq > 0$ より

$$\begin{cases} V = \dfrac{1}{6}\sqrt{t} \quad \cdots\cdots①' \\[2mm] s = \dfrac{1}{3} - t \quad \cdots\cdots②' \end{cases}$$

一方，$p^2\,(>0)$，$q^2\,(>0)$ を 2 解にもつ x の 2 次方程式は

$$x^2 - sx + t = 0$$

であり，②' より

$$x^2 - \left(\frac{1}{3} - t\right)x + t = 0 \quad \cdots\cdots③$$

③が 2 つの正の解 p^2，q^2 をもつ条件は

$$\begin{cases} (③の判別式) = \left\{-\left(\dfrac{1}{3} - t\right)\right\}^2 - 4 \cdot 1 \cdot t = t^2 - \dfrac{14}{3}t + \dfrac{1}{9} \geqq 0 \\[2mm] (2\,解の和) = p^2 + q^2 = \dfrac{1}{3} - t > 0 \\[2mm] (2\,解の積) = p^2 q^2 = t > 0 \end{cases}$$

であるから

$$\begin{cases} t \leqq \dfrac{7 - 4\sqrt{3}}{3}, \quad \dfrac{7 + 4\sqrt{3}}{3} \leqq t \\[2mm] t < \dfrac{1}{3} \\[2mm] t > 0 \end{cases}$$

よって，t のとりうる値の範囲は

$$0 < t \leqq \frac{7 - 4\sqrt{3}}{3}$$

このことと①' より，V が最大となるのは，$t = \dfrac{7 - 4\sqrt{3}}{3}$ のときであり，このとき，最大値は

$$\frac{1}{6}\sqrt{\frac{7 - 4\sqrt{3}}{3}} = \frac{1}{6}\sqrt{\frac{7 - 2\sqrt{12}}{3}} = \frac{1}{6} \cdot \frac{2 - \sqrt{3}}{\sqrt{3}} = \frac{2\sqrt{3} - 3}{18} \quad \cdots\cdots(答)$$

〔注〕　V が最大になるときの p, q の値を求めると次のようになる。

$t = \dfrac{7 - 4\sqrt{3}}{3}$ を③に代入して方程式を解くと，（③の判別式）$= 0$ に注意すると，

$x = \dfrac{1}{2}\left(\dfrac{1}{3} - t\right) = -1 + \dfrac{2\sqrt{3}}{3}$ （重解）となるから，$p^2 = q^2 = -1 + \dfrac{2\sqrt{3}}{3}$ である。

したがって，V が最大になるときの p, q の値は，$p > 0$，$q > 0$ より，$p = q = \sqrt{\dfrac{2\sqrt{3}}{3} - 1}$ である。

解 法 2

$\left(V = \dfrac{1}{6}pq \quad \cdots\cdots ① \text{ までは〔解法1〕に同じ}\right)$

また，$RP = \sqrt{p^2 + 1}$，$RQ = \sqrt{q^2 + 1}$，$PQ = \sqrt{p^2 + q^2}$ より，
三角形 PQR に余弦定理を用いると

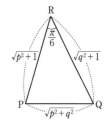

$$PQ^2 = RP^2 + RQ^2 - 2RP \cdot RQ \cos\dfrac{\pi}{6}$$

$$p^2 + q^2 = (p^2 + 1) + (q^2 + 1) - 2\sqrt{p^2 + 1}\sqrt{q^2 + 1} \cdot \dfrac{\sqrt{3}}{2}$$

$$\sqrt{p^2 + 1}\sqrt{q^2 + 1} = \dfrac{2}{\sqrt{3}}$$

$$(p^2 + 1)(q^2 + 1) = \dfrac{4}{3}$$

$$q^2 = \dfrac{4}{3(p^2 + 1)} - 1 \quad \cdots\cdots ⑦$$

①に⑦を代入すると

$$V = \dfrac{1}{6}pq = \dfrac{1}{6}\sqrt{p^2 q^2} = \dfrac{1}{6}\sqrt{p^2\left\{\dfrac{4}{3(p^2 + 1)} - 1\right\}}$$

$$= \dfrac{1}{6}\sqrt{\dfrac{4}{3}\left(1 - \dfrac{1}{p^2 + 1}\right) - p^2}$$

$$= \dfrac{1}{6}\sqrt{\dfrac{4}{3} - \left\{\dfrac{4}{3(p^2 + 1)} + p^2\right\}}$$

$$= \dfrac{1}{6}\sqrt{\dfrac{7}{3} - \left\{\dfrac{4}{3(p^2 + 1)} + (p^2 + 1)\right\}} \quad \cdots\cdots ④$$

ここで，$p^2 + 1 > 0$，$\dfrac{4}{3(p^2 + 1)} > 0$ より，相加・相乗平均の大小関係を用いると

$$\dfrac{4}{3(p^2 + 1)} + (p^2 + 1) \geqq 2\sqrt{\dfrac{4}{3(p^2 + 1)} \cdot (p^2 + 1)} = \dfrac{4}{\sqrt{3}} = \dfrac{4\sqrt{3}}{3}$$

となるから

$$\frac{1}{6}\sqrt{\frac{7}{3}-\left\{\frac{4}{3\,(p^2+1)}+(p^2+1)\right\}}\leqq\frac{1}{6}\sqrt{\frac{7}{3}-\frac{4\sqrt{3}}{3}}=\frac{1}{6}\sqrt{\frac{7-2\sqrt{12}}{3}}=\frac{1}{6}\cdot\frac{2-\sqrt{3}}{\sqrt{3}}$$

よって，①より　　$V\leqq\frac{1}{6}\cdot\frac{2-\sqrt{3}}{\sqrt{3}}$　すなわち　$V\leqq\frac{2\sqrt{3}-3}{18}$

等号成立は$\frac{4}{3\,(p^2+1)}=p^2+1$，つまり$p^2=\frac{2\sqrt{3}}{3}-1$のときであり，これを⑦に代入すると，$q^2=\frac{2\sqrt{3}}{3}-1$である。

したがって，$p=q=\sqrt{\frac{2\sqrt{3}}{3}-1}$のとき，$V$は最大となり，最大値は

$\qquad\frac{2\sqrt{3}-3}{18}$　……(答)

67

xy 平面上の直線 $x=y+1$ を k, yz 平面上の直線 $y=z+1$ を l, xz 平面上の直線 $z=x+1$ を m とする。直線 k 上に点 $P_1(1, 0, 0)$ をとる。l 上の点 P_2 を $P_1P_2\perp l$ となるように定め，m 上の点 P_3 を $P_2P_3\perp m$ となるように定め，k 上の点 P_4 を $P_3P_4\perp k$ となるように定める。以下，同様の手順で l, m, k, l, m, k, …上の点 P_5, P_6, P_7, P_8, P_9, P_{10}, …を定める。

(1) 点 P_2, P_3 の座標を求めよ。

(2) 線分 P_nP_{n+1} の長さを n を用いて表せ。

ポイント (1) 点 P_2, P_3 はそれぞれ直線 l 上，m 上にあるから，それらの座標を $P_2(0, 1+u, u)$, $P_3(v, 0, 1+v)$ などとおき，$P_1P_2\perp l$, $P_2P_3\perp m$ を用いて求めるとよい。このとき，直線 l の方向ベクトル $\vec{l}=(0, 1, 1)$，直線 m の方向ベクトル $\vec{m}=(1, 0, 1)$ をうまくとれるかがカギとなる。

(2) (1)より，$P_1P_2\perp l$ から P_2 が定まり，$P_2P_3\perp m$ から P_3 が定まり，…となることがわかるので漸化式を作ることを考える。このように同じ操作を繰り返して図形を作っていく問題では漸化式を作って求めるのが常套手段である。

また，P_1, P_4, P_7, …が k 上に，P_2, P_5, P_8, …が l 上に，P_3, P_6, P_9, …が m 上にあることから，n を 3 で割った余りで分類して考えるとよい。そこで，まず，P_n が k 上にあるときを考えて，P_n, P_{n+1} の座標をそれぞれ $P_n(a_n+1, a_n, 0)$，$P_{n+1}(0, a_{n+1}+1, a_{n+1})$ とおき，$P_nP_{n+1}\perp l$ を用いて漸化式を作るところから始める。

解 法

直線 $k: x=y+1$　　直線 $l: y=z+1$　　直線 $m: z=x+1$
直線 k, l, m の方向ベクトルをそれぞれ

$$\vec{k}=(1, 1, 0), \vec{l}=(0, 1, 1), \vec{m}=(1, 0, 1)$$

とする。

(1) P_2 は l 上にあるから，$P_2(0, 1+u, u)$ とおけ，P_3 は m 上にあるから，$P_3(v, 0, 1+v)$ とおける。
$P_1(1, 0, 0)$ より

$$\overrightarrow{P_1P_2}=(-1, 1+u, u), \overrightarrow{P_2P_3}=(v, -(1+u), 1+v-u)$$

であり，$P_1P_2 \perp l$，$P_2P_3 \perp m$ より

$$\overrightarrow{P_1P_2} \cdot \vec{l} = 0 \quad \cdots\cdots\text{①}$$

$$\overrightarrow{P_2P_3} \cdot \vec{m} = 0 \quad \cdots\cdots\text{②}$$

が成り立つ。

①より　　$(-1) \times 0 + (1+u) \times 1 + u \times 1 = 0$

$$u = -\frac{1}{2} \quad \cdots\cdots\text{①}'$$

②より　　$v \times 1 + \{-(1+u)\} \times 0 + (1+v-u) \times 1 = 0$

$$2v - u + 1 = 0$$

これに①′を代入して

$$2v - \left(-\frac{1}{2}\right) + 1 = 0 \quad \text{つまり} \quad v = -\frac{3}{4}$$

よって，点 P_2，P_3 の座標は

$$P_2\left(0, \ \frac{1}{2}, \ -\frac{1}{2}\right), \ P_3\left(-\frac{3}{4}, \ 0, \ \frac{1}{4}\right) \quad \cdots\cdots\text{(答)}$$

(2)　P_n の座標は

n が 3 で割ると 1 余る数のとき，P_n は k 上にあるから

$$P_n(a_n+1, \ a_n, \ 0)$$

n が 3 で割ると 2 余る数のとき，P_n は l 上にあるから

$$P_n(0, \ a_n+1, \ a_n)$$

n が 3 で割り切れる数のとき，P_n は m 上にあるから

$$P_n(a_n, \ 0, \ a_n+1)$$

と表せる。

(ア)　n が 3 で割ると 1 余る数のとき

P_n は k 上にあるから，P_{n+1} は l 上にある。これより

$$P_{n+1}(0, \ a_{n+1}+1, \ a_{n+1})$$

と表せるから

$$\overrightarrow{P_nP_{n+1}} = (0, \ a_{n+1}+1, \ a_{n+1}) - (a_n+1, \ a_n, \ 0)$$

$$= (-(a_n+1), \ a_{n+1}-a_n+1, \ a_{n+1})$$

このとき，$P_nP_{n+1} \perp l$ であるから

$$\overrightarrow{P_nP_{n+1}} \cdot \vec{l} = 0$$

$$\{-(a_n+1)\} \times 0 + (a_{n+1}-a_n+1) \times 1 + a_{n+1} \times 1 = 0$$

$$a_{n+1} = \frac{1}{2}a_n - \frac{1}{2}$$

(イ) n が3で割ると2余る数のとき

P_n は l 上にあるから,P_{n+1} は m 上にある。これより

$$P_{n+1}(a_{n+1}, 0, a_{n+1}+1)$$

と表せるから

$$\overrightarrow{P_nP_{n+1}} = (a_{n+1}, 0, a_{n+1}+1) - (0, a_n+1, a_n)$$

$$= (a_{n+1}, -(a_n+1), a_{n+1}-a_n+1)$$

このとき,$P_nP_{n+1} \perp m$ であるから

$$\overrightarrow{P_nP_{n+1}} \cdot \vec{m} = 0$$

$$a_{n+1} \times 1 + \{-(a_n+1)\} \times 0 + (a_{n+1}-a_n+1) \times 1 = 0$$

$$a_{n+1} = \frac{1}{2}a_n - \frac{1}{2}$$

(ウ) n が3で割り切れる数のとき

P_n は m 上にあるから,P_{n+1} は k 上にある。これより

$$P_{n+1}(a_{n+1}+1, a_{n+1}, 0)$$

と表せるから

$$\overrightarrow{P_nP_{n+1}} = (a_{n+1}+1, a_{n+1}, 0) - (a_n, 0, a_n+1)$$

$$= (a_{n+1}-a_n+1, a_{n+1}, -(a_n+1))$$

このとき,$P_nP_{n+1} \perp k$ であるから

$$\overrightarrow{P_nP_{n+1}} \cdot \vec{k} = 0$$

$$(a_{n+1}-a_n+1) \times 1 + a_{n+1} \times 1 + \{-(a_n+1)\} \times 0 = 0$$

$$a_{n+1} = \frac{1}{2}a_n - \frac{1}{2}$$

よって,(ア)〜(ウ)より,P_n が k, l, m のいずれの直線上にあっても

$$a_{n+1} = \frac{1}{2}a_n - \frac{1}{2} \quad \cdots\cdots \text{③}$$

が成り立つ。

③は,$a_{n+1}+1 = \frac{1}{2}(a_n+1)$ と変形でき,数列 $\{a_n+1\}$ は公比 $\frac{1}{2}$ の等比数列である。

$P_1(1, 0, 0)$ より,$a_1 = 0$ であるから

$$a_n+1 = (a_1+1)\left(\frac{1}{2}\right)^{n-1} = \frac{1}{2^{n-1}} \quad \cdots\cdots \text{④}$$

また,P_n が k, l, m のいずれの直線上にあっても

$$|\overrightarrow{P_nP_{n+1}}|^2 = \{-(a_n+1)\}^2 + (a_{n+1}-a_n+1)^2 + {a_{n+1}}^2$$

が成り立つから

$$|\overrightarrow{P_nP_{n+1}}|^2 = (a_n+1)^2 + \left\{\left(\frac{1}{2}a_n - \frac{1}{2}\right) - a_n + 1\right\}^2 + \left(\frac{1}{2}a_n - \frac{1}{2}\right)^2 \quad (\text{③より})$$

$$= (a_n+1)^2 + \frac{1}{2}(a_n-1)^2$$

$$= \left(\frac{1}{2^{n-1}}\right)^2 + \frac{1}{2}\left(\frac{1}{2^{n-1}} - 2\right)^2 \quad (\text{④より})$$

$$= \frac{3}{2}\left(\frac{1}{2^{n-1}}\right)^2 - \frac{2}{2^{n-1}} + 2$$

$$= \frac{6 - 4\cdot2^n + 2\cdot4^n}{4^n}$$

したがって

$$P_nP_{n+1} = |\overrightarrow{P_nP_{n+1}}| = \sqrt{\frac{6 - 4\cdot2^n + 2\cdot4^n}{4^n}} = \frac{\sqrt{2^{2n+1} - 2^{n+2} + 6}}{2^n} \quad \cdots\cdots(\text{答})$$

68

xyz 空間において，原点を中心とする xy 平面上の半径 1 の円周上を点 P が動き，点 $(0, 0, \sqrt{3})$ を中心とする xz 平面上の半径 1 の円周上を点 Q が動く。

(1) 線分 PQ の長さの最小値と，そのときの点 P，Q の座標を求めよ。

(2) 線分 PQ の長さの最大値と，そのときの点 P，Q の座標を求めよ。

> **ポイント** 動点が 2 個あるときは，〔解法 1〕のように，まず，どちらか一方の点を固定して考え，次に，固定していた点を動かして考えるのが基本である。点 P，Q のどちらを先に固定してもよいが，点 Q を固定すると，P が xy 平面上を動き線分 PQ がとらえやすいので，点 Q を先に固定するとよい。線分 PQ の最小は，Q から xy 平面に下ろした垂線の足 H を利用して考える。次に，点 Q を動かして PQ の長さの最小を考えるときは，点 $(0, 0, \sqrt{3})$ を A とすると，直線 AP と円の交点に注目するとよい。また，P，Q は円周上にあるから，〔解法 2〕のように三角関数を設定して求める方法もある。

解法 1

(1) 点 Q を Q_0 と固定する。原点を中心とする xy 平面上の円と点 $(0, 0, \sqrt{3})$ を中心とする xz 平面上の円はともに yz 平面に関して対称であるから，Q_0 の x 座標が 0 以上のときで考える。点 Q_0 の座標を $(\alpha, 0, \beta)$ $(\alpha \geqq 0)$ とし，Q_0 から xy 平面に下ろした垂線の足を H とすると，点 H の座標は $(\alpha, 0, 0)$ である。

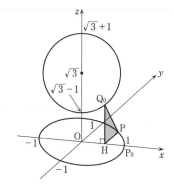

ここで，直角三角形 PHQ_0 に三平方の定理を用いると

$$PQ_0{}^2 = HP^2 + Q_0H^2 = HP^2 + \beta^2 \quad (\beta^2 \text{ は一定})$$

であるから，HP が最小のとき，PQ_0 は最小となるので，HP の最小値を考えればよい。

H は x 軸の $x \geqq 0$ の部分にあるから，点 $(1, 0, 0)$ を P_0 とすると，HP が最小になるのは，$P = P_0$ のときである。

よって，$PQ_0{}^2$ の最小値は，$P_0 Q_0{}^2$ である。

次に，Q_0 を Q として円周上で動かす。

P_0Q の最小値を考えればよく，点 $(0, 0, \sqrt{3})$ を A とおくと，3 点 A, Q, P_0 はいずれも zx 平面上にあるので，右図よりこの 3 点がこの順に一直線上にあるとき，最小値 $2-1=1$ をとる。このとき，$AQ=QP_0$ より，点 Q は線分 AP_0 の中点なので，Q の座標は

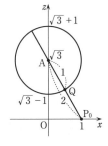

$$Q\left(\frac{1}{2}, 0, \frac{\sqrt{3}}{2}\right)$$

したがって，PQ の最小値は

   1 ……(答)

そのときの P，Q の座標は，図形の対称性から

$$P(1, 0, 0),\ Q\left(\frac{1}{2}, 0, \frac{\sqrt{3}}{2}\right)$$
$$\text{または}$$
$$P(-1, 0, 0),\ Q\left(-\frac{1}{2}, 0, \frac{\sqrt{3}}{2}\right)$$
……(答)

(2) (1)と同様に Q を Q_0 と固定する。

$a \geqq 0$ のときを考えると，H は x 軸の $x \geqq 0$ の部分にあるから，点 $(-1, 0, 0)$ を P_1 とすると，HP が最大になるのは，$P=P_1$ のときで，このとき，$PQ_0{}^2$ の最大値は，$P_1Q_0{}^2$ である。

次に，Q_0 を Q として円周上で動かす。

P_1Q の最大値を考えればよく，右図より，3 点 Q, A, P_1 がこの順に一直線上にあるとき，最大値 $1+2=3$ をとる。このとき，$P_1A : AQ = 2 : 1$ より，Q の座標は

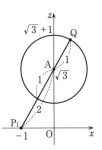

$$Q\left(\frac{1}{2}, 0, \frac{3\sqrt{3}}{2}\right)$$

したがって，PQ の最大値は

   3 ……(答)

そのときの P，Q の座標は，図形の対称性から

$$P(1, 0, 0),\ Q\left(-\frac{1}{2}, 0, \frac{3\sqrt{3}}{2}\right)$$
$$\text{または}$$
$$P(-1, 0, 0),\ Q\left(\frac{1}{2}, 0, \frac{3\sqrt{3}}{2}\right)$$
……(答)

解法 2

点 P は原点を中心とする xy 平面上の半径 1 の円周上を動くから

$\quad$ P $(\cos\alpha,\ \sin\alpha,\ 0)\quad(0\leqq\alpha<2\pi)$

点 Q は点 $(0,\ 0,\ \sqrt{3})$ を中心とする xz 平面上の半径 1 の円周上を動くから

$\quad$ Q $(\cos\beta,\ 0,\ \sqrt{3}+\sin\beta)\quad(0\leqq\beta<2\pi)$

と表すことができる。

P を P_0 と固定する。つまり, α を α_0 と固定する。

このとき

$$\begin{aligned}
P_0Q^2 &= (\cos\beta-\cos\alpha_0)^2+(0-\sin\alpha_0)^2+(\sqrt{3}+\sin\beta-0)^2 \\
&= (\cos^2\alpha_0+\sin^2\alpha_0)+(\cos^2\beta+\sin^2\beta)+2\sqrt{3}\sin\beta-2\cos\alpha_0\cos\beta+3 \\
&= 2\sqrt{3}\sin\beta-2\cos\alpha_0\cos\beta+5 \\
&= 2\sqrt{3+\cos^2\alpha_0}\,\sin(\beta+\varphi)+5
\end{aligned}$$

ただし, φ は

$$\cos\varphi=\frac{\sqrt{3}}{\sqrt{3+\cos^2\alpha_0}},\quad \sin\varphi=\frac{-\cos\alpha_0}{\sqrt{3+\cos^2\alpha_0}}$$

を満たす角である。

$0\leqq\beta<2\pi$ より, $\varphi\leqq\beta+\varphi<2\pi+\varphi$ であるから

$\quad-1\leqq\sin(\beta+\varphi)\leqq1$

よって

$\quad P_0Q^2$ の最大値は $\quad 2\sqrt{3+\cos^2\alpha_0}+5$

$\quad P_0Q^2$ の最小値は $\quad -2\sqrt{3+\cos^2\alpha_0}+5$

次に, P_0 を P として動かす。つまり, α_0 を α として $0\leqq\alpha<2\pi$ の範囲で動かす。

このとき, $-1\leqq\cos\alpha\leqq1$ より

$$2\sqrt{3+\cos^2\alpha}+5\leqq2\sqrt{3+1}+5=9$$

$$-2\sqrt{3+\cos^2\alpha}+5\geqq-2\sqrt{3+1}+5=1$$

となるから

$\quad PQ^2$ の最大値は 9, PQ^2 の最小値は 1

である。

(1) PQ の最小値は

$\quad\sqrt{1}=1$

である。

このとき, $\cos^2\alpha=1$, $\sin(\beta+\varphi)=-1$ である。

(ア) $\cos\alpha = 1$, つまり, $\alpha = 0$ のとき

$\cos\varphi = \dfrac{\sqrt{3}}{2}$, $\sin\varphi = -\dfrac{1}{2}$ より, φ の 1 つは $-\dfrac{\pi}{6}$ であるから

$$PQ^2 = 4\sin\left(\beta - \dfrac{\pi}{6}\right) + 5$$

$\sin\left(\beta - \dfrac{\pi}{6}\right) = -1$ と $-\dfrac{\pi}{6} \leqq \beta - \dfrac{\pi}{6} < \dfrac{11}{6}\pi$ より

$$\beta - \dfrac{\pi}{6} = \dfrac{3}{2}\pi \quad \text{すなわち} \quad \beta = \dfrac{5}{3}\pi$$

よって $\quad$ P$(1, 0, 0)$, Q$\left(\dfrac{1}{2}, 0, \dfrac{\sqrt{3}}{2}\right)$

(イ) $\cos\alpha = -1$, つまり, $\alpha = \pi$ のとき

$\cos\varphi = \dfrac{\sqrt{3}}{2}$, $\sin\varphi = \dfrac{1}{2}$ より, φ の 1 つは $\dfrac{\pi}{6}$ であるから

$$PQ^2 = 4\sin\left(\beta + \dfrac{\pi}{6}\right) + 5$$

$\sin\left(\beta + \dfrac{\pi}{6}\right) = -1$ と $\dfrac{\pi}{6} \leqq \beta + \dfrac{\pi}{6} < \dfrac{13}{6}\pi$ より

$$\beta + \dfrac{\pi}{6} = \dfrac{3}{2}\pi \quad \text{すなわち} \quad \beta = \dfrac{4}{3}\pi$$

よって $\quad$ P$(-1, 0, 0)$, Q$\left(-\dfrac{1}{2}, 0, \dfrac{\sqrt{3}}{2}\right)$

以上, (ア), (イ)より, PQ の最小値は $\quad$ 1 $\quad$ ……(答)
そのときの P, Q の座標は

$$\left.\begin{array}{c} \text{P}(1, 0, 0), \text{Q}\left(\dfrac{1}{2}, 0, \dfrac{\sqrt{3}}{2}\right) \\ \text{または} \\ \text{P}(-1, 0, 0), \text{Q}\left(-\dfrac{1}{2}, 0, \dfrac{\sqrt{3}}{2}\right) \end{array}\right\} \quad ……(答)$$

(2) PQ の最大値は

$$\sqrt{9} = 3$$

である。
このとき, $\cos^2\alpha = 1$, $\sin(\beta + \varphi) = 1$ である。

(ウ) $\cos\alpha = 1$, つまり, $\alpha = 0$ のとき

(ア)と同様にして

$$PQ^2 = 4\sin\left(\beta - \dfrac{\pi}{6}\right) + 5$$

$\sin\left(\beta-\dfrac{\pi}{6}\right)=1$ と $-\dfrac{\pi}{6}\leqq\beta-\dfrac{\pi}{6}<\dfrac{11}{6}\pi$ より

$\beta-\dfrac{\pi}{6}=\dfrac{\pi}{2}$　すなわち　$\beta=\dfrac{2}{3}\pi$

よって　P$(1,\ 0,\ 0)$, Q$\left(-\dfrac{1}{2},\ 0,\ \dfrac{3\sqrt{3}}{2}\right)$

(エ)　$\cos\alpha=-1$, つまり, $\alpha=\pi$ のとき

(イ)と同様にして

$PQ^2=4\sin\left(\beta+\dfrac{\pi}{6}\right)+5$

$\sin\left(\beta+\dfrac{\pi}{6}\right)=1$ と $\dfrac{\pi}{6}\leqq\beta+\dfrac{\pi}{6}<\dfrac{13}{6}\pi$ より

$\beta+\dfrac{\pi}{6}=\dfrac{\pi}{2}$　すなわち　$\beta=\dfrac{\pi}{3}$

よって　P$(-1,\ 0,\ 0)$, Q$\left(\dfrac{1}{2},\ 0,\ \dfrac{3\sqrt{3}}{2}\right)$

以上, (ウ), (エ)より, PQ の最大値は　　3　……(答)

そのときのP, Qの座標は

P$(1,\ 0,\ 0)$, Q$\left(-\dfrac{1}{2},\ 0,\ \dfrac{3\sqrt{3}}{2}\right)$

または　　　　　　　　　　　……(答)

P$(-1,\ 0,\ 0)$, Q$\left(\dfrac{1}{2},\ 0,\ \dfrac{3\sqrt{3}}{2}\right)$

69 2014年度 〔4〕 Level B

半径 1 の球が直円錐に内接している。この直円錐の底面の半径を r とし，表面積を S とする。

⑴ S を r を用いて表せ。

⑵ S の最小値を求めよ。

ポイント ⑴ 立体の問題では，ある平面で切ったときの断面で考えるのが基本である。S を r を用いて表すには母線の長さを r を用いて表すことができればよいから，母線の長さと r の関係がわかる断面，つまり，直円錐の頂点と球の中心を通る平面で切ったときの断面について考えるとよい。そこで，母線の長さを l，扇形の中心角を θ とすると，θ は（扇形の弧の長さ）＝（底円の周の長さ）より，$\theta = \dfrac{2\pi r}{l}$ となるから，扇形の面積は

$$\frac{1}{2}l^2\theta = \frac{1}{2}l^2 \cdot \frac{2\pi r}{l} = \pi l r$$

となる。よって，l を r で表すことを考えるとよく，〔解法1〕のように △ABC の面積に注目する方法と，〔解法2〕のように相似に注目する方法がある。
⑵ 分数関数の最小値を求めるときは，相加・相乗平均の大小関係を用いるのが常套手段である。これを踏まえて r^4 を r^2-1 で割って $\dfrac{r^4}{r^2-1} = r^2+1+\dfrac{1}{r^2-1}$ と変形するところがカギとなる。また，〔解法2〕のように分母を2次関数化して解く方法もある。

解法 1

⑴ 直円錐を直円錐の頂点と球の中心を通る平面で切ったときの断面は右図のようになる。直円錐の母線の長さを l $(>r>1)$，高さを h とし，図のように4点 A，B，C，M をとる。
△ABC の面積に注目して

$$\frac{1}{2}\cdot 1 \cdot (l+l+2r) = \frac{1}{2}\cdot 2r \cdot h$$

$$h = \frac{l+r}{r} \quad \cdots\cdots ①$$

さらに，直角三角形 ABM に三平方の定理を用いて

$$r^2 + h^2 = l^2 \quad \text{すなわち} \quad h^2 = l^2 - r^2$$

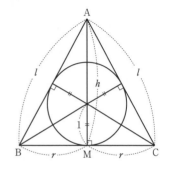

これに①を代入すると

$$\left(\frac{l+r}{r}\right)^2 = (l+r)(l-r)$$

$$l+r = r^2(l-r)$$

$$(r^2-1)\,l = r\,(r^2+1)$$

$r>1$ より，$r^2-1 \neq 0$ であるから

$$l = \frac{r\,(r^2+1)}{r^2-1} \quad \cdots\cdots ②$$

ここで，展開図を考える。図のように θ をおくと，扇形の弧の長さと円の周の長さは等しいから

$$l\theta = 2\pi r \quad \text{すなわち} \quad \theta = \frac{2\pi r}{l} \quad \cdots\cdots ③$$

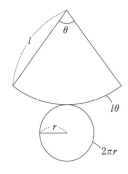

よって，表面積 S は，②，③より

$$S = \frac{1}{2}l^2\theta + \pi r^2 = \frac{1}{2}l^2 \cdot \frac{2\pi r}{l} + \pi r^2$$

$$= \pi r\,(l+r)$$

$$= \pi r\left\{\frac{r\,(r^2+1)}{r^2-1} + r\right\}$$

$$= \frac{2\pi r^4}{r^2-1} \quad \cdots\cdots (答)$$

⑵ ⑴の結果より

$$S = 2\pi\left(r^2+1+\frac{1}{r^2-1}\right) = 2\pi\left(r^2-1+\frac{1}{r^2-1}+2\right) \quad (r>1)$$

$r^2-1>0,\ \dfrac{1}{r^2-1}>0$ であるから，相加・相乗平均の大小関係を用いて

$$r^2-1+\frac{1}{r^2-1} \geq 2\sqrt{(r^2-1)\cdot\frac{1}{r^2-1}} = 2$$

$$r^2-1+\frac{1}{r^2-1}+2 \geq 2+2 = 4$$

これより

$$S = 2\pi\left(r^2-1+\frac{1}{r^2-1}+2\right) \geq 2\pi\cdot 4 = 8\pi$$

等号成立は $r^2-1 = \dfrac{1}{r^2-1}$ かつ $r>1$，つまり $r=\sqrt{2}$ のときである。

よって，S の最小値は

$$8\pi \quad (r=\sqrt{2} \text{ のとき}) \quad \cdots\cdots (答)$$

解 法 2

(1)　直円錐の母線の長さを l $(>r>1)$ とし，5点A，B，O，M，Nを図のようにおく。

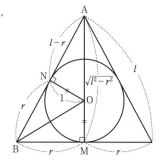

△AON と △ABM について

　　　∠OAN＝∠BAM　（共通）

　　　∠ANO＝∠AMB $\left(=\dfrac{\pi}{2}\right)$

であるから

　　　△AON∽△ABM

これより

　　　AN：ON＝AM：BM

すなわち

　　　$(l-r):1=\sqrt{l^2-r^2}:r$

よって

　　　$r(l-r)=\sqrt{l^2-r^2}$

両辺を $\sqrt{l-r}$ で割ると

　　　$r\sqrt{l-r}=\sqrt{l+r}$

両辺をそれぞれ2乗して

　　　$r^2(l-r)=l+r$

　　　$(r^2-1)l=r(r^2+1)$

$r>1$ より，$r^2-1\neq0$ であるから

　　　$l=\dfrac{r(r^2+1)}{r^2-1}$　……②

（以下，〔解法1〕に同じ）

(2)　(1)の結果と $r\neq0$ より

　　　$S=\dfrac{2\pi r^4}{-1+r^2}=\dfrac{2\pi}{-\dfrac{1}{r^4}+\dfrac{1}{r^2}}$

ここで，$t=\dfrac{1}{r^2}$ とおくと，$r>1$ より，$0<t<1$ であり

　　　$-\dfrac{1}{r^4}+\dfrac{1}{r^2}=-t^2+t=-\left(t-\dfrac{1}{2}\right)^2+\dfrac{1}{4}$

となるから

　　　$0<-\dfrac{1}{r^4}+\dfrac{1}{r^2}\leqq\dfrac{1}{4}$

よって

$$S \geqq \frac{2\pi}{\dfrac{1}{4}} = 8\pi \quad \left(\begin{array}{l} \text{等号は,} \ t=\dfrac{1}{2} \ \text{かつ} \ r>1 \\ \text{すなわち,} \ r=\sqrt{2} \ \text{のとき成り立つ} \end{array}\right)$$

したがって，S の最小値は　　8π（$r=\sqrt{2}$ のとき）　……(答)

70 2013年度 〔4〕 Level B

t を正の定数とする。原点をOとする空間内に，2点 A $(2t,\ 2t,\ 0)$，B $(0,\ 0,\ t)$ がある。また動点Pは

$$\overrightarrow{\mathrm{OP}}\cdot\overrightarrow{\mathrm{AP}}+\overrightarrow{\mathrm{OP}}\cdot\overrightarrow{\mathrm{BP}}+\overrightarrow{\mathrm{AP}}\cdot\overrightarrow{\mathrm{BP}}=3$$

を満たすように動く。OP の最大値が3となるような t の値を求めよ。

ポイント　球面のベクトル方程式には次の2つがある。
- 点Cを中心とする半径 r の球面上の動点Pのベクトル方程式は
$$|\overrightarrow{\mathrm{OP}}-\overrightarrow{\mathrm{OC}}|=r \quad \cdots\cdots(*)$$
- 2点A，Bを直径の両端とする球面上の動点Pのベクトル方程式は
$$(\overrightarrow{\mathrm{OP}}-\overrightarrow{\mathrm{OA}})\cdot(\overrightarrow{\mathrm{OP}}-\overrightarrow{\mathrm{OB}})=0$$

まず，$\overrightarrow{\mathrm{OP}}\cdot\overrightarrow{\mathrm{AP}}+\overrightarrow{\mathrm{OP}}\cdot\overrightarrow{\mathrm{BP}}+\overrightarrow{\mathrm{AP}}\cdot\overrightarrow{\mathrm{BP}}=3$ の始点をOにそろえて整理すると

$$3|\overrightarrow{\mathrm{OP}}|^2-2(\overrightarrow{\mathrm{OA}}+\overrightarrow{\mathrm{OB}})\cdot\overrightarrow{\mathrm{OP}}+\overrightarrow{\mathrm{OA}}\cdot\overrightarrow{\mathrm{OB}}=3$$

すなわち，$|\overrightarrow{\mathrm{OP}}|^2-\dfrac{2}{3}(\overrightarrow{\mathrm{OA}}+\overrightarrow{\mathrm{OB}})\cdot\overrightarrow{\mathrm{OP}}+\dfrac{1}{3}\overrightarrow{\mathrm{OA}}\cdot\overrightarrow{\mathrm{OB}}=1$ が得られる。これより，$(*)$ の形に変形できることに気づけるかがカギである。また，空間座標が与えられているベクトル方程式は，〔**解法2**〕のように成分で計算して求めるのも有効な手段である。

OP の最大値については，原点Oと球の中心を通る直線を引いて考えるとよい。

解 法 1

$\overrightarrow{\mathrm{OP}}\cdot\overrightarrow{\mathrm{AP}}+\overrightarrow{\mathrm{OP}}\cdot\overrightarrow{\mathrm{BP}}+\overrightarrow{\mathrm{AP}}\cdot\overrightarrow{\mathrm{BP}}=3$ より

$$\overrightarrow{\mathrm{OP}}\cdot(\overrightarrow{\mathrm{OP}}-\overrightarrow{\mathrm{OA}})+\overrightarrow{\mathrm{OP}}\cdot(\overrightarrow{\mathrm{OP}}-\overrightarrow{\mathrm{OB}})+(\overrightarrow{\mathrm{OP}}-\overrightarrow{\mathrm{OA}})\cdot(\overrightarrow{\mathrm{OP}}-\overrightarrow{\mathrm{OB}})=3$$

$$3|\overrightarrow{\mathrm{OP}}|^2-2(\overrightarrow{\mathrm{OA}}+\overrightarrow{\mathrm{OB}})\cdot\overrightarrow{\mathrm{OP}}+\overrightarrow{\mathrm{OA}}\cdot\overrightarrow{\mathrm{OB}}=3$$

$$|\overrightarrow{\mathrm{OP}}|^2-\frac{2}{3}(\overrightarrow{\mathrm{OA}}+\overrightarrow{\mathrm{OB}})\cdot\overrightarrow{\mathrm{OP}}+\frac{1}{3}\overrightarrow{\mathrm{OA}}\cdot\overrightarrow{\mathrm{OB}}=1$$

ところで，A $(2t,\ 2t,\ 0)$，B $(0,\ 0,\ t)$ より

$$\overrightarrow{\mathrm{OA}}\cdot\overrightarrow{\mathrm{OB}}=2t\times0+2t\times0+0\times t=0$$

であるから

$$|\overrightarrow{\mathrm{OP}}|^2-\frac{2}{3}(\overrightarrow{\mathrm{OA}}+\overrightarrow{\mathrm{OB}})\cdot\overrightarrow{\mathrm{OP}}=1$$

$$\left|\overrightarrow{\mathrm{OP}}-\frac{1}{3}(\overrightarrow{\mathrm{OA}}+\overrightarrow{\mathrm{OB}})\right|^2=\frac{1}{9}|\overrightarrow{\mathrm{OA}}+\overrightarrow{\mathrm{OB}}|^2+1 \quad \cdots\cdots①$$

ここで，$\overrightarrow{\mathrm{OG}}=\dfrac{1}{3}(\overrightarrow{\mathrm{OA}}+\overrightarrow{\mathrm{OB}})=\left(\dfrac{2}{3}t,\ \dfrac{2}{3}t,\ \dfrac{1}{3}t\right)$ とおくと

$$\frac{1}{9}|\overrightarrow{\mathrm{OA}}+\overrightarrow{\mathrm{OB}}|^2=|\overrightarrow{\mathrm{OG}}|^2=\left(\frac{2}{3}t\right)^2+\left(\frac{2}{3}t\right)^2+\left(\frac{1}{3}t\right)^2=t^2 \quad\cdots\cdots②$$

となるから，$t>0$ より

$$|\overrightarrow{\mathrm{OG}}|=t$$

①，②より

$$|\overrightarrow{\mathrm{OP}}-\overrightarrow{\mathrm{OG}}|^2=t^2+1$$

$$|\overrightarrow{\mathrm{GP}}|^2=t^2+1$$

$$|\overrightarrow{\mathrm{GP}}|=\sqrt{t^2+1}$$

よって，点Pは点Gを中心とする半径 $\sqrt{t^2+1}$ の球面上を動く。

したがって，OP が最大となるのは，3 点O，G，

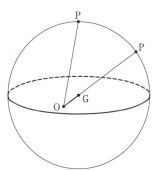

P がこの順に一直線上にあるときで，最大値は

$$|\overrightarrow{\mathrm{OG}}|+|\overrightarrow{\mathrm{GP}}|=t+\sqrt{t^2+1}$$

ゆえに，OP の最大値が3となるような t の値は

$$t+\sqrt{t^2+1}=3$$

$$\sqrt{t^2+1}=3-t$$

$$t^2+1=(3-t)^2 \text{ かつ } 3-t\geqq0$$

$$t=\frac{4}{3} \quad\cdots\cdots(答)$$

解法 2

点Pの座標を (x, y, z) とおくと，A$(2t, 2t, 0)$，B$(0, 0, t)$ より

$$\overrightarrow{\mathrm{OP}}=(x, y, z), \quad \overrightarrow{\mathrm{AP}}=(x-2t, y-2t, z), \quad \overrightarrow{\mathrm{BP}}=(x, y, z-t)$$

$\overrightarrow{\mathrm{OP}}\cdot\overrightarrow{\mathrm{AP}}+\overrightarrow{\mathrm{OP}}\cdot\overrightarrow{\mathrm{BP}}+\overrightarrow{\mathrm{AP}}\cdot\overrightarrow{\mathrm{BP}}=3$ より

$$\{x(x-2t)+y(y-2t)+z^2\}+\{x^2+y^2+z(z-t)\}$$
$$+\{(x-2t)x+(y-2t)y+z(z-t)\}=3$$

$$3x^2+3y^2+3z^2-4tx-4ty-2tz=3$$

$$x^2+y^2+z^2-\frac{4}{3}tx-\frac{4}{3}ty-\frac{2}{3}tz=1$$

$$\left(x-\frac{2}{3}t\right)^2+\left(y-\frac{2}{3}t\right)^2+\left(z-\frac{1}{3}t\right)^2=t^2+1$$

ここで，G$\left(\frac{2}{3}t, \frac{2}{3}t, \frac{1}{3}t\right)$ とおくと，点Pは点Gを中心とする半径 $\sqrt{t^2+1}$ の球面上を動く。

（以下，〔解法1〕に同じ）

71

2012 年度　〔4〕　　　　　　　　　　　　　　　　　　**Level　C**

xyz 空間内の平面 $z=2$ 上に点Pがあり，平面 $z=1$ 上に点Qがある。直線 PQ と xy 平面の交点をRとする。

(1)　P $(0,\ 0,\ 2)$ とする。点Qが平面 $z=1$ 上で点 $(0,\ 0,\ 1)$ を中心とする半径1の円周上を動くとき，点Rの軌跡の方程式を求めよ。

(2)　平面 $z=1$ 上に4点 A $(1,\ 1,\ 1)$，B $(1,\ -1,\ 1)$，C $(-1,\ -1,\ 1)$，D $(-1,\ 1,\ 1)$ をとる。点Pが平面 $z=2$ 上で点 $(0,\ 0,\ 2)$ を中心とする半径1の円周上を動き，点Qが正方形 ABCD の周上を動くとき，点Rが動きうる領域を xy 平面上に図示し，その面積を求めよ。

ポイント　(1)　円 $x^2+y^2=r^2$ 上の点はパラメータを用いて，$(r\cos\theta,\ r\sin\theta)$ と表すことができる。このことを用いて点Qの座標を $(\cos\theta,\ \sin\theta,\ 1)$ と表しておくと，点Rの軌跡を求めるときに簡単になる。

(2)　動点が2個あるときは，まず，どちらか一方の点を固定して考え，次に，固定していた点を動かして考えるのが基本である。そこで，点Qを固定すると，(1)と同様にして点Rの座標を求めることができ，点Rの軌跡がわかる。次に，固定していた点Qを動かし，点Rの軌跡が通過する領域を求めるとよい。〔解法2〕のように，相似比を1：2に拡大した図形になることに注目した幾何的な発想でもよい。

解法 1

(1)　与えられた条件より，点Qの座標を $(\cos\theta,\ \sin\theta,\ 1)$ $(0\leqq\theta<2\pi)$ とし，点Rの座標を $(x,\ y,\ 0)$ とする。Rは直線 PQ 上にあるから，実数 t を用いて

$$\overrightarrow{\mathrm{OR}}=\overrightarrow{\mathrm{OP}}+t\,\overrightarrow{\mathrm{PQ}}$$

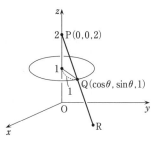

と表せる。これより

$$(x,\ y,\ 0)=(0,\ 0,\ 2)+t\,(\cos\theta,\ \sin\theta,\ -1)$$
$$=(t\cos\theta,\ t\sin\theta,\ 2-t)$$

z 成分を比較して

$$2-t=0 \qquad t=2$$

このとき，$x=2\cos\theta$，$y=2\sin\theta$ となるから，点Rの座標は

$$\mathrm{R}\,(2\cos\theta,\ 2\sin\theta,\ 0)$$

θ は，$0 \leqq \theta < 2\pi$ で変化するから，点 R の軌跡は

中心 $(0,\ 0,\ 0)$，半径 2 の円 $(z=0)$

であり，その方程式は

$x^2 + y^2 = 4, \quad z = 0$ ……(答)

(2) 与えられた条件より，点 P の座標を $(\cos\varphi,\ \sin\varphi,\ 2)$ $(0 \leqq \varphi < 2\pi)$ とし，正方形 ABCD の周上の点 Q の座標を $(a,\ b,\ 1)$ とする。さらに，点 R の座標を $(x,\ y,\ 0)$ とする。R は直線 PQ 上にあるから，実数 u を用いて

$\overrightarrow{OR} = \overrightarrow{OQ} + u\,\overrightarrow{QP}$

と表せる。これより

$(x,\ y,\ 0) = (a,\ b,\ 1) + u\,(\cos\varphi - a,\ \sin\varphi - b,\ 1)$
$= (a + u\,(\cos\varphi - a),\ b + u\,(\sin\varphi - b),\ u+1)$

z 成分を比較して

$u + 1 = 0 \qquad u = -1$

このとき，$x = 2a - \cos\varphi$，$y = 2b - \sin\varphi$ となるから，点 R の座標は

$R\,(2a - \cos\varphi,\ 2b - \sin\varphi,\ 0)$

ここで，点 Q $(a,\ b,\ 1)$ を固定して，φ を $0 \leqq \varphi < 2\pi$ で変化させると，点 R の軌跡は

中心 $(2a,\ 2b,\ 0)$，半径 1 の円 $(z=0)$

である。

その上で次に，点 Q を正方形 ABCD の周上を動かす。

このとき，中心 $(2a,\ 2b,\ 0)$ は，4 点 $(2,\ 2,\ 0)$，$(2,\ -2,\ 0)$，$(-2,\ -2,\ 0)$，$(-2,\ 2,\ 0)$ を頂点とする正方形（この図形を F とする）の周上を動く。

よって，点 R が動きうる領域は，F 上に中心をもち，半径 1 の円周が通過してできる領域である。図示すると右図の網かけ部分となる。ただし，境界線は含む。

したがって，求める面積は

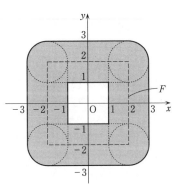

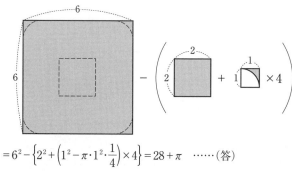

$$= 6^2 - \left\{ 2^2 + \left(1^2 - \pi \cdot 1^2 \cdot \frac{1}{4} \right) \times 4 \right\} = 28 + \pi \quad \cdots\cdots \text{(答)}$$

解法 2

(1) 平面 $z=1$ 上の点 $(0, 0, 1)$ を中心とする半径
1 の円周を，$P(0, 0, 2)$ を中心として相似比を
$1:2$ に拡大した円周が点 R の軌跡で，原点を中心
とする半径 2 の円 $(z=0)$ となる。
よって，点 R の軌跡の方程式は

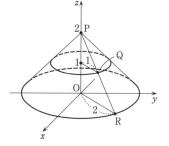

$$x^2 + y^2 = 4, \quad z = 0 \quad \cdots\cdots \text{(答)}$$

(2) 点 $(0, 0, 2)$ を E とし，まず，点 Q を固定し
て，点 P が平面 $z=2$ 上で点 E を中心とする
半径 1 の円周上を動くときを考える。直線
EQ と xy 平面との交点を E′ とすると，

$$\overrightarrow{QR} = -\overrightarrow{QP} \quad \text{かつ} \quad \overrightarrow{QE'} = -\overrightarrow{QE}$$

であるから

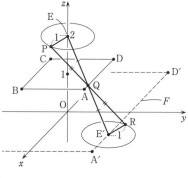

$$|\overrightarrow{QR} - \overrightarrow{QE'}| = |-\overrightarrow{QP} - (-\overrightarrow{QE})|$$
$$|\overrightarrow{E'R}| = |\overrightarrow{EP}|$$

となる。よって，点 R は点 E′ を中心とする
半径 1 の円周上を動く。

その上で次に，点 Q を正方形 ABCD の周上を動かす。

このとき，点 E′ の軌跡は，正方形 ABCD を点 E を中心として相似比を $1:2$ に拡大
した正方形 A′B′C′D′（この図形を F とする）の周上を動く。ただし，A′$(2, 2, 0)$，
B′$(2, -2, 0)$，C′$(-2, -2, 0)$，D′$(-2, 2, 0)$ である。

したがって，点 R が動きうる領域は，F 上に中心をもち，半径 1 の円周が通過する領
域となる。

（以下，〔解法 1〕に同じ）

72

2011 年度 〔4〕

Level B

a, b, c を正の定数とする。空間内に3点 A $(a, 0, 0)$, B $(0, b, 0)$, C $(0, 0, c)$ がある。

(1) 辺 AB を底辺とするとき, △ABC の高さを a, b, c で表せ。

(2) △ABC, △OAB, △OBC, △OCA の面積をそれぞれ S, S_1, S_2, S_3 とする。ただし, O は原点である。このとき, 不等式

$$\sqrt{3}S \geqq S_1 + S_2 + S_3$$

が成り立つことを示せ。

(3) (2)の不等式において等号が成り立つための条件を求めよ。

ポイント (1) いろいろな解法が考えられる。〔解法1〕のように初等幾何を利用してもよいし, 〔解法2〕のようにベクトルを利用して求めてもよい。

(2) 不等式の証明であるから, 差をとるのが常套手段であるが, $\sqrt{}$ を含む場合は平方の差, つまり

$$(\sqrt{3}S)^2 - (S_1 + S_2 + S_3)^2 \geqq 0$$

を示す。また, △ABC の面積 S は〔解法2〕のようにベクトルを用いた三角形の面積公式

$$S = \frac{1}{2}\sqrt{|\overrightarrow{CA}|^2 |\overrightarrow{CB}|^2 - (\overrightarrow{CA} \cdot \overrightarrow{CB})^2}$$

を用いて求める方法もある。

(3) 次の事項を用いて等号が成り立つための条件を求める。

「X, Y, Z が実数のとき $X^2 + Y^2 + Z^2 = 0 \Longleftrightarrow X = Y = Z = 0$」

解 法 1

(1) z 軸を含み, 直線 AB に直交する平面と直線 AB の交点をHとする。

△OAB の面積を2通りで表すと

$$\frac{1}{2}OA \cdot OB = \frac{1}{2}AB \cdot OH$$

$$\frac{1}{2}ab = \frac{1}{2}\sqrt{a^2 + b^2} \, OH$$

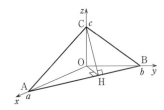

$$OH = \frac{ab}{\sqrt{a^2+b^2}} \quad \left(\begin{array}{l} a>0, \ b>0 \ \text{より} \\ a^2+b^2 \neq 0 \ \text{であるから} \end{array}\right)$$

次に，直角三角形 OCH に三平方の定理を用いると

$$CH^2 = OH^2 + OC^2$$

$$= \left(\frac{ab}{\sqrt{a^2+b^2}}\right)^2 + c^2$$

$$= \frac{a^2b^2 + b^2c^2 + c^2a^2}{a^2+b^2}$$

よって，△ABC の高さは

$$CH = \sqrt{\frac{a^2b^2 + b^2c^2 + c^2a^2}{a^2+b^2}} \quad \cdots\cdots \text{(答)}$$

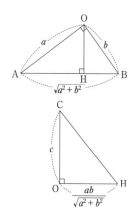

(2) △ABC の面積 S は，(1)の結果より

$$S = \frac{1}{2} AB \cdot CH$$

$$= \frac{1}{2}\sqrt{a^2+b^2} \cdot \sqrt{\frac{a^2b^2 + b^2c^2 + c^2a^2}{a^2+b^2}}$$

$$= \frac{1}{2}\sqrt{a^2b^2 + b^2c^2 + c^2a^2}$$

また，△OAB，△OBC，△OCA の面積 S_1, S_2, S_3 は

$$S_1 = \frac{1}{2}ab, \quad S_2 = \frac{1}{2}bc, \quad S_3 = \frac{1}{2}ca$$

であるから

$$3S^2 - (S_1 + S_2 + S_3)^2$$

$$= \frac{3}{4}(a^2b^2 + b^2c^2 + c^2a^2) - \frac{1}{4}(ab + bc + ca)^2$$

$$= \frac{1}{4}(3a^2b^2 + 3b^2c^2 + 3c^2a^2 - a^2b^2 - b^2c^2 - c^2a^2 - 2ab^2c - 2abc^2 - 2a^2bc)$$

$$= \frac{1}{4}(2a^2b^2 + 2b^2c^2 + 2c^2a^2 - 2ab^2c - 2abc^2 - 2a^2bc)$$

$$= \frac{1}{4}\{a^2(b^2 - 2bc + c^2) + b^2(c^2 - 2ca + a^2) + c^2(a^2 - 2ab + b^2)\}$$

$$= \frac{1}{4}\{a^2(b-c)^2 + b^2(c-a)^2 + c^2(a-b)^2\} \geq 0 \quad \cdots\cdots ①$$

よって $3S^2 \geq (S_1 + S_2 + S_3)^2$

$\sqrt{3}S > 0$, $S_1 + S_2 + S_3 > 0$ より

$$\sqrt{3}S \geq S_1 + S_2 + S_3$$

(証明終)

(3) ①より，等号が成立する条件は

$$a^2(b-c)^2=0 \quad かつ \quad b^2(c-a)^2=0 \quad かつ \quad c^2(a-b)^2=0$$

であるから，$a>0$，$b>0$，$c>0$ より

$$b-c=0 \quad かつ \quad c-a=0 \quad かつ \quad a-b=0$$

すなわち

$$a=b=c \quad \cdots\cdots(答)$$

解法 2

(1) 線分 AB 上の点を D とすると，$\overrightarrow{OD}$ は実数 t $(0<t<1)$ を用いて

$$\overrightarrow{OD}=\overrightarrow{OA}+t\overrightarrow{AB}$$
$$=(a,\ 0,\ 0)+t(-a,\ b,\ 0)$$
$$=((1-t)a,\ tb,\ 0)$$

と表せる。

ここで，$\overrightarrow{CD}=((1-t)a,\ tb,\ -c)$ であるから

$$|\overrightarrow{CD}|^2=(1-t)^2a^2+t^2b^2+c^2$$
$$=(a^2+b^2)t^2-2a^2t+a^2+c^2$$
$$=(a^2+b^2)\left(t-\frac{a^2}{a^2+b^2}\right)^2-\frac{a^4}{a^2+b^2}+a^2+c^2 \quad \left(\begin{matrix}a>0,\ \ b>0\ より \\ a^2+b^2\neq0\ であるから\end{matrix}\right)$$
$$=(a^2+b^2)\left(t-\frac{a^2}{a^2+b^2}\right)^2+\frac{a^2b^2+b^2c^2+c^2a^2}{a^2+b^2}$$

$|\overrightarrow{CD}|^2$ が最小のとき，$|\overrightarrow{CD}|$ は △ABC の高さとなり，$0<t<1$ より，$t=\dfrac{a^2}{a^2+b^2}$ のとき，

$|\overrightarrow{CD}|^2$ は最小値 $\dfrac{a^2b^2+b^2c^2+c^2a^2}{a^2+b^2}$ をとるから，△ABC の高さは

$$|\overrightarrow{CD}|=\sqrt{\frac{a^2b^2+b^2c^2+c^2a^2}{a^2+b^2}} \quad \cdots\cdots(答)$$

〔注〕 $\overrightarrow{CD}\perp\overrightarrow{AB}$ のとき，$|\overrightarrow{CD}|$ は△ABC の高さになることを利用して次のように求めてもよい。

$\overrightarrow{CD}\perp\overrightarrow{AB}$ のとき，$\overrightarrow{CD}\cdot\overrightarrow{AB}=0$ であるから

$$(1-t)a\times(-a)+tb\times b+(-c)\times0=0$$
$$(a^2+b^2)t-a^2=0$$

$a>0$，$b>0$ より，$a^2+b^2\neq0$ であるから

$$t=\frac{a^2}{a^2+b^2}$$

これより

$$\overrightarrow{CD}=\left(\frac{ab^2}{a^2+b^2},\ \frac{a^2b}{a^2+b^2},\ -c\right)$$

となるから

$$|\overrightarrow{\mathrm{CD}}| = \sqrt{\left(\frac{ab^2}{a^2+b^2}\right)^2 + \left(\frac{a^2b}{a^2+b^2}\right)^2 + (-c)^2}$$

$$= \sqrt{\frac{a^2b^2+b^2c^2+c^2a^2}{a^2+b^2}}$$

(2)　$\overrightarrow{\mathrm{CA}} = (a,\ 0,\ -c)$, $\overrightarrow{\mathrm{CB}} = (0,\ b,\ -c)$ より

$$|\overrightarrow{\mathrm{CA}}|^2 = a^2+0^2+(-c)^2 = a^2+c^2$$

$$|\overrightarrow{\mathrm{CB}}|^2 = 0^2+b^2+(-c)^2 = b^2+c^2$$

$$\overrightarrow{\mathrm{CA}}\cdot\overrightarrow{\mathrm{CB}} = a\times0+0\times b+(-c)\times(-c) = c^2$$

となるから

$$S = \frac{1}{2}\sqrt{|\overrightarrow{\mathrm{CA}}|^2|\overrightarrow{\mathrm{CB}}|^2 - (\overrightarrow{\mathrm{CA}}\cdot\overrightarrow{\mathrm{CB}})^2}$$

$$= \frac{1}{2}\sqrt{(a^2+c^2)(b^2+c^2) - (c^2)^2}$$

$$= \frac{1}{2}\sqrt{a^2b^2+b^2c^2+c^2a^2}$$

また，△OAB，△OBC，△OCA の面積 S_1, S_2, S_3 は

$$S_1 = \frac{1}{2}ab, \quad S_2 = \frac{1}{2}bc, \quad S_3 = \frac{1}{2}ca$$

ここで，$ab=p$, $bc=q$, $ca=r$ とおくと

$$3S^2 - (S_1+S_2+S_3)^2 = \frac{3}{4}(a^2b^2+b^2c^2+c^2a^2) - \frac{1}{4}(ab+bc+ca)^2$$

$$= \frac{3}{4}(p^2+q^2+r^2) - \frac{1}{4}(p+q+r)^2$$

$$= \frac{1}{2}(p^2+q^2+r^2-pq-qr-rp)$$

$$= \frac{1}{2}\{p^2 - (q+r)p + q^2 - qr + r^2\}$$

$$= \frac{1}{2}\left\{\left(p - \frac{q+r}{2}\right)^2 - \frac{(q+r)^2}{4} + q^2 - qr + r^2\right\}$$

$$= \frac{1}{2}\left\{\left(p - \frac{q+r}{2}\right)^2 + \frac{3}{4}q^2 - \frac{3}{2}qr + \frac{3}{4}r^2\right\}$$

$$= \frac{1}{2}\left\{\left(p - \frac{q+r}{2}\right)^2 + \frac{3}{4}(q-r)^2\right\} \geqq 0$$

（以下，〔解法 1〕に同じ）

〔注〕　$S = \frac{1}{2}\sqrt{|\overrightarrow{\mathrm{CA}}|^2|\overrightarrow{\mathrm{CB}}|^2 - (\overrightarrow{\mathrm{CA}}\cdot\overrightarrow{\mathrm{CB}})^2}$ を用いて，$S = \frac{1}{2}\sqrt{a^2b^2+b^2c^2+c^2a^2}$ を導き，(1) の
　　　△ABC の高さを求めてもよい。

73 2010年度 〔3〕 Level B

原点を O とする xyz 空間内で，x 軸上の点 A，xy 平面上の点 B，z 軸上の点 C を，次をみたすように定める。

$$\angle OAC = \angle OBC = \theta, \quad \angle AOB = 2\theta, \quad OC = 3$$

ただし，A の x 座標，B の y 座標，C の z 座標はいずれも正であるとする。さらに，△ABC 内の点のうち，O からの距離が最小の点を H とする。また，$t = \tan\theta$ とおく。

(1) 線分 OH の長さを t の式で表せ。

(2) H の z 座標を t の式で表せ。

> **ポイント** (1) △OAB，△ABC はともに二等辺三角形であるから，辺 AB の中点を M とすると，四面体 OABC は面 OCM に関して対称である。H は O から面 ABC に下ろした垂線の足であり，さらに H が CM 上にあることに気づけるかどうかがカギである。線分 OH の長さは，△OCM の面積，もしくは四面体 OABC の体積に着目して求める。
> (2) H の z 座標は H から線分 OM に下ろした垂線の長さであることに着目する。

解法 1

(1) 図 1 のように，辺 AB の中点を M とする。
△OAC ≡ △OBC より，△OAB は OA = OB，△ABC は CA = CB の二等辺三角形なので，OM⊥AB，CM⊥AB である。
また，B の y 座標が正であるから，$0 < 2\theta < \pi$ より，$0 < \theta < \dfrac{\pi}{2}$ である。

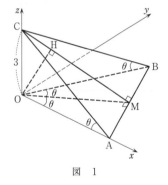

図 1

$t = \tan\theta = \dfrac{3}{OA} = \dfrac{3}{OB}$ であるから

$$OA = OB = \frac{3}{t} \quad \cdots\cdots ①$$

△OAM に着目すると

$$\cos\theta = \frac{OM}{OA}$$

であるから

$$OM = OA\cos\theta = \frac{3\cos\theta}{t} \quad \cdots\cdots ② \quad (①より)$$

$\triangle$OCM は$\angle$COM$=90°$ の直角三角形であるから，CM$^2=$OC$^2+$OM^2 より

$$CM=\sqrt{OC^2+OM^2}$$

$$=\sqrt{9+\frac{9\cos^2\theta}{t^2}} \quad (②より)$$

$$=\frac{3\sqrt{t^2+\cos^2\theta}}{t} \quad \cdots\cdots③ \quad (t>0 \text{ より})$$

$\triangle$OAB，$\triangle$ABC はともに二等辺三角形であるから，四面体 OABC は面 OCM に関して対称である。よって，$\triangle$ABC 内の点のうち，O からの距離が最小の点 H は，図 1 のように CM 上にある。

$\triangle$OCM の面積に着目すると

$$\frac{1}{2}OM\cdot OC=\frac{1}{2}CM\cdot OH$$

$$OH=\frac{OM\cdot OC}{CM}$$

②，③を代入すると

$$OH=\frac{\dfrac{3\cos\theta}{t}\cdot 3}{\dfrac{3\sqrt{t^2+\cos^2\theta}}{t}}=\frac{3\cos\theta}{\sqrt{t^2+\cos^2\theta}}$$

$$=\frac{3}{\sqrt{\dfrac{t^2}{\cos^2\theta}+1}} \quad (\cos\theta>0 \text{ より})$$

ここで，$1+\tan^2\theta=\dfrac{1}{\cos^2\theta}$ より，$\dfrac{1}{\cos^2\theta}=1+t^2$ であるから

$$OH=\frac{3}{\sqrt{t^2(1+t^2)+1}}=\frac{3}{\sqrt{t^4+t^2+1}} \quad \cdots\cdots(答)$$

(2) 図 2 のように，点 H から線分 OM に下ろした垂線の足を L とすると，H の z 座標は線分 HL の長さである。$\triangle$OMC$\infty\triangle$HMO より，$\angle$MCO$=\angle$MOH である。
よって

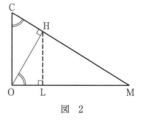

図 2

$$HL=OH\sin\angle MOH=OH\sin\angle HCO$$

$$=OH\cdot\frac{OH}{OC}=\frac{OH^2}{3}$$

$$=\frac{3}{t^4+t^2+1} \quad \cdots\cdots(答)$$

解 法 2

(1) (線分 CM の長さを求めるところまでは〔解法1〕に同じ)

$\triangle$OAM に着目すると，①より $AM = OA\sin\theta = \dfrac{3\sin\theta}{t}$ となるから

$$AB = 2AM = \dfrac{6\sin\theta}{t} = \dfrac{6\sin\theta}{\tan\theta}$$

$$= 6\cos\theta \quad \cdots\cdots④$$

よって，②，③，④と $\cos^2\theta = \dfrac{1}{1+t^2}$ $\left(1+\tan^2\theta = \dfrac{1}{\cos^2\theta}\text{ より}\right)$ であるから

$$\triangle OAB = \dfrac{1}{2}AB \cdot OM = \dfrac{1}{2} \cdot 6\cos\theta \cdot \dfrac{3\cos\theta}{t} = \dfrac{9}{t}\cos^2\theta$$

$$= \dfrac{9}{t(1+t^2)} \quad \cdots\cdots⑤$$

$$\triangle ABC = \dfrac{1}{2}AB \cdot CM = \dfrac{1}{2} \cdot 6\cos\theta \cdot \dfrac{3\sqrt{t^2+\cos^2\theta}}{t} = \dfrac{9}{t}\cos\theta \cdot \sqrt{t^2+\cos^2\theta}$$

$$= \dfrac{9}{t} \cdot \dfrac{1}{\sqrt{1+t^2}} \cdot \sqrt{t^2 + \dfrac{1}{1+t^2}} \quad \left(0 < \theta < \dfrac{\pi}{2}, \text{ すなわち } \cos\theta > 0 \text{ より}\right)$$

$$= \dfrac{9}{t\sqrt{1+t^2}} \cdot \sqrt{\dfrac{t^2(1+t^2)+1}{1+t^2}}$$

$$= \dfrac{9\sqrt{1+t^2+t^4}}{t(1+t^2)} \quad \cdots\cdots⑥$$

ここで，四面体 OABC の体積に着目すると

$$\dfrac{1}{3}\triangle OAB \cdot OC = \dfrac{1}{3}\triangle ABC \cdot OH$$

$$OH = \dfrac{\triangle OAB}{\triangle ABC} \cdot OC$$

したがって，⑤，⑥を代入すると

$$OH = \dfrac{\dfrac{9}{t(1+t^2)}}{\dfrac{9\sqrt{1+t^2+t^4}}{t(1+t^2)}} \cdot 3$$

$$= \dfrac{3}{\sqrt{t^4+t^2+1}} \quad \cdots\cdots(答)$$

74

正四面体 OABC の 1 辺の長さを 1 とする。辺 OA を 2：1 に内分する点を P，辺 OB を 1：2 に内分する点を Q とし，$0<t<1$ をみたす t に対して，辺 OC を $t：1-t$ に内分する点を R とする。

(1)　PQ の長さを求めよ。

(2)　△PQR の面積が最小となるときの t の値を求めよ。

ポイント　四面体 OABC は 1 辺の長さが 1 の正四面体であるから，

$|\overrightarrow{OA}|=|\overrightarrow{OB}|=|\overrightarrow{OC}|=1$,　$\overrightarrow{OA}\cdot\overrightarrow{OB}=\overrightarrow{OB}\cdot\overrightarrow{OC}=\overrightarrow{OC}\cdot\overrightarrow{OA}=\dfrac{1}{2}$ を用いる。

(1)　$|\overrightarrow{PQ}|^2=|\overrightarrow{OQ}-\overrightarrow{OP}|^2=|\overrightarrow{OQ}|^2-2\overrightarrow{OQ}\cdot\overrightarrow{OP}+|\overrightarrow{OP}|^2$

(2)　$\overrightarrow{PQ}$ と $\overrightarrow{PR}$ のなす角を θ とすると，△PQR の面積 S は

$$S=\dfrac{1}{2}|\overrightarrow{PQ}||\overrightarrow{PR}|\sin\theta=\dfrac{1}{2}|\overrightarrow{PQ}||\overrightarrow{PR}|\sqrt{1-\cos^2\theta}\quad(\sin\theta>0\ \text{より})$$

$$=\dfrac{1}{2}\sqrt{|\overrightarrow{PQ}|^2|\overrightarrow{PR}|^2-(|\overrightarrow{PQ}||\overrightarrow{PR}|\cos\theta)^2}$$

$$=\dfrac{1}{2}\sqrt{|\overrightarrow{PQ}|^2|\overrightarrow{PR}|^2-(\overrightarrow{PQ}\cdot\overrightarrow{PR})^2}$$

である。

解 法

$\overrightarrow{OA}=\vec{a}$, $\overrightarrow{OB}=\vec{b}$, $\overrightarrow{OC}=\vec{c}$ とおくと，四面体 OABC は 1 辺の長さが 1 の正四面体であるから

$$|\vec{a}|=|\vec{b}|=|\vec{c}|=1,\quad \vec{a}\cdot\vec{b}=\vec{b}\cdot\vec{c}=\vec{c}\cdot\vec{a}=\dfrac{1}{2}$$

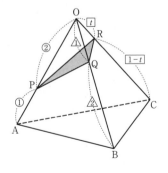

(1)　辺 OA を 2：1 に内分する点が P，辺 OB を 1：2 に内分する点が Q であるから

$$\overrightarrow{PQ}=\overrightarrow{OQ}-\overrightarrow{OP}=\dfrac{1}{3}\vec{b}-\dfrac{2}{3}\vec{a}$$

よって

$$|\overrightarrow{PQ}|^2=\left|\dfrac{1}{3}\vec{b}-\dfrac{2}{3}\vec{a}\right|^2=\dfrac{1}{9}|\vec{b}|^2-\dfrac{4}{9}\vec{a}\cdot\vec{b}+\dfrac{4}{9}|\vec{a}|^2$$

$$= \frac{1}{9} - \frac{4}{9} \cdot \frac{1}{2} + \frac{4}{9} = \frac{1}{3} \quad \cdots\cdots ①$$

よって

$$PQ = |\overrightarrow{PQ}| = \frac{1}{\sqrt{3}} = \frac{\sqrt{3}}{3} \quad \cdots\cdots (答)$$

(2) 辺 OC を $t : 1-t$ に内分する点が R であるから

$$\overrightarrow{PR} = \overrightarrow{OR} - \overrightarrow{OP} = t\vec{c} - \frac{2}{3}\vec{a}$$

よって

$$|\overrightarrow{PR}|^2 = \left| t\vec{c} - \frac{2}{3}\vec{a} \right|^2 = t^2 |\vec{c}|^2 - \frac{4}{3} t\vec{c} \cdot \vec{a} + \frac{4}{9}|\vec{a}|^2$$

$$= t^2 - \frac{2}{3}t + \frac{4}{9} \quad \cdots\cdots ②$$

$$\overrightarrow{PQ} \cdot \overrightarrow{PR} = \left(\frac{1}{3}\vec{b} - \frac{2}{3}\vec{a} \right) \cdot \left(t\vec{c} - \frac{2}{3}\vec{a} \right)$$

$$= \frac{1}{3} t\vec{b} \cdot \vec{c} - \frac{2}{9}\vec{b} \cdot \vec{a} - \frac{2}{3} t\vec{a} \cdot \vec{c} + \frac{4}{9}|\vec{a}|^2 \quad \cdots\cdots ③$$

$$= -\frac{1}{6}t + \frac{1}{3}$$

①，②，③より

$$\triangle PQR = \frac{1}{2}\sqrt{|\overrightarrow{PQ}|^2 |\overrightarrow{PR}|^2 - (\overrightarrow{PQ} \cdot \overrightarrow{PR})^2}$$

$$= \frac{1}{2}\sqrt{\frac{1}{3}\left(t^2 - \frac{2}{3}t + \frac{4}{9} \right) - \left(-\frac{1}{6}t + \frac{1}{3} \right)^2}$$

$$= \frac{1}{2}\sqrt{\frac{11}{36}t^2 - \frac{1}{9}t + \frac{1}{27}} = \frac{1}{2}\sqrt{\frac{11}{36}\left(t - \frac{2}{11} \right)^2 + \frac{8}{297}}$$

$0 < t < 1$ より，$\triangle PQR$ の面積が最小となる t の値は

$$t = \frac{2}{11} \quad \cdots\cdots (答)$$

【注】 (1)で，$\triangle OPQ$ に余弦定理を用いて

$$PQ^2 = \left(\frac{2}{3} \right)^2 + \left(\frac{1}{3} \right)^2 - 2 \cdot \frac{2}{3} \cdot \frac{1}{3}\cos 60° = \frac{1}{3}$$

(2)で，$\triangle OPR$ に余弦定理を用いて

$$PR^2 = t^2 + \left(\frac{2}{3} \right)^2 - 2 \cdot t \cdot \frac{2}{3}\cos 60° = t^2 - \frac{2}{3}t + \frac{4}{9}$$

§6 微・積分法

75 2023年度〔2〕　　　　　　　　　　　　　　　　　　　　Level B

a を正の実数とする。2つの曲線 $C_1 : y = x^3 + 2ax^2$ および $C_2 : y = 3ax^2 - \dfrac{3}{a}$ の両方に接する直線が存在するような a の範囲を求めよ。

> **ポイント**　$C_1 : y = x^3 + 2ax^2$ 上の点を $(t, \ t^3 + 2at^2)$ とし，この点における接線の方程式　……⑦ をまず作る。次に，この接線と放物線 $C_2 : y = 3ax^2 - \dfrac{3}{a}$ が接すると考えて，⑦ と C_2 の2式より y を消去して得られる x の2次方程式の判別式が0になることから t の方程式を導き，実数 t が存在する条件を考えるとよいが，複2次式になるので，$t^2 = u$ とおき，2次方程式に帰着させる。このとき，「実数 t が存在する」という条件を「u が0以上の解を少なくとも1つもつ」と言い換えることができるかがカギとなる。また，t の方程式の導き方は，〔解法2〕のように C_1 の接線と C_2 の接線をそれぞれ立式し，その2直線が一致するという条件から求める方法もある。

解法 1

$$C_1 : y = x^3 + 2ax^2, \ \ C_2 : y = 3ax^2 - \frac{3}{a} \quad (a \text{ は正の実数})$$

$y = x^3 + 2ax^2$ より　　　$y' = 3x^2 + 4ax$

C_1 上の点を $(t, \ t^3 + 2at^2)$ とすると，この点における C_1 の接線の方程式は

$$y - (t^3 + 2at^2) = (3t^2 + 4at)(x - t)$$

すなわち

$$y = (3t^2 + 4at)x - 2t^3 - 2at^2 \quad \cdots\cdots ①$$

① と C_2 の2式より y を消去すると

$$3ax^2 - \frac{3}{a} = (3t^2 + 4at)x - 2t^3 - 2at^2$$

すなわち

$$3ax^2 - (3t^2 + 4at)x + 2t^3 + 2at^2 - \frac{3}{a} = 0$$

$a > 0$ より，この判別式を D とすると，① と C_2 が接する条件は

$$D = \{-(3t^2 + 4at)\}^2 - 4 \cdot 3a\left(2t^3 + 2at^2 - \frac{3}{a}\right) = 0$$

すなわち
$$9t^4 - 8a^2t^2 + 36 = 0 \quad \cdots\cdots ②$$
である。

ここで，$t^2 = u \ (\geqq 0)$ とおくと，②は
$$9u^2 - 8a^2u + 36 = 0 \quad \cdots\cdots ③$$
であり
$$f(u) = 9u^2 - 8a^2u + 36$$
とおくと
$$f(u) = 9\left(u - \frac{4}{9}a^2\right)^2 - \frac{16}{9}a^4 + 36$$

C_1 と C_2 の両方に接する直線が存在する条件は

　　　「②を満たす実数 t が存在すること」

すなわち

　　　「③が $u \geqq 0$ の範囲に解をもつこと」

である。

これを満たす条件は，$f(0) = 36 > 0$ に注意すると

$$\begin{cases} -\dfrac{16}{9}a^4 + 36 \leqq 0 \\[2mm] \dfrac{4}{9}a^2 > 0 \end{cases}$$

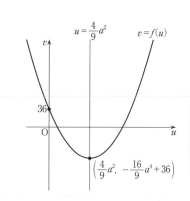

であるから
$$a^4 \geqq \frac{81}{4}$$

よって，求める a の値の範囲は，$a > 0$ より
$$a \geqq \frac{3}{\sqrt{2}} = \frac{3\sqrt{2}}{2} \quad \cdots\cdots (答)$$

解法 2

$C_1 : y = x^3 + 2ax^2$ より　　$y' = 3x^2 + 4ax$

C_1 上の点 $(t, \ t^3 + 2at^2)$ における C_1 の接線の方程式は
$$y - (t^3 + 2at^2) = (3t^2 + 4at)(x - t)$$
すなわち
$$y = (3t^2 + 4at)x - 2t^3 - 2at^2 \quad \cdots\cdots (*_1)$$

$C_2 : y = 3ax^2 - \dfrac{3}{a}$ より　　$y' = 6ax$

C_2 上の点 $\left(s, \ 3as^2 - \dfrac{3}{a}\right)$ における C_2 の接線の方程式は

$$y - \left(3as^2 - \frac{3}{a}\right) = 6as\,(x - s)$$

すなわち

$$y = 6asx - 3as^2 - \frac{3}{a} \quad \cdots\cdots (*_2)$$

$(*_1)$ と $(*_2)$ が一致する条件は

$$\begin{cases} 3t^2 + 4at = 6as & \cdots\cdots (\stackrel{\scriptscriptstyle\diagup}{\diagdown}_1) \\ -2t^3 - 2at^2 = -3as^2 - \dfrac{3}{a} & \cdots\cdots (\stackrel{\scriptscriptstyle\diagup}{\diagdown}_2) \end{cases}$$

$(\stackrel{\scriptscriptstyle\diagup}{\diagdown}_1)$ と $a > 0$ より

$$s = \frac{3t^2 + 4at}{6a}$$

これを $(\stackrel{\scriptscriptstyle\diagup}{\diagdown}_2)$ に代入すると

$$-2t^3 - 2at^2 = -3a\left(\frac{3t^2 + 4at}{6a}\right)^2 - \frac{3}{a}$$

すなわち

$$9t^4 - 8a^2t^2 + 36 = 0$$

（以下，〔**解法1**〕に同じ）

76

2022 年度 〔2〕　　　　　　　　　　　　　　　　　　　　　**Level A**

$0 \leqq \theta < 2\pi$ とする。座標平面上の 3 点 O $(0,\ 0)$, P $(\cos\theta,\ \sin\theta)$, Q $(1,\ 3\sin 2\theta)$ が三角形をなすとき，△OPQ の面積の最大値を求めよ。

> **ポイント**　3 点の座標が与えられているときの三角形の面積の立式は次の公式を用いるとよい。
> △ABC において，$\overrightarrow{AB}=(x_1,\ y_1)$, $\overrightarrow{AC}=(x_2,\ y_2)$ のとき
> $$\triangle ABC = \frac{1}{2}|x_1 y_2 - x_2 y_1|$$
> 三角形の面積の立式後は，$\sin\theta = t$ とおくと，$x_1 y_2 - x_2 y_1$ の部分が t の 3 次関数になるから微分して増減表を作成し，△OPQ の面積の最大値を求めるとよい。

解 法

O $(0,\ 0)$, P $(\cos\theta,\ \sin\theta)$, Q $(1,\ 3\sin 2\theta)$ より

$$\triangle OPQ = \frac{1}{2}|\cos\theta \cdot 3\sin 2\theta - \sin\theta \cdot 1|$$

$$= \frac{1}{2}|\cos\theta \cdot 6\sin\theta\cos\theta - \sin\theta|$$

$$= \frac{1}{2}|6\sin\theta(1-\sin^2\theta) - \sin\theta|$$

$$= \frac{1}{2}|5\sin\theta - 6\sin^3\theta| \quad \cdots\cdots ①$$

3 点 O，P，Q が同一直線上にあるとき，△OPQ の面積は 0 であり，①は△OPQ の面積が 0 のときも表す。

ここで，$\sin\theta = t$ とおき

$$f(t) = 5t - 6t^3$$

とする。また，t のとり得る値の範囲は，$0 \leqq \theta < 2\pi$ より

$$-1 \leqq t \leqq 1$$

となり

$$f'(t) = 5 - 18t^2 = 18\left(\frac{\sqrt{10}}{6}+t\right)\left(\frac{\sqrt{10}}{6}-t\right)$$

であるから，$-1 \leqq t \leqq 1$ における $f(t)$ の増減は次のようになる。

t	-1	$\cdots$	$-\dfrac{\sqrt{10}}{6}$	$\cdots$	$\dfrac{\sqrt{10}}{6}$	$\cdots$	1
$f'(t)$		$-$	0	$+$	0	$-$	
$f(t)$	1	$\searrow$	$-\dfrac{5\sqrt{10}}{9}$	$\nearrow$	$\dfrac{5\sqrt{10}}{9}$	$\searrow$	-1

$$\left| \pm\frac{5\sqrt{10}}{9} \right| = \frac{5\sqrt{10}}{9} > \frac{5\cdot3}{9} > 1 = |\pm1|$$

であるから,$\dfrac{1}{2}|f(t)|$,すなわち,△OPQ の面積の最大値は

$$\frac{1}{2}\cdot\frac{5\sqrt{10}}{9} = \frac{5\sqrt{10}}{18} \quad \left(\sin\theta = \pm\frac{\sqrt{10}}{6} \text{ のとき} \right) \quad \cdots\cdots(\text{答})$$

77 2021年度〔4〕 Level B

$k>0$ とする。円 C を $x^2+(y-1)^2=1$ とし，放物線 S を $y=\dfrac{1}{k}x^2$ とする。

(1) C と S が共有点をちょうど3個持つときの k の範囲を求めよ。

(2) k が(1)の範囲を動くとき，C と S の共有点のうちで x 座標が正の点を P とする。
  P における S の接線と S と y 軸とによって囲まれる領域の面積の最大値を求めよ。

ポイント (1) 円 C と放物線 S の2つのグラフを描くと，原点は k の値によらず C と S の共有点になることがわかるので，原点以外で共有点を2個持つ条件を考えるとよいから，2式より y を消去して x の方程式を作り，0以外の異なる2つの実数解を持つような k の範囲を求める。〔解法〕では y を消去したが，x^2 を消去して y の方程式 $y\{y-(2-k)\}=0$ を作り，C と S がともに y 軸に関して対称であることに注意して，解：$2-k>0$ より k の範囲を求めることもできる。ただ，(2)のことを考えると y を消去した方がよい。

(2) まず，P における S の接線の方程式を求め，次に，S の接線と S と y 軸によって囲まれる領域の面積を調べる。共有点 P の x 座標は $\sqrt{k(2-k)}$ と扱いにくい数なので α とおくとよい。定積分の計算については，放物線と接線（接点の x 座標が α）で囲まれる部分の面積を求めるとき

$$(ax^2+bx+c)-(px+q)=a(x-\alpha)^2$$

という変形が成り立つことを念頭に置き，次の公式を用いて求める。
n が正の整数のとき

$$\int(x-\alpha)^n dx=\dfrac{1}{n+1}(x-\alpha)^{n+1}+C \quad (C \text{ は積分定数})$$

この公式はよく使うので覚えておこう。

また，$f(x)\sqrt{g(x)}$ の形をした関数の最大・最小を考えるときは，$\sqrt{\{f(x)\}^2g(x)}$ と変形した後，$h(x)=\{f(x)\}^2g(x)$ とおいて $h(x)$ についての増減を調べるのが基本であるから，この考え方に沿って，$T=\dfrac{1}{3}\cdot\dfrac{1}{k}\sqrt{\{k(2-k)\}^3}=\dfrac{1}{3}\sqrt{\dfrac{k^3(2-k)^3}{k^2}}$ と変形する。なお，微分の計算については，$k(2-k)^3$ のままで考えてもよいが，少し式が長くなるので，$t=2-k$ とおくことにより式を短くして計算ミスを防ぐようにした。よく使うテクニックなので覚えておこう。

解 法

円 $C : x^2 + (y-1)^2 = 1$，放物線 $S : y = \dfrac{1}{k}x^2$　$(k > 0)$

(1)　C と S はともに原点を通るから，原点は k の値によらず C と S の共有点となる。

$$\cdots\cdots①$$

C と S の2式より y を消去すると

$$x^2 + \left(\dfrac{1}{k}x^2 - 1\right)^2 = 1 \quad \text{すなわち} \quad x^4 - k(2-k)x^2 = 0$$

であるから

$$x^2\{x^2 - k(2-k)\} = 0$$

C と S が共有点をちょうど3個持つ条件は，①に注意すると

　　　「$x^2 = k(2-k)$ が0以外の異なる2つの実数解を持つこと」

であり，それを満たすのは，$k > 0$ より

$$2 - k > 0$$

のときである。

よって，求める k の範囲は

$$0 < k < 2 \quad \cdots\cdots（答）$$

(2)　$0 < k < 2$ のもとで考える。

点 P の x 座標は，条件より，$x^2 = k(2-k)$ の正の解であるから

$$x = \sqrt{k(2-k)} \quad (= \alpha \text{ とおく})$$

である。

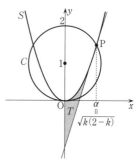

$P\left(\alpha, \dfrac{1}{k}\alpha^2\right)$ における S の接線の方程式は，$y' = \dfrac{2}{k}x$ より

$$y - \dfrac{1}{k}\alpha^2 = \dfrac{2}{k}\alpha(x - \alpha) \quad \text{すなわち} \quad y = \dfrac{2}{k}\alpha x - \dfrac{1}{k}\alpha^2$$

P における S の接線と S と y 軸とによって囲まれる領域の面積を T とすると，図より

$$T = \int_0^\alpha \left\{\dfrac{1}{k}x^2 - \left(\dfrac{2}{k}\alpha x - \dfrac{1}{k}\alpha^2\right)\right\} dx$$

$$= \int_0^\alpha \dfrac{1}{k}(x^2 - 2\alpha x + \alpha^2)\, dx$$

$$= \dfrac{1}{k}\int_0^\alpha (x - \alpha)^2\, dx$$

$$= \frac{1}{k}\left[\frac{1}{3}(x-\alpha)^3\right]_0^{\alpha}$$

$$= \frac{1}{3k}\alpha^3$$

$$= \frac{1}{3k}\left\{\sqrt{k(2-k)}\right\}^3$$

$$= \frac{1}{3}\cdot\frac{1}{k}\sqrt{\{k(2-k)\}^3}$$

$$= \frac{1}{3}\sqrt{\frac{k^3(2-k)^3}{k^2}}$$

$$= \frac{1}{3}\sqrt{k(2-k)^3}$$

ここで，$t=2-k$ とおくと，$k=2-t$ であるから

$$T=\frac{1}{3}\sqrt{(2-t)t^3}\quad (0<k<2\ \text{より，}\ 0<t<2)$$

であり，さらに

$$f(t)=(2-t)t^3=-t^4+2t^3\quad (0<t<2)$$

とおくと

$$f'(t)=-4t^3+6t^2=-2t^2(2t-3)$$

$0<t<2$ における $f(t)$ の増減は右のようになる。

t	(0)	$\cdots$	$\dfrac{3}{2}$	$\cdots$	(2)
$f'(t)$		$+$	0	$-$	
$f(t)$		$\nearrow$		$\searrow$	

$T=\dfrac{1}{3}\sqrt{f(t)}$ より，$f(t)$ が最大のとき T も最大となるから，T の最大値は

$$\frac{1}{3}\sqrt{f\left(\frac{3}{2}\right)}=\frac{1}{3}\sqrt{\frac{27}{16}}=\frac{\sqrt{3}}{4}\quad \left(k=\frac{1}{2}\ \text{のとき}\right)\ \cdots\cdots\text{(答)}$$

78

$x > 0$ に対し

$$F(x) = \frac{1}{x} \int_{2-x}^{2+x} |t-x|\, dt$$

と定める。$F(x)$ の最小値を求めよ。

ポイント　絶対値記号が付いた定積分 $\int_{\alpha}^{\beta} |f(x)|\, dx$ の計算は，絶対値記号を外してから，
積分をしなければならないため，$y = |f(x)|$ のグラフを描いて範囲に応じて関数を定め
て積分する必要がある。特に，本問のように文字定数を含む場合は，$y = |f(x)|$ のグラ
フにおいて，グラフが切り替わるところが積分区間に含まれるか含まれないかに注目し
て積分する。よって，本問では $x < 2+x$ に注意して，「$x \leq 2-x$ のとき」と
「$2-x < x\ (<2+x)$ のとき」に場合分けし，積分することになる。積分の計算については，
$\int_{\alpha}^{\beta} (t-x)\, dt = \left[\frac{1}{2}t^2 - xt\right]_{\alpha}^{\beta}$ としてもよいが，あとの計算が煩雑になりそうなので，公式

$$\int (x+a)^n\, dx = \frac{1}{n+1}(x+a)^{n+1} + C \quad (C：積分定数)$$

を用いるとよい。また，$F(x)$ の最小値については，$x > 1$ のときの $F(x)$ が分数関数な
ので相加・相乗平均の大小関係を用いるのが定石である。

解 法

$$F(x) = \frac{1}{x} \int_{2-x}^{2+x} |t-x|\, dt \quad (x > 0)$$

$x < 2+x$ であるから，次の2つに分けて積分する。

(i) $x \leq 2-x$，すなわち，$0 < x \leq 1$ のとき

$$F(x) = \frac{1}{x} \int_{2-x}^{2+x} (t-x)\, dt$$

$$= \frac{1}{x} \left[\frac{1}{2}(t-x)^2\right]_{2-x}^{2+x}$$

$$= \frac{1}{x} \cdot \frac{1}{2}\{2^2 - (2-2x)^2\}$$

$$= -2x + 4$$

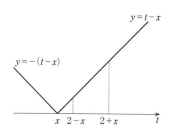

(ii) $2-x<x\ (<2+x)$, すなわち, $1<x$ のとき

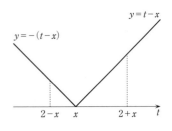

$$F(x) = \frac{1}{x}\int_{2-x}^{x}\{-(t-x)\}dt + \frac{1}{x}\int_{x}^{2+x}(t-x)\,dt$$

$$= \frac{1}{x}\left[-\frac{1}{2}(t-x)^2\right]_{2-x}^{x} + \frac{1}{x}\left[\frac{1}{2}(t-x)^2\right]_{x}^{2+x}$$

$$= -\frac{1}{x}\cdot\frac{1}{2}\{0^2 - (2-2x)^2\} + \frac{1}{x}\cdot\frac{1}{2}(2^2 - 0^2)$$

$$= 2x + \frac{4}{x} - 4$$

よって, (i), (ii)より

$$F(x) = \begin{cases} -2x+4 & (0<x\leqq 1\ \text{のとき}) \\ 2x+\dfrac{4}{x}-4 & (x>1\ \text{のとき}) \end{cases}$$

(ア) $0<x\leqq 1$ のとき

$F(x)$ は, $x=1$ のとき最小となり, 最小値は $F(1)=2$ である。

(イ) $x>1$ のとき

$2x>0$, $\dfrac{4}{x}>0$ であるから, 相加・相乗平均の大小関係を用いると

$$2x + \frac{4}{x} \geqq 2\sqrt{2x\cdot\frac{4}{x}} = 2\cdot 2\sqrt{2}$$

となるから

$$2x + \frac{4}{x} - 4 \geqq 4\sqrt{2} - 4$$

$$F(x) \geqq 4(\sqrt{2}-1)$$

等号成立は, $2x=\dfrac{4}{x}$ かつ $x>1$, すなわち, $x=\sqrt{2}$ のときである。

よって, $F(x)$ は, $x=\sqrt{2}$ のとき最小となり, 最小値は $4(\sqrt{2}-1)$ である。

したがって, (ア), (イ)と $4(\sqrt{2}-1)<2$ より, $F(x)$ の最小値は

$$4(\sqrt{2}-1)\quad (x=\sqrt{2}\ \text{のとき})\quad \cdots\cdots\text{(答)}$$

79

$f(x) = x^3 - 3x + 2$ とする。また，α は 1 より大きい実数とする。曲線 $C : y = f(x)$ 上の点 $P(\alpha, f(\alpha))$ における接線と x 軸の交点を Q とする。点 Q を通る C の接線の中で傾きが最小のものを l とする。

(1) l と C の接点の x 座標を α の式で表せ。

(2) $\alpha = 2$ とする。l と C で囲まれた部分の面積を求めよ。

ポイント (1) 「曲線 $y = x^3 - 3x + 2$ の接線のうち，点 $(2, 0)$ を通る接線の方程式を求めよ」という問題を解く感覚で l と C の接点の x 座標を求めるとよいが，

$y - f(t) = f'(t)(x - t)$ に $x = \dfrac{2(\alpha^2 + \alpha + 1)}{3(\alpha + 1)}$，$y = 0$ を代入したあとの計算はかなり煩雑になる。このとき，1 や α が 3 次方程式の解になることを見抜いて整理するとよい。

(2) 接線と 3 次関数のグラフの上下の位置関係をはっきりさせる記述が必要であるから，

「$-\dfrac{2}{3} \leqq x \leqq \dfrac{4}{3}$ において，$\left(-\dfrac{5}{3}x + \dfrac{70}{27}\right) - (x^3 - 3x + 2) = -\left(x + \dfrac{2}{3}\right)^2\left(x - \dfrac{4}{3}\right) \geqq 0$」という変形

をして示すとよい，C と l が $x = -\dfrac{2}{3}$ で接することから，$x = -\dfrac{2}{3}$ を重解にもつことを利用して因数分解する。また，接線と 3 次関数のグラフの上下の位置関係がわかる図を描いてもよいだろう。さらに，積分の計算の式変形については次の事柄を参考にして変形するとよい。

$$\int_\alpha^\beta (x - \alpha)^2 \underbrace{(x - \beta)}\, dx = \int_\alpha^\beta (x - \alpha)^2 \{(x - \alpha) - (\beta - \alpha)\}\, dx$$

この変形がポイント

$$= \int_\alpha^\beta \{(x - \alpha)^3 - (\beta - \alpha)(x - \alpha)^2\}\, dx$$

$$= \left[\frac{1}{4}(x - \alpha)^4 - \frac{\beta - \alpha}{3}(x - \alpha)^3\right]_\alpha^\beta$$

$$= -\frac{1}{12}(\beta - \alpha)^4$$

この計算はしばしば出題されるので，式変形および計算結果は覚えておいたほうがよい。

解 法

(1) $f(x) = x^3 - 3x + 2$ より

$$f'(x) = 3x^2 - 3 = 3(x+1)(x-1)$$

$f(x)$ の増減は右表のようになる。

これより，曲線 $C : y = f(x)$ のグラフは右下のようになる。

x	$\cdots$	-1	$\cdots$	1	$\cdots$
$f'(x)$	$+$	0	$-$	0	$+$
$f(x)$	↗	4	↘	0	↗

C の点 $P(\alpha, f(\alpha))$ における接線の方程式は

$$y - f(\alpha) = f'(\alpha)(x - \alpha)$$
$$y - (\alpha^3 - 3\alpha + 2) = (3\alpha^2 - 3)(x - \alpha)$$
$$y = (3\alpha^2 - 3)x - 2\alpha^3 + 2 \quad \cdots\cdots①$$

この接線と x 軸の交点 Q の x 座標は，$y = 0$ を代入して

$$0 = (3\alpha^2 - 3)x - 2\alpha^3 + 2$$
$$3(\alpha+1)(\alpha-1)x = 2(\alpha-1)(\alpha^2+\alpha+1)$$

$\alpha > 1$ より $\quad x = \dfrac{2(\alpha^2+\alpha+1)}{3(\alpha+1)}$

よって，点 Q の座標は $\quad Q\left(\dfrac{2(\alpha^2+\alpha+1)}{3(\alpha+1)}, 0\right)$

ここで，C 上の点 $(t, f(t))$ における C の接線の方程式は

$$y = (3t^2 - 3)x - 2t^3 + 2$$

これが点 Q を通るとき，接点の x 座標 t の値は

$$0 = (3t^2 - 3) \cdot \frac{2(\alpha^2+\alpha+1)}{3(\alpha+1)} - 2t^3 + 2$$
$$(\alpha+1)(t^3-1) - (\alpha^2+\alpha+1)(t^2-1) = 0$$
$$(t-1)\{(\alpha+1)(t^2+t+1) - (\alpha^2+\alpha+1)(t+1)\} = 0$$
$$(t-1)\{(\alpha+1)t^2 - \alpha^2 t - \alpha^2\} = 0$$
$$(t-1)(t-\alpha)\{(\alpha+1)t + \alpha\} = 0$$
$$t = 1, \ \alpha, \ -\frac{\alpha}{\alpha+1}$$

これより，点 Q を通る C の接線の傾きは，$\alpha > 1$ に注意すると

$$f'(1) = 0, \ f'(\alpha) = 3\alpha^2 - 3 \ (>0), \ f'\left(-\frac{\alpha}{\alpha+1}\right) = -\frac{3(2\alpha+1)}{(\alpha+1)^2} \ (<0)$$

となるから，傾きが最小のものは

$$-\frac{3(2\alpha+1)}{(\alpha+1)^2}$$

である。

よって，l と C の接点の x 座標は

$$-\frac{\alpha}{\alpha+1} \quad \cdots\cdots(\text{答})$$

(2) $\alpha=2$ のとき，l と C の接点の x 座標は，(1)の結果より，$-\dfrac{2}{3}$ であり，l の方程式は，①より

$$y=-\frac{5}{3}x+\frac{70}{27}$$

また，C と l の共有点の x 座標は

$$x^3-3x+2=-\frac{5}{3}x+\frac{70}{27}$$

$$x^3-\frac{4}{3}x-\frac{16}{27}=0$$

$$\left(x+\frac{2}{3}\right)^2\left(x-\frac{4}{3}\right)=0$$

$$x=-\frac{2}{3},\ \frac{4}{3}$$

ここで，$-\dfrac{2}{3}\leqq x\leqq\dfrac{4}{3}$ において

$$\left(-\frac{5}{3}x+\frac{70}{27}\right)-(x^3-3x+2)=-\left(x^3-\frac{4}{3}x-\frac{16}{27}\right)$$

$$=-\left(x+\frac{2}{3}\right)^2\left(x-\frac{4}{3}\right)\geqq0$$

となるから，l と C で囲まれた部分の面積を S とすると

$$S=\int_{-\frac{2}{3}}^{\frac{4}{3}}\left\{\left(-\frac{5}{3}x+\frac{70}{27}\right)-(x^3-3x+2)\right\}dx$$

$$=-\int_{-\frac{2}{3}}^{\frac{4}{3}}\left(x+\frac{2}{3}\right)^2\left(x-\frac{4}{3}\right)dx$$

$$=-\int_{-\frac{2}{3}}^{\frac{4}{3}}\left(x+\frac{2}{3}\right)^2\left\{\left(x+\frac{2}{3}\right)-2\right\}dx$$

$$=-\int_{-\frac{2}{3}}^{\frac{4}{3}}\left\{\left(x+\frac{2}{3}\right)^3-2\left(x+\frac{2}{3}\right)^2\right\}dx$$

$$=-\left[\frac{1}{4}\left(x+\frac{2}{3}\right)^4-\frac{2}{3}\left(x+\frac{2}{3}\right)^3\right]_{-\frac{2}{3}}^{\frac{4}{3}}$$

$$=\frac{4}{3} \quad \cdots\cdots(\text{答})$$

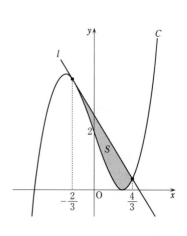

80

　原点をOとする座標平面上に，点 $(2, 0)$ を中心とする半径2の円 C_1 と，点 $(1, 0)$ を中心とする半径1の円 C_2 がある。点Pを中心とする円 C_3 は C_1 に内接し，かつ C_2 に外接する。ただし，Pは x 軸上にないものとする。Pを通り x 軸に垂直な直線と x 軸の交点をQとするとき，三角形OPQの面積の最大値を求めよ。

ポイント　円 C_3 の中心を P (X, Y)，半径を r とおいて，次の「2円の位置関係」を用いて，まず，関係式を2つ作ってみる。

点Aを中心とする半径 r_1 の円と点Bを中心とする半径 r_2 の円について，AとBの距離を d，$r_1 > r_2$ とするとき

（2円が外接する）$\Longleftrightarrow d = r_1 + r_2$
（2円が内接する）$\Longleftrightarrow d = r_1 - r_2$

次に，三角形OPQの面積 $\dfrac{1}{2}XY$ を X のみで表すか，Y のみで表すか，r のみで表すかを2つの関係式の特徴から考えてみる。面積の最大値については，面積の立式が $f(x)\sqrt{g(x)}$ の形になるので，$\sqrt{\{f(x)\}^2 g(x)}$ と変形し，$h(x) = \{f(x)\}^2 g(x)$ とおいて，$h'(x)$ を計算し，増減表を作成して最大値を求めるとよい。$f(x)\sqrt{g(x)}$ の形はしばしば出題されるので解法を覚えておこう。

解法

　x 軸に関する対称性から，円 C_3 の中心Pの座標をP (X, Y) $(Y > 0)$ とし，半径を与えられた条件から，r $(0 < r < 1$ ……①$)$ とおく。

また，A $(2, 0)$，B $(1, 0)$ とする。
円 C_3 は円 C_1 に内接することより

$$AP = (C_1 \text{ の半径}) - (C_3 \text{ の半径})$$

が成り立つから

$$\sqrt{(X-2)^2 + Y^2} = 2 - r$$

①より，両辺はともに0以上であるから，2乗して

$$(X-2)^2 + Y^2 = (2-r)^2$$
$$X^2 + Y^2 - 4X = r^2 - 4r \quad \cdots\cdots ②$$

また，円 C_3 は円 C_2 に外接することより

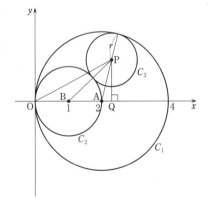

$\mathrm{BP}=(C_2\text{の半径})+(C_3\text{の半径})$

が成り立つから

$$\sqrt{(X-1)^2+Y^2}=1+r$$

①より，両辺はともに 0 以上であるから，2 乗して

$$(X-1)^2+Y^2=(1+r)^2$$

$$X^2+Y^2-2X=r^2+2r \quad \cdots\cdots③$$

②−③より

$$-2X=-6r$$

すなわち

$$X=3r \quad(>0) \quad \cdots\cdots④$$

④を③に代入すると

$$(3r)^2+Y^2-2(3r)=r^2+2r$$

すなわち

$$Y^2=8r(1-r)$$

①と $Y>0$ より

$$Y=\sqrt{8r(1-r)}=2\sqrt{2}\sqrt{r-r^2} \quad\cdots\cdots⑤$$

ここで，三角形 OPQ の面積を S とすると

$$S=\frac{1}{2}XY$$

$$=\frac{1}{2}\cdot3r\cdot2\sqrt{2}\sqrt{r-r^2} \quad(④,⑤より)$$

$$=3\sqrt{2}\sqrt{r^2(r-r^2)}$$

$$=3\sqrt{2}\sqrt{r^3-r^4}$$

さらに，$f(r)=r^3-r^4 \ (0<r<1)$ とおくと

$$f'(r)=3r^2-4r^3=4r^2\left(\frac{3}{4}-r\right)$$

これより，①における $f(r)$ の増減は右表のようになる。

よって，$f(r)$ が最大のとき，S は最大となるから，S の最大値は

r	(0)	$\cdots$	$\frac{3}{4}$	$\cdots$	(1)
$f'(r)$		$+$	0	$-$	
$f(r)$		↗		↘	

$$3\sqrt{2}\sqrt{f\left(\frac{3}{4}\right)}=3\sqrt{2}\sqrt{\left(\frac{3}{4}\right)^3-\left(\frac{3}{4}\right)^4}=\frac{9\sqrt{6}}{16} \quad\cdots\cdots(\text{答})$$

81

a を実数とし，$f(x)=x-x^3$，$g(x)=a(x-x^2)$ とする。2 つの曲線 $y=f(x)$，$y=g(x)$ は $0<x<1$ の範囲に共有点を持つ。

(1) a のとりうる値の範囲を求めよ。

(2) $y=f(x)$ と $y=g(x)$ で囲まれた 2 つの部分の面積が等しくなるような a の値を求めよ。

ポイント (1) 2 つの曲線 $y=f(x)$，$y=g(x)$ の共有点の x 座標は $f(x)-g(x)=0$ の実数解と一致することより，まず，$f(x)-g(x)=0$ の実数解を求めるとよく，左辺が因数分解できることに気づきたい。「$0<x<1$ の範囲に共有点を持つ」という条件については，$0<($共有点の x 座標$)<1$ という不等式を作って求めるとよい。

(2) $\displaystyle\int_0^{a-1}\{g(x)-f(x)\}\,dx=\int_{a-1}^1\{f(x)-g(x)\}\,dx$ の計算については，左辺と右辺を別々に積分して計算してしまうとミスが起こりやすいので，右辺を移項して

$$\int_a^b h(x)\,dx+\int_b^c h(x)\,dx=\int_a^c h(x)\,dx \quad\cdots\cdots(*)$$

という定積分の計算の性質を用いて a の値を求めるとよい。なお，2 曲線 $y=f(x)$ と $y=g(x)$ で囲まれた 2 つの部分の面積が等しいという設定の問題では必ず($*$)の性質を用いて手際よく計算できることを頭に入れておこう。

解 法

$$f(x)=x-x^3,\quad g(x)=a(x-x^2)$$

(1) 2 つの曲線 $y=f(x)$ と $y=g(x)$ のグラフの共有点の x 座標は

$$f(x)=g(x) \quad\text{すなわち}\quad f(x)-g(x)=0$$

の実数解である。ここで

$$
\begin{aligned}
f(x)-g(x) &= (x-x^3)-a(x-x^2)\\
&= -x(x-1)(x+1)+ax(x-1)\\
&= -x(x-1)\{(x+1)-a\}\\
&= -x(x-1)\{x-(a-1)\} \quad\cdots\cdots①
\end{aligned}
$$

と変形できるから，$f(x)-g(x)=0$ の実数解は

$$x=0,\ 1,\ a-1$$

これより，2つの曲線 $y=f(x)$，$y=g(x)$ が $0<x<1$ の範囲に共有点を持つ条件は

$0<a-1<1$

であるから，a のとりうる値の範囲は

$1<a<2$ ……(答)

(2) ①より

$$\begin{cases} 0<x<a-1 \text{ のとき，} f(x)-g(x)<0 \text{ つまり } f(x)<g(x) \\ a-1<x<1 \text{ のとき，} f(x)-g(x)>0 \text{ つまり } f(x)>g(x) \end{cases}$$

よって，$y=f(x)$ と $y=g(x)$ で囲まれた2つの部分の面積が等しくなるとき

$$\int_0^{a-1}\{g(x)-f(x)\}dx=\int_{a-1}^1\{f(x)-g(x)\}dx$$

が成り立つから

$$\int_0^{a-1}\{g(x)-f(x)\}dx-\int_{a-1}^1\{f(x)-g(x)\}dx=0$$

$$\int_0^{a-1}\{g(x)-f(x)\}dx+\int_{a-1}^1\{g(x)-f(x)\}dx=0$$

$$\int_0^1\{g(x)-f(x)\}dx=0$$

$$\int_0^1\{x^3-ax^2+(a-1)x\}dx=0$$

$$\left[\frac{1}{4}x^4-\frac{a}{3}x^3+\frac{a-1}{2}x^2\right]_0^1=0$$

$$\frac{1}{4}-\frac{a}{3}+\frac{a-1}{2}=0$$

$$3-4a+6(a-1)=0$$

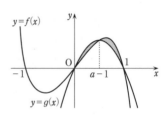

したがって，求める a の値は

$$a=\frac{3}{2} \quad (1<a<2 \text{ を満たす}) \quad ……(答)$$

82

実数 a, b は $a \geqq 1$, $b \geqq 1$, $a + b = 9$ を満たす。

(1) $\log_3 a + \log_3 b$ の最大値と最小値を求めよ。

(2) $\log_2 a + \log_4 b$ の最大値と最小値を求めよ。

> **ポイント** (1) $\log_3 a + \log_3 b = \log_3 ab$ と変形できるから、ab についての最大値と最小値を考えればよい。与えられた条件 $a + b = 9$ より、ab を 1 変数で表す。このとき、$a \geqq 1$, $b \geqq 1$ から、その 1 変数のとり得る値の範囲を調べることを忘れないようにしたい。
> (2) 底の変換公式を用いて、$\log_2 a + \log_4 b = \dfrac{\log_2 a^2 b}{2}$ と変形し、(1)と同様に $a^2 b$ を 1 変数で表す。3 次関数の最大値と最小値を求めることになるから、微分して増減表を作成し答えを導くとよい。

解法

$a + b = 9$ より　　$b = 9 - a$ ……①
また、a のとり得る値の範囲は、$a \geqq 1$, $b \geqq 1$ と①より
　　$a \geqq 1$　かつ　$9 - a \geqq 1$
となるから
　　$1 \leqq a \leqq 8$　……②

(1) ①より
　　$\log_3 a + \log_3 b = \log_3 ab = \log_3 a(9 - a)$
と変形できるから
　　$f(a) = a(9 - a) = -a^2 + 9a$
とおくと、底が 3（>1）なので
　　$f(a)$ が最大のとき、$\log_3 a + \log_3 b$ は最大
　　$f(a)$ が最小のとき、$\log_3 a + \log_3 b$ は最小
となる。
　　$f(a) = -\left(a - \dfrac{9}{2}\right)^2 + \dfrac{81}{4}$
であるから、②における $f(a)$ の最大値は

$$f\left(\frac{9}{2}\right)=\frac{81}{4}$$

このとき

$$(a,\ b)=\left(\frac{9}{2},\ \frac{9}{2}\right)$$

である。

また，②における $f(a)$ の最小値は

$$f(1)=f(8)=8$$

このとき

$$(a,\ b)=(1,\ 8),\ (8,\ 1)$$

である。よって

$\log_3 a+\log_3 b$ の最大値は

$$\log_3\frac{81}{4}=\log_3 3^4-\log_3 2^2=4-2\log_3 2$$

$\log_3 a+\log_3 b$ の最小値は

$$\log_3 8=\log_3 2^3=3\log_3 2$$

$\Biggr\}$ ……（答）

(2) ①より

$$\log_2 a+\log_4 b=\log_2 a+\frac{\log_2 b}{\log_2 4}=\frac{2\log_2 a+\log_2 b}{2}$$

$$=\frac{\log_2 a^2 b}{2}$$

$$=\frac{\log_2 a^2(9-a)}{2}$$

と変形できるから

$$g(a)=a^2(9-a)=-a^3+9a^2$$

とおくと，底が 2 （>1）なので

$g(a)$ が最大のとき，$\log_2 a+\log_4 b$ は最大

$g(a)$ が最小のとき，$\log_2 a+\log_4 b$ は最小

となる。

$$g'(a)=-3a^2+18a=-3a(a-6)$$

であるから，②における $g(a)$ の増減表は右のようになる。

a	1	$\cdots$	6	$\cdots$	8
$g'(a)$		$+$	0	$-$	
$g(a)$	8	↗	108	↘	64

したがって，$g(a)$ の最大値は

$$g(6)=108$$

このとき

$$(a,\ b)=(6,\ 3)$$

である。

また，$g(a)$ の最小値は

$$g(1) = 8$$

このとき

$$(a, \ b) = (1, \ 8)$$

である。

よって

$\log_2 a + \log_4 b$ の最大値は

$$\left. \begin{array}{l} \dfrac{\log_2 108}{2} = \dfrac{\log_2 (2^2 \cdot 3^3)}{2} = 1 + \dfrac{3}{2} \log_2 3 \\[4mm] \log_2 a + \log_4 b \text{ の最小値は} \\[2mm] \dfrac{\log_2 8}{2} = \dfrac{\log_2 2^3}{2} = \dfrac{3}{2} \end{array} \right\} \quad \cdots\cdots(答)$$

83

2016 年度 〔4〕   Level B

a を実数とし，$f(x) = x^3 - 3ax$ とする。区間 $-1 \leqq x \leqq 1$ における $|f(x)|$ の最大値を M とする。M の最小値とそのときの a の値を求めよ。

ポイント 関数 $y = |f(x)|$ のグラフは y 軸に関して対称であるから，$0 \leqq x \leqq 1$ における最大値 M を考えるとよい。また，M についての a の値による場合分けは，まず，$f(x)$ が極値をもつかどうかで $a \leqq 0$ のときと $a > 0$ のときでおおまかな場合分けをする。次に，$a > 0$ において $0 \leqq x \leqq 1$ の範囲に $x = \sqrt{a}$ を含むかどうかを考え，さらに，$\sqrt{a} \leqq 1$ のとき，$2a\sqrt{a}$ と $f(1)$ の大小で場合分けが起こるから，そのために方程式 $f(x) = 2a\sqrt{a}$ を解くことがカギになる。

解 法

$$f(x) = x^3 - 3ax$$

$g(x) = |f(x)|$ とおくと

$$f(-x) = (-x)^3 - 3a(-x) = -(x^3 - 3ax) = -f(x)$$

より

$$g(-x) = |f(-x)| = |-f(x)| = |f(x)| = g(x)$$

となるから，関数 $y = g(x)$ のグラフは y 軸に関して対称である。

よって，$g(x)$ の $0 \leqq x \leqq 1$ における最大値 M を考えれば十分である。

$f'(x) = 3x^2 - 3a = 3(x^2 - a)$ であることに注意して，$y = g(x)$ のグラフを考える。

(i) $a \leqq 0$ のとき

$f'(x) \geqq 0$ であるから，$f(x)$ は増加関数であり，さらに，$f(0) = 0$ であるから

$0 \leqq x \leqq 1$ において $f(x) \geqq 0$

よって，$g(x) = |f(x)| = f(x)$ であるから

$$M = f(1) = 1 - 3a$$

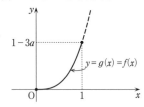

(ii) $a > 0$ のとき

$$f'(x) = 3(x + \sqrt{a})(x - \sqrt{a})$$

$x \geqq 0$ における $f(x)$ の増減表は次のようになる。

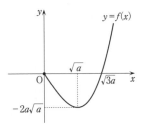

x	0	$\cdots$	$\sqrt{a}$	$\cdots$
$f'(x)$		$-$	0	$+$
$f(x)$	0	$\searrow$	$-2a\sqrt{a}$	$\nearrow$

ここで，方程式 $f(x)=2a\sqrt{a}$ $(x\geqq\sqrt{3a})$ を解くと

$$x^3-3ax=2a\sqrt{a}$$
$$(x+\sqrt{a})^2(x-2\sqrt{a})=0$$

となるから，$x\geqq\sqrt{3a}$ より

$$x=2\sqrt{a}$$

これより，$y=g(x)$ $(x\geqq0)$ のグラフは右のようになる。

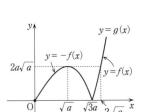

(ア) $1\leqq\sqrt{a}$，すなわち，$a\geqq1$ のとき

$$M=g(1)$$
$$=-f(1)$$
$$=3a-1$$

(イ) $\sqrt{a}\leqq1\leqq2\sqrt{a}$，すなわち，$\dfrac{1}{4}\leqq a\leqq1$ のとき

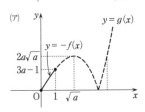

$$M=g(\sqrt{a})$$
$$=-f(\sqrt{a})$$
$$=2a\sqrt{a}$$

(ウ) $2\sqrt{a}\leqq1$，すなわち，$0<a\leqq\dfrac{1}{4}$ のとき

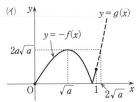

$$M=g(1)$$
$$=f(1)$$
$$=1-3a$$

(i), (ii)(ア)～(ウ)をまとめて，最大値 M は

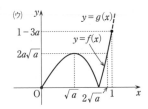

$$M=\begin{cases} 1-3a & \left(a\leqq\dfrac{1}{4}\text{ のとき}\right) \\ 2a\sqrt{a} & \left(\dfrac{1}{4}\leqq a\leqq1\text{ のとき}\right) \\ 3a-1 & (a\geqq1\text{ のとき}) \end{cases}$$

これより，M の値は

$a\leqq\dfrac{1}{4}$ のとき減少し，$\dfrac{1}{4}\leqq a$ のとき増加する。

よって，M の最小値とそのときの a の値は

$$\frac{1}{4} \quad \left(a = \frac{1}{4} \text{ のとき}\right) \quad \cdots\cdots\text{(答)}$$

〔注〕 $M = M(a)$ とおき，$b = M(a)$ のグラフを ab 平面に図示すると次のようになる。

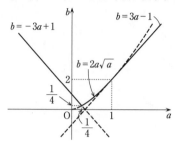

84

$0<t<1$ とし，放物線 $C: y=x^2$ 上の点 (t, t^2) における接線を l とする。C と l と x 軸で囲まれる部分の面積を S_1 とし，C と l と直線 $x=1$ で囲まれる部分の面積を S_2 とする。S_1+S_2 の最小値を求めよ。

ポイント 点 (t, t^2) における接線 l の方程式を求めてから S_1+S_2 を計算するとよいが，$\int_0^{\frac{t}{2}} x^2\,dx + \int_{\frac{t}{2}}^1 \{x^2-(2tx-t^2)\}\,dx$ のように S_1+S_2 を分けて計算するとやや面倒なので，定積分の計算が 1 回で済むように工夫する。また，S_1+S_2 は t の 3 次関数になるから，微分して $0<t<1$ の範囲で増減を調べるとよい。

解法

$C: y=x^2$ より　　$y'=2x$

よって，点 (t, t^2) における接線 l の方程式は

$$y-t^2=2t(x-t)$$
$$y=2tx-t^2 \quad \cdots\cdots ①$$

l と x 軸の交点 P の x 座標は，①に $y=0$ を代入して

$$0=2tx-t^2 \quad \text{つまり} \quad x=\frac{t}{2} \quad (t\neq 0 \text{ より})$$

また，l と直線 $x=1$ の交点 Q の y 座標は，①に $x=1$ を代入して

$$y=2t-t^2$$

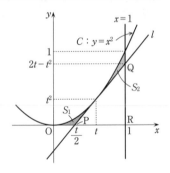

よって，点 $(1, 0)$ を R とすると

$$S_1+S_2=\int_0^1 x^2\,dx - \triangle PQR$$

$$=\left[\frac{1}{3}x^3\right]_0^1 - \frac{1}{2}\left(1-\frac{t}{2}\right)(2t-t^2)$$

$$=-\frac{1}{4}t^3+t^2-t+\frac{1}{3}$$

ここで，$f(t)=-\dfrac{1}{4}t^3+t^2-t+\dfrac{1}{3} \quad (0<t<1)$ とおくと

$$f'(t)=-\frac{3}{4}t^2+2t-1=-\frac{1}{4}(3t-2)(t-2)$$

$0<t<1$ における $f(t)$ の増減表は次のようになる。

t	(0)	$\cdots$	$\dfrac{2}{3}$	$\cdots$	(1)
$f'(t)$		$-$	0	$+$	
$f(t)$		$\searrow$	極小 かつ 最小	$\nearrow$	

よって，$S_1 + S_2$ の最小値は

$$f\left(\frac{2}{3}\right) = \frac{1}{27} \quad \cdots\cdots(\text{答})$$

85

原点を O とする xy 平面上に，放物線 $C: y = 1 - x^2$ がある。C 上に 2 点 $P(p, 1-p^2)$, $Q(q, 1-q^2)$ を $p < q$ となるようにとる。

(1) 2 つの線分 OP，OQ と放物線 C で囲まれた部分の面積 S を，p と q の式で表せ。

(2) $q = p + 1$ であるとき S の最小値を求めよ。

(3) $pq = -1$ であるとき S の最小値を求めよ。

ポイント (1) 直線 PQ が原点 O より上側にあるか下側にあるかで面積 S の求め方が変わるから，場合分けが必要である。このことに気づくのは，△OPQ の面積が $\frac{1}{2}(q-p)|1+pq|$ より，$1+pq$ の正負すなわち直線 PQ $(y = -(p+q)x + pq + 1)$ の y 切片の正負で場合分けが必要であることからわかる。なお，放物線と線分で囲まれた部分の面積は

$$\int_\alpha^\beta (x-\alpha)(x-\beta)\,dx = -\frac{1}{6}(\beta-\alpha)^3$$

を用い，三角形の面積については

「3 点 $O(0, 0)$, $A(a_1, a_2)$, $B(b_1, b_2)$ のとき，$\triangle OAB = \frac{1}{2}|a_1 b_2 - a_2 b_1|$」

を用いるとよい。
(2) 条件式から 1 変数関数にすると 2 次関数になるから平方完成するとよい。
(3) 条件式から 1 変数関数にすると分数関数になるから相加・相乗平均の大小関係を用いるとよい。

解 法

(1) $P(p, 1-p^2)$, $Q(q, 1-q^2)$ より，直線 PQ の傾きは

$$\frac{(1-q^2)-(1-p^2)}{q-p} = \frac{-(q^2-p^2)}{q-p} = \frac{-(q+p)(q-p)}{q-p} = -(p+q)$$

となるから，直線 PQ の方程式は

$$y - (1-p^2) = -(p+q)(x-p)$$

すなわち

$$y = -(p+q)x + pq + 1 \quad \cdots\cdots①$$

ここで，放物線 $C:y=1-x^2$ と①で囲まれた部分の面積を S_1，△OPQ の面積を S_2 とすると

$$S_1 = \int_p^q \left[(1-x^2)-\{-(p+q)x+pq+1\}\right]dx$$

$$= \int_p^q -\{x^2-(p+q)x+pq\}dx$$

$$= -\int_p^q (x-p)(x-q)dx$$

$$= \frac{1}{6}(q-p)^3$$

$$S_2 = \frac{1}{2}|p(1-q^2)-q(1-p^2)|$$

$$= \frac{1}{2}|(p-q)+pq(p-q)| = \frac{1}{2}|(p-q)(1+pq)|$$

$$= \frac{1}{2}(q-p)|1+pq| \quad (p<q \text{ より}, \ p-q<0)$$

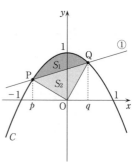

ここで，Oが①の下側にあるか上側にあるかによって場合分けをして S を求める。

(ア) Oが①の下側あるいは①上にあるとき

(0, 0) は $y \leqq -(p+q)x+pq+1$ で表される領域に含まれるから

$$0 \leqq -(p+q)\cdot 0+pq+1 \quad \text{すなわち} \quad 1+pq\geqq 0 \quad \cdots\cdots ②$$

右図より

$$S=S_1+S_2$$

$$= \frac{1}{6}(q-p)^3+\frac{1}{2}(q-p)|1+pq|$$

$$= \frac{1}{6}(q-p)^3+\frac{1}{2}(q-p)(1+pq) \quad (②より)$$

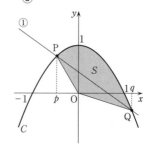

(イ) Oが①の上側にあるとき

(0, 0) は $y > -(p+q)x+pq+1$ で表される領域に含まれるから

$$0 > -(p+q)\cdot 0+pq+1 \quad \text{すなわち} \quad 1+pq<0 \quad \cdots\cdots ③$$

右図より

$$S=S_1-S_2$$

$$= \frac{1}{6}(q-p)^3-\frac{1}{2}(q-p)|1+pq|$$

$$= \frac{1}{6}(q-p)^3-\frac{1}{2}(q-p)\{-(1+pq)\}$$

$$\hspace{6cm} (③より)$$

$$= \frac{1}{6}(q-p)^3+\frac{1}{2}(q-p)(1+pq)$$

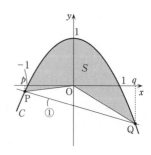

したがって, (ア), (イ)のいずれの場合でも

$$S = \frac{1}{6}(q-p)^3 + \frac{1}{2}(q-p)(1+pq) \quad \cdots\cdots(\text{答})$$

(2) $q = p+1$ を(1)の結果に代入して

$$S = \frac{1}{6}\{(p+1)-p\}^3 + \frac{1}{2}\{(p+1)-p\}\{1+p(p+1)\}$$

$$= \frac{1}{6}\cdot 1^3 + \frac{1}{2}\cdot 1\cdot(p^2+p+1)$$

$$= \frac{1}{2}p^2 + \frac{1}{2}p + \frac{2}{3}$$

$$= \frac{1}{2}\left(p+\frac{1}{2}\right)^2 + \frac{13}{24}$$

p はすべての実数をとるから, S の最小値は

$$\frac{13}{24} \quad \left(p=-\frac{1}{2}, \ q=\frac{1}{2} \text{ のとき}\right) \quad \cdots\cdots(\text{答})$$

(3) $pq = -1$ より $p = -\dfrac{1}{q}$ であるから, これを(1)の結果に代入すると

$$S = \frac{1}{6}\left\{q-\left(-\frac{1}{q}\right)\right\}^3 + \frac{1}{2}\left\{q-\left(-\frac{1}{q}\right)\right\}\left\{1+\left(-\frac{1}{q}\right)q\right\}$$

$$= \frac{1}{6}\left(q+\frac{1}{q}\right)^3$$

ここで, $pq = -1$ のとき p, q は異符号であり, このことと条件 $p < q$ から

$$p < 0 < q$$

よって, 相加・相乗平均の大小関係を用いると

$$q + \frac{1}{q} \geqq 2\sqrt{q\cdot\frac{1}{q}} = 2$$

となるから

$$S = \frac{1}{6}\left(q+\frac{1}{q}\right)^3 \geqq \frac{1}{6}\cdot 2^3 = \frac{4}{3}$$

等号は $q = \dfrac{1}{q}$ かつ $q > 0$, すなわち $q = 1$ のとき成立する。

したがって, S の最小値は

$$\frac{4}{3} \quad (p=-1, \ q=1 \text{ のとき}) \quad \cdots\cdots(\text{答})$$

86 2012 年度 〔2〕　　　　　　　　　　　　　　　Level B

a を 0 以上の定数とする。関数 $y=x^3-3a^2x$ のグラフと方程式 $|x|+|y|=2$ で表される図形の共有点の個数を求めよ。

ポイント　$y=x^3-3a^2x$ のグラフが原点に関して対称であることと，$|x|+|y|=2$ で表される図形が y 軸に関して対称であることから，$x>0$ の範囲で考えればよい。次に，$y=x^3-3a^2x$ が極値をもつときともたないときでまず場合分けし，さらに極値をもつときにおいて，$y=x-2$ に接するときと点 $(2, 0)$ を通るときに注目して場合分けを考える。

解 法

$f(x)=x^3-3a^2x \ (a\geqq0)$ とおくと

$$f'(x)=3x^2-3a^2=3(x+a)(x-a)$$

$a=0$ のとき，　　　　　　　　　　　$a>0$ のとき，

$f(x)$ の増減は次の通り。　　　　　$f(x)$ の増減は次の通り。

x	$\cdots$	0	$\cdots$
$f'(x)$	$+$	0	$+$
$f(x)$	$\nearrow$	0	$\nearrow$

x	$\cdots$	$-a$	$\cdots$	a	$\cdots$
$f'(x)$	$+$	0	$-$	0	$+$
$f(x)$	$\nearrow$	$2a^3$	$\searrow$	$-2a^3$	$\nearrow$

また，$f(-x)=-f(x)$ となるから，曲線 $y=f(x)$ のグラフは原点に関して対称である。

次に，方程式 $|x|+|y|=2$ で表される図形を調べる。

$$|x|+|y|=\begin{cases} x+y & (x\geqq0, \ y\geqq0) \\ x-y & (x\geqq0, \ y<0) \\ -x+y & (x<0, \ y\geqq0) \\ -x-y & (x<0, \ y<0) \end{cases}$$

となるから

$$x\geqq0, \ y\geqq0 \text{ のとき} \quad y=-x+2$$
$$x\geqq0, \ y<0 \text{ のとき} \quad y=x-2$$
$$x<0, \ y\geqq0 \text{ のとき} \quad y=x+2$$
$$x<0, \ y<0 \text{ のとき} \quad y=-x-2$$

よって，方程式 $|x|+|y|=2$ が表すグラフは，y 軸に関して対称で右のようになる。

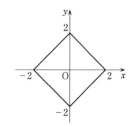

これより，$y=f(x)$ のグラフと $|x|+|y|=2$ で表される図形の共有点の個数は，$x>0$ の範囲における共有点の個数の 2 倍となるから，$x>0$ の範囲で考える。 ……(＊)

・$a=0$ のとき

　$y=x^3$ と $y=-x+2$ $(x>0)$ の 2 式から y を消去して

$$x^3=-x+2 \quad (x>0)$$
$$x^3+x-2=0 \quad (x>0)$$
$$(x-1)(x^2+x+2)=0 \quad (x>0)$$
$$x=1$$

　よって，$x>0$ の範囲で共有点を 1 個もつ。

・$a>0$ のとき

　$a_1>a_2>0$ とし，$f_1(x)=x^3-3a_1{}^2x$，

　$f_2(x)=x^3-3a_2{}^2x$ とおくと，$x>0$ であるから

$$f_1(x)-f_2(x)=-3x(a_1+a_2)(a_1-a_2)<0$$
$$f_1(x)<f_2(x)$$

　よって，$x>0$ の範囲において，曲線 $y=f_1(x)$ のグラフは曲線 $y=f_2(x)$ のグラフの下方にある。

　このことに注意して a を変化させると図 1 のようになる。

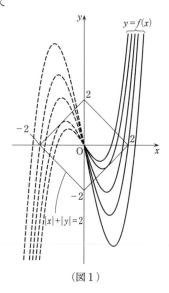

（図 1）

ここで，曲線 $y=f(x)$ が直線 $y=x-2$ に接するときの a の値を求める。

接点の x 座標を t (>0) とすると，この点における接線の方程式は

$$y-f(t)=f'(t)(x-t)$$
$$y-(t^3-3a^2t)=(3t^2-3a^2)(x-t)$$
$$y=(3t^2-3a^2)x-2t^3$$

これと直線 $y=x-2$ は一致するから

$$\begin{cases} 3t^2-3a^2=1 & \cdots\cdots① \\ -2t^3=-2 & \cdots\cdots② \end{cases}$$

②より，$t^3=1$ となるから　　　$t=1$ (>0)

これを①に代入して整理すると　　$a^2=\dfrac{2}{3}$

よって，$a>0$ より　　$a=\dfrac{\sqrt{6}}{3}$

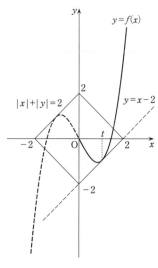

さらに，曲線 $y=f(x)$ が点 $(2, 0)$ を通るときの a の値を求める。

$f(2)=0$ より

$$2^3-3a^2\cdot 2=0$$

$$a^2=\frac{4}{3}$$

よって，$a>0$ より

$$a=\frac{2\sqrt{3}}{3}$$

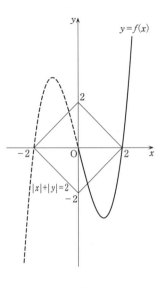

したがって，図1より，$x>0$ の範囲における共有点の個数は

$0\leqq a<\dfrac{\sqrt{6}}{3}$ のとき　　　1個

$a=\dfrac{\sqrt{6}}{3}$ のとき　　　　2個

$\dfrac{\sqrt{6}}{3}<a<\dfrac{2\sqrt{3}}{3}$ のとき　3個

$a=\dfrac{2\sqrt{3}}{3}$ のとき　　　2個

$\dfrac{2\sqrt{3}}{3}<a$ のとき　　　1個

以上から，関数 $y=x^3-3a^2x$ のグラフと方程式 $|x|+|y|=2$ で表される図形の共有点の個数は，（＊）より

$0\leqq a<\dfrac{\sqrt{6}}{3}$ のとき　　　2個

$a=\dfrac{\sqrt{6}}{3}$ のとき　　　　4個

$\dfrac{\sqrt{6}}{3}<a<\dfrac{2\sqrt{3}}{3}$ のとき　6個　　……（答）

$a=\dfrac{2\sqrt{3}}{3}$ のとき　　　4個

$\dfrac{2\sqrt{3}}{3}<a$ のとき　　　2個

〔注〕　関数 $f(x)$ において，$f(-x)=-f(x)$ が成り立つとき，$f(x)$ は奇関数といい，$y=f(x)$ のグラフは原点に関して対称になる。また，$f(-x)=f(x)$ が成り立つとき，$f(x)$ は偶関数といい，$y=f(x)$ のグラフは y 軸に関して対称になる。

87

定数 a, b, c, d に対して，平面上の点 (p, q) を点 $(ap+bq, cp+dq)$ に移す操作を考える。ただし，$(a, b, c, d) \neq (1, 0, 0, 1)$ である。k を 0 でない定数とする。放物線 $C : y = x^2 - x + k$ 上のすべての点は，この操作によって C 上に移る。

(1) a, b, c, d を求めよ。

(2) C 上の点Aにおける C の接線と，点Aをこの操作によって移した点 A′ における C の接線は，原点で直交する。このときの k の値および点Aの座標をすべて求めよ。

ポイント (1) 点 $(at+b(t^2-t+k), ct+d(t^2-t+k))$ （t は任意の実数）が C 上にあることから

$$ct + d(t^2-t+k) = \{at + b(t^2-t+k)\}^2 - \{at + b(t^2-t+k)\} + k$$

が t についての恒等式になることを見抜きたい。この後，両辺の係数を比較して a, b, c, d の値を求める。右辺の整理が大変だが，t^4 の係数に着目するとうまく求めることができる。

(2) 「$y = f(x)$ 上の点 $(t, f(t))$ における接線の方程式が $y - f(t) = f'(t)(x-t)$」であることを用いて，点Aおよび点 A′ における接線の方程式を求め，2直線が直交する条件および2直線が原点を通る条件を使って求めるとよい。

解 法

(1) $C : y = x^2 - x + k$ 上の点 (t, t^2-t+k) （t は任意の実数）は与えられた操作より，点 $(at+b(t^2-t+k), ct+d(t^2-t+k))$ に移る。これが C 上にあるから

$$ct + d(t^2-t+k) = \{at + b(t^2-t+k)\}^2 - \{at + b(t^2-t+k)\} + k$$

すなわち

$$dt^2 + (c-d)t + dk = \{bt^2 + (a-b)t + bk\}^2 - \{bt^2 + (a-b)t + bk\} + k \quad \cdots\cdots①$$

が成り立つ。

①は任意の実数 t について成り立つから t についての恒等式である。ここで，t^4 の係数に着目すると，左辺は 0 で，右辺は b^2 であるから

$$b^2 = 0 \qquad b = 0$$

このとき，①は

$$dt^2 + (c-d)t + dk = (at)^2 - at + k$$
$$dt^2 + (c-d)t + dk = a^2t^2 - at + k$$

両辺の係数を比較して

$$\begin{cases} d = a^2 \\ c - d = -a \\ dk = k \quad \cdots\cdots② \end{cases}$$

②と $k \neq 0$ から $\quad d = 1$

よって，(a, b, c, d) の組は

$$(1, 0, 0, 1), \ (-1, 0, 2, 1)$$

したがって，$(a, b, c, d) \neq (1, 0, 0, 1)$ より

$$(a, b, c, d) = (-1, 0, 2, 1) \quad \cdots\cdots(答)$$

(2) (1)の結果より，点 (p, q) は点 $(-p, 2p+q)$ に移る。ここで，点Aの座標を $(\alpha, \alpha^2 - \alpha + k)$ とおくと，点A′の座標は $(-\alpha, 2\alpha + (\alpha^2 - \alpha + k))$，すなわち，$(-\alpha, \alpha^2 + \alpha + k)$ となる。

$y = x^2 - x + k$ より，$y' = 2x - 1$ であるから

点Aにおける接線の方程式は

$$y - (\alpha^2 - \alpha + k) = (2\alpha - 1)(x - \alpha)$$
$$y = (2\alpha - 1)x - \alpha^2 + k \quad \cdots\cdots③$$

点A′における接線の方程式は

$$y - (\alpha^2 + \alpha + k) = (-2\alpha - 1)(x + \alpha)$$
$$y = (-2\alpha - 1)x - \alpha^2 + k \quad \cdots\cdots④$$

③と④は直交し，かつ，原点を通るから

$$(2\alpha - 1)(-2\alpha - 1) = -1 \quad かつ \quad -\alpha^2 + k = 0$$

$$\alpha^2 = \frac{1}{2} \quad かつ \quad k = \alpha^2$$

$$\alpha = \pm\frac{1}{\sqrt{2}} \quad かつ \quad k = \frac{1}{2}$$

よって，k の値と点Aの座標は

$$k = \frac{1}{2}, \quad A\left(\pm\frac{\sqrt{2}}{2}, \frac{2 \mp \sqrt{2}}{2}\right) \quad (複号同順) \quad \cdots\cdots(答)$$

88 2011 年度 〔3〕 Level A

xy 平面上に放物線 $C : y = -3x^2 + 3$ と 2 点 A $(1, 0)$，P $(0, 3p)$ がある。線分 AP と C は，A とは異なる点 Q を共有している。

(1) 定数 p の存在する範囲を求めよ。

(2) S_1 を，C と線分 AQ で囲まれた領域とし，S_2 を，C，線分 QP，および y 軸とで囲まれた領域とする。S_1 と S_2 の面積の和が最小となる p の値を求めよ。

ポイント (1) 点 Q は直線 AP ではなく線分 AP 上にあるから，点 Q は $0 \leq x < 1$ に存在することになる。よって，2 点 A，P を通る直線 $y = -3px + 3p$ と放物線 $y = -3x^2 + 3$ とを連立させて得られる 2 次方程式 $x^2 - px + p - 1 = 0$ が $0 \leq x < 1$ に実数解をもつと考え，この方程式の解の 1 つが図より $x = 1$ であることに気づくとよい。

(2) 領域 S_1 と S_2 の面積の和は p の 3 次関数になるから，(1) で求めた p の値の範囲で微分して増減を調べる。また，放物線と直線で囲まれた部分の面積は

$$\int_\alpha^\beta (x - \alpha)(x - \beta)\, dx = -\frac{1}{6}(\beta - \alpha)^3$$

を活用する。

解 法

(1) 直線 AP の方程式は，$y = -3px + 3p$ であるから，放物線 $C : y = -3x^2 + 3$ との共有点の x 座標は

$$-3x^2 + 3 = -3px + 3p$$

の解である。

よって

$$x^2 - px + p - 1 = 0$$
$$(x - 1)\{x - (p - 1)\} = 0$$
$$x = 1,\ p - 1$$

線分 AP と放物線 C が A とは異なる点 Q を共有するとき

$$0 \leq p - 1 < 1$$
$$1 \leq p < 2 \quad \cdots\cdots(\text{答})$$

(2) 右図より，S_1 と S_2 の和を $f(p)$ とすると

$$f(p) = \int_{p-1}^{1} \{-3x^2 + 3 - (-3px + 3p)\}\,dx$$

$$+ \int_{0}^{p-1} \{-3px + 3p - (-3x^2 + 3)\}\,dx$$

$$= -3\int_{p-1}^{1} \{x - (p-1)\}(x-1)\,dx$$

$$+ \left[x^3 - \frac{3}{2}px^2 + 3(p-1)x\right]_{0}^{p-1}$$

$$= 3 \cdot \frac{1}{6}\{1 - (p-1)\}^3$$

$$+ (p-1)^3 - \frac{3}{2}p(p-1)^2 + 3(p-1)^2$$

$$= -p^3 + 6p^2 - \frac{21}{2}p + 6$$

$$f'(p) = -3p^2 + 12p - \frac{21}{2}$$

$$= -3\left(p - \frac{4 - \sqrt{2}}{2}\right)\left(p - \frac{4 + \sqrt{2}}{2}\right)$$

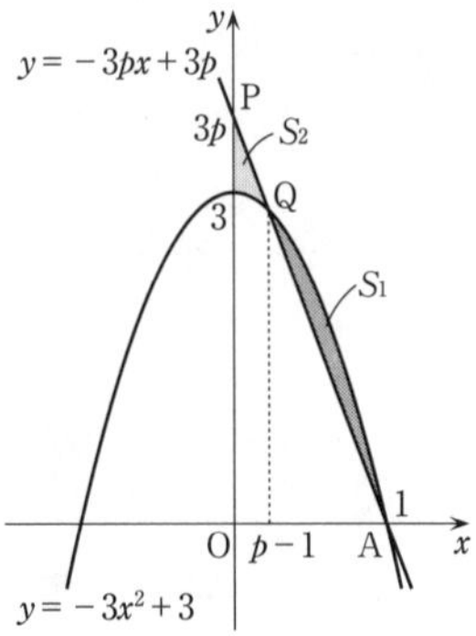

(1)より，$1 \leqq p < 2$ の範囲での $f(p)$ の増減は右表のようになる。

したがって，$f(p)$，すなわち，S_1 と S_2 の面積の和が最小となる p の値は

$$p = \frac{4 - \sqrt{2}}{2} \quad \cdots\cdots (\text{答})$$

p	1	$\cdots$	$\dfrac{4-\sqrt{2}}{2}$	$\cdots$	2
$f'(p)$		$-$	0	$+$	
$f(p)$		↘	最小	↗	

89

a を実数とする。傾きが m である2つの直線が，曲線 $y=x^3-3ax^2$ とそれぞれ点A，点Bで接している。

(1) 線分 AB の中点をCとすると，Cは曲線 $y=x^3-3ax^2$ 上にあることを示せ。

(2) 直線 AB の方程式が $y=-x-1$ であるとき，a, m の値を求めよ。

ポイント (1) $y=f(x)=x^3-3ax^2$ 上の2点A，Bの x 座標をそれぞれ α, β とし，2点A，Bの中点 $C\left(\dfrac{\alpha+\beta}{2},\ \dfrac{f(\alpha)+f(\beta)}{2}\right)$ が $y=f(x)$ 上にあることを示せばよい。このとき，$m=f'(x)$，すなわち $m=3x^2-6ax$ の解が α, β になることを用いる。
(2) 点Cが $y=-x-1$ 上にあることから，まず a の値を求める。

解 法

(1) $f(x)=x^3-3ax^2$ とおくと $f'(x)=3x^2-6ax$

また，$y=f(x)$ 上の2点A，Bの x 座標をそれぞれ α, β とする。2点A，Bにおける接線の傾きが m であるから，$m=f'(x)$，すなわち

$$3x^2-6ax-m=0$$

の異なる2つの実数解が α, β となる。解と係数の関係より

$$\alpha+\beta=2a, \quad \alpha\beta=-\frac{m}{3} \quad \cdots\cdots ①$$

2点A，Bの中点Cの x 座標，y 座標を求めると

$$x\text{座標}: \frac{\alpha+\beta}{2}=a \quad (①より)$$

$$y\text{座標}: \frac{f(\alpha)+f(\beta)}{2}=\frac{\alpha^3-3a\alpha^2+\beta^3-3a\beta^2}{2}$$

$$=\frac{\alpha^3+\beta^3-3a(\alpha^2+\beta^2)}{2}$$

$$=\frac{(\alpha+\beta)^3-3\alpha\beta(\alpha+\beta)-3a\{(\alpha+\beta)^2-2\alpha\beta\}}{2}$$

$$=\frac{8a^3-3\cdot\left(-\dfrac{m}{3}\right)\cdot 2a-3a\left(4a^2+\dfrac{2}{3}m\right)}{2} \quad (①より)$$

$$=-2a^3$$

ゆえに，C $(a, \ -2a^3)$ となるが
$$f(a) = a^3 - 3a^3 = -2a^3$$
より，点Cは曲線 $y = f(x)$ 上にある。 (証明終)

(2) $y = f(x)$ と $y = -x - 1$ との交点が A，B，C となるから，点Cは $y = -x - 1$ 上にある。よって
$$-2a^3 = -a - 1 \qquad 2a^3 - a - 1 = 0$$
$P(a) = 2a^3 - a - 1$ とおくと，$P(1) = 0$ であるから
$$P(a) = (a - 1)(2a^2 + 2a + 1) = 0$$
$2a^2 + 2a + 1 = 0$ の判別式を D とすると，$\dfrac{D}{4} = -1 \ (<0)$ より，実数解をもたないから
$$a = 1 \quad \cdots\cdots(\text{答})$$
このとき，$f(x) = x^3 - 3x^2$ であり，$y = -x - 1$ と連立して
$$x^3 - 3x^2 = -x - 1 \qquad x^3 - 3x^2 + x + 1 = 0$$
$Q(x) = x^3 - 3x^2 + x + 1$ とおくと，$Q(1) = 0$ より
$$Q(x) = (x - 1)(x^2 - 2x - 1) = 0$$
点Cの x 座標は，$x = a = 1$ であるから，2点 A，B の x 座標 α，β は，$x^2 - 2x - 1 = 0$ の解となる。よって
$$\alpha^2 - 2\alpha - 1 = 0 \quad (\beta^2 - 2\beta - 1 = 0) \quad \cdots\cdots②$$
$$m = f'(\alpha)$$
$$= 3\alpha^2 - 6\alpha$$
$$= 3(\alpha^2 - 2\alpha)$$
$$= 3 \quad (②より \alpha^2 - 2\alpha = 1 であるから) \quad \cdots\cdots(\text{答})$$

〔注〕　2点 A，B の x 座標は $x = 1 \pm \sqrt{2}$ であるから，m の値は
$$m = f'(1 \pm \sqrt{2}) = 3(1 \pm \sqrt{2})^2 - 6(1 \pm \sqrt{2}) \quad (\text{複号同順})$$
$$= 3$$
と直接計算してもよい。

参考　一般に，$f(-x) = -f(x)$ を満たす関数を奇関数といい，奇関数のグラフは原点に関して対称となる。すべての3次関数は，適当に平行移動することによって，奇関数にすることができる。
$y = x^3 - 3ax^2$ を x 軸方向へ p，y 軸方向へ q だけ平行移動すると
$$y - q = (x - p)^3 - 3a(x - p)^2$$
$$\therefore \quad y = x^3 - 3(p + a)x^2 + 3(p^2 + 2ap)x - p^3 - 3ap^2 + q$$
x^2 の項と定数項を消すように，$p = -a$，$q = p^3 + 3ap^2 = 2a^3$ とすると，$y = x^3 - 3a^2x$ という奇関数ができる。この関数の対称の中心である原点 $(0, \ 0)$ を x 軸方向に a，y 軸方向に $-2a^3$ だけ移動させた点は，平行移動前の関数，すなわち，$y = x^3 - 3ax^2$ における対称の中心の点 $(a, \ -2a^3)$ であり，これは点Cに一致するのである。

90 2009 年度 〔2〕 Level B

(1) 任意の角 θ に対して，$-2 \leq x\cos\theta + y\sin\theta \leq y+1$ が成立するような点 (x, y) の全体からなる領域を xy 平面上に図示し，その面積を求めよ。

(2) 任意の角 α, β に対して，$-1 \leq x^2\cos\alpha + y\sin\beta \leq 1$ が成立するような点 (x, y) の全体からなる領域を xy 平面上に図示し，その面積を求めよ。

ポイント 点 (x, y) の全体からなる領域を xy 平面上に図示するためには，x と y だけの関係式を作ればよい。

(1) 任意の角 θ に対して，$-1 \leq \sin\theta \leq 1$，$-1 \leq \cos\theta \leq 1$ であるが，同時に変化するので，合成によって sin のみで表す。一般に，三角関数 $a\sin\theta + b\cos\theta$ の最大・最小は，三角関数の合成

$a^2 + b^2 \neq 0$ のとき

$$a\sin\theta + b\cos\theta = \sqrt{a^2+b^2}\left(\frac{a}{\sqrt{a^2+b^2}}\sin\theta + \frac{b}{\sqrt{a^2+b^2}}\cos\theta\right)$$
$$= \sqrt{a^2+b^2}(\cos\alpha\sin\theta + \sin\alpha\cos\theta)$$
$$= \sqrt{a^2+b^2}\sin(\theta+\alpha)$$

$\left(\text{ここで，}\alpha \text{ は}\cos\alpha = \dfrac{a}{\sqrt{a^2+b^2}},\ \sin\alpha = \dfrac{b}{\sqrt{a^2+b^2}}\text{ をみたす角である}\right)$

によって求める。

(2) 任意の角 α, β に対して，$\cos\alpha$, $\sin\beta$ は別々に変化するので，$-1 \leq \cos\alpha \leq 1$，$-1 \leq \sin\beta \leq 1$ を活用する。例えば任意の角 β に対して，$-1 \leq \sin\beta \leq 1$ であるから

　(i) $y \geq 0$ のとき　　　$-y \leq y\sin\beta \leq y$

　(ii) $y \leq 0$ のとき　　　$y \leq y\sin\beta \leq -y$

(i), (ii)より，$-|y| \leq y\sin\beta \leq |y|$ と表せる。

解法

(1) $x^2 + y^2 \neq 0$ のとき

$$x\cos\theta + y\sin\theta = \sqrt{x^2+y^2}\sin(\theta+\gamma) \quad \cdots\cdots①$$

ここで，γ は，$\sin\gamma = \dfrac{x}{\sqrt{x^2+y^2}}$，$\cos\gamma = \dfrac{y}{\sqrt{x^2+y^2}}$ をみたす角である。

任意の角 θ に対して，$-1 \leq \sin(\theta+\gamma) \leq 1$ であるから，①より

$$-\sqrt{x^2+y^2} \leq \sqrt{x^2+y^2}\sin(\theta+\gamma) \leq \sqrt{x^2+y^2}$$

したがって，任意の角 θ に対して，$-2 \leq x\cos\theta + y\sin\theta \leq y+1$ が成立するためには

$$-2 \leq -\sqrt{x^2+y^2} \quad \cdots\cdots②$$

$$\sqrt{x^2+y^2} \leqq y+1 \quad \cdots\cdots ③$$

が同時に成り立てばよい。（これは $x^2+y^2=0$，つまり，$(x,\ y)=(0,\ 0)$ のときも成り立つ。）

②より $\quad \sqrt{x^2+y^2} \leqq 2$ つまり $x^2+y^2 \leqq 4$

③より，$y+1 \geqq 0$ かつ $x^2+y^2 \leqq (y+1)^2$ であるから

$$y \geqq -1 \quad かつ \quad y \geqq \frac{1}{2}x^2 - \frac{1}{2}$$

よって，求める領域は右図の網かけ部分であり，境界も含む。

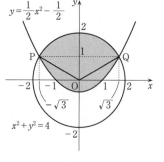

円 $x^2+y^2=4$ と放物線 $y=\frac{1}{2}x^2-\frac{1}{2}$ の交点 P，Q の座標は

$$x^2+\left(\frac{1}{2}x^2-\frac{1}{2}\right)^2 = 4$$

$$(x^2+5)(x^2-3) = 0$$

$$x = \pm\sqrt{3}$$

よって，P$(-\sqrt{3},\ 1)$，Q$(\sqrt{3},\ 1)$ である。

$\angle POQ = \frac{2}{3}\pi$ であるから，求める面積 S は

$$S = \pi \cdot 2^2 \cdot \frac{1}{3} + 2\int_0^{\sqrt{3}} \left\{ \frac{1}{\sqrt{3}}x - \left(\frac{1}{2}x^2 - \frac{1}{2}\right) \right\} dx$$

$$= \frac{4}{3}\pi + 2\left[-\frac{1}{6}x^3 + \frac{1}{2\sqrt{3}}x^2 + \frac{1}{2}x \right]_0^{\sqrt{3}}$$

$$= \frac{4}{3}\pi + 2\left(-\frac{\sqrt{3}}{2} + \frac{\sqrt{3}}{2} + \frac{\sqrt{3}}{2} \right)$$

$$= \frac{4}{3}\pi + \sqrt{3} \quad \cdots\cdots（答）$$

(2) 任意の角 α，β に対して，$-x^2 \leqq x^2\cos\alpha \leqq x^2$，$-|y| \leqq y\sin\beta \leqq |y|$ であるから

$$-x^2 - |y| \leqq x^2\cos\alpha + y\sin\beta \leqq x^2 + |y|$$

したがって，任意の角 α，β に対して，$-1 \leqq x^2\cos\alpha + y\sin\beta \leqq 1$ が成立するためには

$$-1 \leqq -x^2 - |y| \quad \cdots\cdots④$$

$$x^2 + |y| \leqq 1 \quad \cdots\cdots⑤$$

が同時に成り立てばよい。

④，⑤より $\quad |y| \leqq -x^2 + 1$

$y \geqq 0$ のときは $\quad y \leqq -x^2 + 1$

$y \le 0$ のときは $y \ge x^2 - 1$

であるから，求める領域は右図の網かけ部分であり，境界も含む。

よって，求める面積 T は

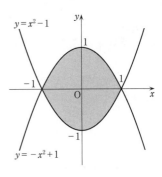

$$T = 2\int_{-1}^{1} (-x^2 + 1)\, dx$$

$$= -2\int_{-1}^{1} (x+1)(x-1)\, dx$$

$$= \frac{2}{6}\{1 - (-1)\}^3$$

$$= \frac{8}{3} \quad \cdots\cdots (\text{答})$$

参考 直線と放物線や，2 つの放物線で囲まれた部分の面積は

$$\int_{\alpha}^{\beta} (x-\alpha)(x-\beta)\, dx = -\frac{1}{6}(\beta - \alpha)^3$$

を活用すると計算が楽である。

91

放物線 $y = ax^2 + bx$ $(a > 0)$ を C とする。C 上に異なる 2 点 P, Q をとり, その x 座標をそれぞれ p, q $(0 < p < q)$ とする。

(1) 線分 OQ と C で囲まれた部分の面積が, $\triangle$OPQ の面積の $\dfrac{3}{2}$ 倍であるとき, p と q の関係を求めよ。ただし, O は原点を表す。

(2) Q を固定して P を動かす。$\triangle$OPQ の面積が最大となるときの p を q で表せ。また, そのときの $\triangle$OPQ の面積と, 線分 OQ と C で囲まれた部分の面積との比を求めよ。

ポイント (1) 3 点 O$(0, 0)$, A(a, b), B(c, d) によってできる $\triangle$OAB の面積は $\dfrac{1}{2}|ad - bc|$ である。座標に文字が含まれるときは, 特に有効であるので, ぜひ心得ておきたい。

また, $\displaystyle\int_{\alpha}^{\beta}(x - \alpha)(x - \beta) = -\dfrac{1}{6}(\beta - \alpha)^3$ も, 放物線が関係する面積計算には有効である。

(2) 「Q を固定する」=「q を定数として扱う」=「$\triangle$OPQ の面積を p の関数とみなす」また, 〔**解法 2**〕のように, 点 P における接線が直線 OQ と平行になることを用いてもよい。

解 法 1

(1)　$C : y = ax^2 + bx$

O$(0, 0)$, P$(p, ap^2 + bp)$, Q$(q, aq^2 + bq)$

$\triangle$OPQ の面積 S は

$$S = \frac{1}{2}|p(aq^2 + bq) - q(ap^2 + bp)|$$

$$= \frac{1}{2}|apq(q - p)|$$

$a > 0$, $0 < p < q$ だから

$$S = \frac{1}{2}apq(q - p) \quad \cdots\cdots①$$

直線 OQ の方程式は, $y = \dfrac{aq^2 + bq}{q}x$ より $\quad y = (aq + b)x$

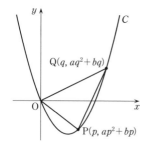

よって，線分 OQ と曲線 C で囲まれた部分の面積 T は

$$T = \int_0^q \{(aq+b)x - (ax^2+bx)\}dx$$

$$= -a\int_0^q x(x-q)\,dx = \frac{aq^3}{6} \quad \cdots\cdots ②$$

与えられた条件から，$T = \frac{3}{2}S$ なので，①，②より

$$\frac{aq^3}{6} = \frac{3}{2} \cdot \frac{1}{2}apq(q-p)$$

$a>0$, $q>0$ より

$$9p^2 - 9pq + 2q^2 = 0$$

$$(3p-q)(3p-2q) = 0$$

$$3p = q \quad \text{または} \quad 3p = 2q$$

よって $q = 3p$ または $q = \dfrac{3}{2}p$ $\cdots\cdots$(答)

(2)　(1)から

$$S = \frac{1}{2}apq(q-p) = \frac{1}{2}aq(-p^2+pq)$$

$$= \frac{1}{2}aq\left\{-\left(p - \frac{q}{2}\right)^2 + \frac{q^2}{4}\right\}$$

$0<p<q$ だから，S は

$$p = \frac{q}{2} \text{ のとき最大} \left(\text{最大値は } S = \frac{aq^3}{8}\right) \quad \cdots\cdots(\text{答})$$

このとき

$$S : T = \frac{aq^3}{8} : \frac{aq^3}{6} = 3 : 4 \quad \cdots\cdots(\text{答})$$

解法 2

(1)　P $(p,\ ap^2+bp)$, Q $(q,\ aq^2+bq)$, 直線 OQ の方
程式は $y = (aq+b)x$ であるから，点 P を通り y 軸に
平行な直線と OQ との交点 R の座標は

$$\text{R}\,(p,\ (aq+b)p)$$

よって，△OPQ の面積 S は

$$S = \frac{1}{2} \cdot \text{PR} \cdot q$$

$$= \frac{1}{2}\{(aq+b)p - (ap^2+bp)\}q$$

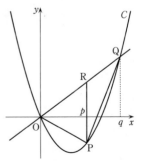

$$= \frac{1}{2} apq(q-p)$$

また，線分 OQ と曲線 C で囲まれた部分の面積 T は

$$T = \int_0^q \{(aq+b)x - (ax^2+bx)\}\, dx$$

$$= a\int_0^q (qx - x^2)\, dx$$

$$= -a\int_0^q x(x-q)\, dx = \frac{aq^3}{6}$$

（以下，〔解法1〕に同じ）

(2) △OPQ の面積 S が最大になるのは，直線 OQ と点Pにおける接線が平行になるときであるから，
$y' = 2ax + b$ より

$$2ap + b = aq + b \quad \text{つまり} \quad p = \frac{q}{2} \quad \cdots\cdots\text{(答)}$$

このとき

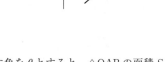

$$S = \frac{1}{2}a \cdot \frac{q}{2} \cdot q\left(q - \frac{q}{2}\right) = \frac{aq^3}{8}$$

$$S : T = \frac{aq^3}{8} : \frac{aq^3}{6} = 3 : 4 \quad \cdots\cdots\text{(答)}$$

参考 $O(0, 0)$，$A(a, b)$，$B(c, d)$，$\overrightarrow{OA}$，$\overrightarrow{OB}$ のなす角を θ とすると，△OAB の面積 S は

$$S = \frac{1}{2}|\overrightarrow{OA}||\overrightarrow{OB}|\sin\theta$$

$$= \frac{1}{2}|\overrightarrow{OA}||\overrightarrow{OB}|\sqrt{1 - \cos^2\theta} \quad (\sin\theta > 0 \text{ より})$$

$$= \frac{1}{2}\sqrt{|\overrightarrow{OA}|^2|\overrightarrow{OB}|^2 - (|\overrightarrow{OA}||\overrightarrow{OB}|\cos\theta)^2}$$

$$= \frac{1}{2}\sqrt{|\overrightarrow{OA}|^2|\overrightarrow{OB}|^2 - (\overrightarrow{OA}\cdot\overrightarrow{OB})^2} \quad \cdots\cdots\text{ⓐ}$$

$$= \frac{1}{2}\sqrt{(a^2+b^2)(c^2+d^2) - (ac+bd)^2}$$

$$= \frac{1}{2}\sqrt{a^2d^2 - 2abcd + b^2c^2}$$

$$= \frac{1}{2}\sqrt{(ad-bc)^2}$$

$$= \frac{1}{2}|ad - bc| \quad \cdots\cdots\text{ⓑ}$$

このⓐとⓑはいつでも使えるようにしておこう。

92

2007 年度 〔4〕

Level B

a を定数とし，$f(x) = x^3 - 3ax^2 + a$ とする。$x \leqq 2$ の範囲で $f(x)$ の最大値が 105 となるような a をすべて求めよ。

ポイント $f'(x) = 0$ を解き，増減表を作成すればよいが，$f'(x) = 0$ の解が $x = 0$, $2a$ であるので，$a < 0$, $a = 0$, $a > 0$ の 3 つの場合についてチェックする。いずれの場合も，極大値とグラフの端点の値 $f(2)$ を比べればよい。ただし，$a = 0$ のときは，$f'(x) \geqq 0$ となり，単調増加になっている。

解 法

$$f'(x) = 3x^2 - 6ax = 3x(x - 2a)$$

$f'(x) = 0$ を解くと　　$x = 0$, $2a$

(i) $a < 0$ のとき

$$f(0) = a$$
$$f(2a) = 8a^3 - 12a^3 + a = -4a^3 + a$$
$$f(2) = 8 - 12a + a = 8 - 11a$$

だから，増減表は下のようになり，$x \leqq 2$ における最大値が 105 となるのは

(ア) $\begin{cases} f(2a) \geqq f(2) \\ f(2a) = 105 \end{cases}$

または

(イ) $\begin{cases} f(2) \geqq f(2a) \\ f(2) = 105 \end{cases}$

x	$\cdots$	$2a$	$\cdots$	0	$\cdots$	2
$f'(x)$	$+$	0	$-$	0	$+$	
$f(x)$	↗	$-4a^3 + a$	↘	a	↗	$8 - 11a$

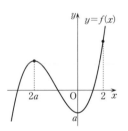

(ア) $f(2a) = 105$ より

$$-4a^3 + a = 105$$
$$4a^3 - a + 105 = 0$$
$$(a + 3)(4a^2 - 12a + 35) = 0$$
$$(a + 3)\left\{ 4\left(a - \frac{3}{2}\right)^2 + 26 \right\} = 0$$

よって　　$a = -3$

このとき，$f(2) = 8 - 11(-3) = 41$ であり，$f(2a) \geqq f(2)$ をみたす。

(イ) $f(2) = 105$ より

$$8 - 11a = 105 \qquad a = -\frac{97}{11}$$

このとき

$$f(2a) = -4\left(-\frac{97}{11}\right)^3 - \frac{97}{11} = 4\left(\frac{97}{11}\right)^3 - \frac{97}{11} > 105$$

したがって，$f(2a) > f(2)$ となるから，不適。

(ii) $a = 0$ のとき

$$f(x) = x^3$$
$$f'(x) = 3x^2 \geqq 0$$

よって，$x \leqq 2$ における最大値は

$$f(2) = 2^3 = 8$$

となり，不適。

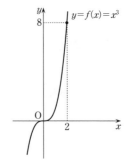

(iii) $a > 0$ のとき，増減表は右のようになる。

$f(2) = 8 - 11a < 8 < 105$ だから，$x \leqq 2$ における最大値が 105 となるのは $x = 0$ のときである。

$$f(0) = a$$

よって　$a = 105$

x	$\cdots$	0	$\cdots$	$2a$	$\cdots$
$f'(x)$	$+$	0	$-$	0	$+$
$f(x)$	$\nearrow$		$\searrow$		$\nearrow$

(i)～(iii)より　　$a = -3,\ 105$　……(答)

93

a, b を正の定数とする。関数 $y = x^3 - ax$ のグラフと，点 $(0,\ 2b^3)$ を通る直線はちょうど 2 点 P，Q を共有している。ただし，P の x 座標は負，Q の x 座標は正である。

(1) 直線 PQ の方程式を a と b で表せ。

(2) P および Q の座標を a と b で表せ。

(3) $\angle POQ = 90°$ となる b が存在するような a の値の範囲を求めよ。ただし，O は原点である。

ポイント (1) 点 $(0,\ 2b^3)$ を通る直線 PQ が 3 次関数 $y = x^3 - ax$ のグラフと 2 点を共有することから，直線 PQ は $y = x^3 - ax$ の接線になっている。

〔解法 1〕 $y = f(x)$ 上の点 $(t,\ f(t))$ における接線が $y - f(t) = f'(t)(x - t)$ であることを用いる

〔解法 2〕 3 次関数と直線 PQ の方程式を連立して得られる 3 次方程式が重解をもつことから，3 つの解を α, α, β として解と係数の関係を用いる

の 2 つの方法がある。

(2) 接点の x 座標が重解であることは常に意識したい。

(3) OP⊥OQ となるから

〔解法 1〕 2 直線 OP，OQ の傾きの積を -1 とする

〔解法 2〕 内積 $\overrightarrow{OP} \cdot \overrightarrow{OQ} = 0$ を活用する

の 2 つの方法がある。

解 法 1

(1) ①：$y = x^3 - ax$ のグラフと点 $(0,\ 2b^3)$ を通る直線 PQ の共有点が 2 個だから，PQ は①の接線である。

$y' = 3x^2 - a$ より，①上の点 $(t,\ t^3 - at)$ における接線の方程式は

$$y - (t^3 - at) = (3t^2 - a)(x - t) \quad \text{つまり} \quad y = (3t^2 - a)x - 2t^3$$

これが点 $(0,\ 2b^3)$ を通るから

$$2b^3 = -2t^3 \quad \text{つまり} \quad t = -b$$

したがって，求める直線の方程式は

$$y = (3b^2 - a)x + 2b^3 \quad \cdots\cdots(答)$$

(2) (1)で求めた直線 PQ の方程式と①を連立させると

$$x^3 - 3b^2 x - 2b^3 = 0 \quad つまり \quad (x+b)^2(x-2b) = 0$$

よって $x = -b, \ 2b$

$x = -b$ のとき $y = -b^3 + ab$, $x = 2b$ のとき $y = 8b^3 - 2ab$

$b > 0$, P の x 座標は負, Q の x 座標は正より

$$P(-b, \ -b^3 + ab), \ Q(2b, \ 8b^3 - 2ab) \quad \cdots\cdots(答)$$

(3) 題意より, OP⊥OQ であるから, OP, OQ の傾きを考えて

$$(b^2 - a)(4b^2 - a) = -1$$

$$4b^4 - 5ab^2 + a^2 + 1 = 0$$

$$4\left(b^2 - \frac{5}{8}a\right)^2 - \frac{9}{16}a^2 + 1 = 0$$

a を定数と考え, 左辺を $f(b)$ とおくと, $f(b)$ は $b^2 = \frac{5}{8}a$ $(a > 0, \ b > 0)$, すなわち

$b = \frac{\sqrt{10a}}{4}$ (>0) のとき, 最小値 $-\frac{9}{16}a^2 + 1$ をとる。

よって, $f(b) = 0$ が解をもつ条件は

$$-\frac{9}{16}a^2 + 1 \leqq 0$$

$$a^2 - \frac{16}{9} \geqq 0$$

$$\left(a - \frac{4}{3}\right)\left(a + \frac{4}{3}\right) \geqq 0$$

$$a \leqq -\frac{4}{3}, \quad \frac{4}{3} \leqq a$$

$a > 0$ より $a \geqq \frac{4}{3}$ $\cdots\cdots(答)$

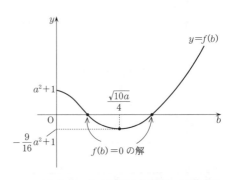

解法 2

(1) 直線 PQ について, 傾きを m とすると, 方程式は $y = mx + 2b^3$ と表される。条件より

$$x^3 - ax = mx + 2b^3 \Longleftrightarrow x^3 - (m+a)x - 2b^3 = 0$$

が異なる 2 つの実数解をもち, そのうちの 1 つは重解である。

これらの解を $x = \alpha$ (重解), β とすると, 3 次方程式の解と係数の関係より

$$\begin{cases} 2\alpha + \beta = 0 & \cdots\cdots ⑦ \\ \alpha^2 + 2\alpha\beta = -(m+a) & \cdots\cdots ④ \\ \alpha^2 \beta = 2b^3 & \cdots\cdots ⑦ \end{cases}$$

㋐, ㋒より $\quad -2a^3 = 2b^3$ つまり $\quad \alpha = -b, \quad \beta = 2b$

㋑より $\quad m = -\alpha^2 - 2\alpha\beta - a = -b^2 - 2(-2b^2) - a = 3b^2 - a$

よって，PQ の方程式は

$$y = (3b^2 - a)x + 2b^3 \quad \cdots\cdots(答)$$

(2) $\alpha = -b < 0$, $\beta = 2b > 0$ より，P，Qの x 座標はそれぞれ $-b$, $2b$ であるから

$$\mathrm{P}(-b, \ -b^3 + ab), \quad \mathrm{Q}(2b, \ 8b^3 - 2ab) \quad \cdots\cdots(答)$$

(3) (2)より

$$\overrightarrow{\mathrm{OP}} = (-b, \ -b^3 + ab), \quad \overrightarrow{\mathrm{OQ}} = (2b, \ 8b^3 - 2ab)$$

$\overrightarrow{\mathrm{OP}} \perp \overrightarrow{\mathrm{OQ}}$ より，$\overrightarrow{\mathrm{OP}} \cdot \overrightarrow{\mathrm{OQ}} = 0$ であるから

$$-b \times 2b + (-b^3 + ab)(8b^3 - 2ab) = 0$$
$$-2b^2(4b^4 - 5ab^2 + a^2 + 1) = 0$$

$b > 0$ より

$$4b^4 - 5ab^2 + a^2 + 1 = 0$$

ここで，$b^2 = X$ とおくと

$$4X^2 - 5aX + a^2 + 1 = 0$$

解と係数の関係より，2解の和は $\dfrac{5a}{4}$，2解の積は $\dfrac{a^2+1}{4}$ となり，ともに正だから，

少なくとも1つの正の解をもつ条件は，判別式を D とすると

$$D = (5a)^2 - 4 \times 4(a^2 + 1)$$

$D \geq 0$ より $\quad 9a^2 - 16 \geq 0$

$$(3a - 4)(3a + 4) \geq 0$$
$$a \leq -\frac{4}{3}, \quad \frac{4}{3} \leq a$$

$a > 0$ だから $\quad a \geq \dfrac{4}{3} \quad \cdots\cdots(答)$

> **参考** 3次方程式 $ax^3 + bx^2 + cx + d = 0$ の3つの解を α, β, γ とすると
> $$ax^3 + bx^2 + cx + d = a(x - \alpha)(x - \beta)(x - \gamma)$$
> となるから，右辺を展開し，係数比較して
> $$\alpha + \beta + \gamma = -\frac{b}{a}, \quad \alpha\beta + \beta\gamma + \gamma\alpha = \frac{c}{a}, \quad \alpha\beta\gamma = -\frac{d}{a}$$
> である。
> 本問でも，〔**解法2**〕の(1)で，解と係数の関係を忘れても
> $$x^3 - (m + a)x - 2b^3 = (x - \alpha)^2(x - \beta)$$
> として係数比較してもよい。

94

a を定数とし，x の 2 次関数 $f(x)$，$g(x)$ を次のように定める。

$$f(x) = x^2 - 3$$

$$g(x) = -2(x-a)^2 + \frac{a^2}{3}$$

⑴　2 つの放物線 $y = f(x)$ と $y = g(x)$ が 2 つの共有点をもつような a の範囲を求めよ。

⑵　⑴で求めた範囲に属する a に対して，2 つの放物線によって囲まれる図形を C_a とする。C_a の面積を a で表せ。

⑶　a が⑴で求めた範囲を動くとき，少なくとも 1 つの C_a に属する点全体からなる図形の面積を求めよ。

ポイント　⑴　2 つの放物線 $y = f(x)$ と $y = g(x)$ が 2 つの共有点をもつのは，$f(x) - g(x) = 0$ の判別式 D が $D > 0$ のときである。

⑵　直線と放物線で囲まれる図形や，2 つの放物線で囲まれる図形の面積は，$\int_{\alpha}^{\beta} (x-\alpha)(x-\beta)\, dx = -\frac{1}{6}(\beta-\alpha)^3$ を用いると計算が簡略化できる。

また，$\beta - \alpha$ の値は解と係数の関係を用いて，$(\beta-\alpha)^2 = (\alpha+\beta)^2 - 4\alpha\beta$ で求めてもよいが，実際に α，β を求めてもよい。

⑶　$y = -2(x-a)^2 + \frac{a^2}{3} \iff 5a^2 - 12xa + 3y + 6x^2 = 0$ をみたす点 (x, y) の存在範囲は，$h(a) = 5a^2 - 12xa + 3y + 6x^2 = 0$ をみたす実数 a が存在する条件を求める。直線や曲線の通過領域を求めるときの常套手段の 1 つである。

解 法

⑴　　$y = f(x) = x^2 - 3$　……①

　　　$y = g(x) = -2(x-a)^2 + \dfrac{a^2}{3} = -2x^2 + 4ax - \dfrac{5a^2}{3}$　……②

①，②より，2 つの放物線の交点の x 座標は

　　　$3x^2 - 4ax + \dfrac{5a^2}{3} - 3 = 0$　……③

の実数解である。

①, ②が 2 つの共有点をもつから, ③の判別式を D とすると

$$\frac{D}{4} = (2a)^2 - 3\left(\frac{5a^2}{3} - 3\right) = -a^2 + 9$$

$D > 0$ より $\qquad a^2 - 9 < 0$

よって

$\qquad -3 < a < 3$ ……(答)

(2) $-3 < a < 3$ のとき, ①, ②の交点の x 座標を α, β $(\alpha < \beta)$ とすると, ③より

$$x = \frac{2a \pm \sqrt{9 - a^2}}{3}$$

よって

$$\alpha = \frac{2a - \sqrt{9 - a^2}}{3}, \qquad \beta = \frac{2a + \sqrt{9 - a^2}}{3}$$

であるから

$$\beta - \alpha = \frac{2}{3}\sqrt{9 - a^2}$$

ここで, 求める面積を S_1 とすると

$$S_1 = \int_\alpha^\beta \{g(x) - f(x)\}\, dx = -\int_\alpha^\beta \left(3x^2 - 4ax + \frac{5}{3}a^2 - 3\right) dx$$

$$= -\int_\alpha^\beta 3(x - \alpha)(x - \beta)\, dx = \frac{3(\beta - \alpha)^3}{6} = \frac{1}{2}\left(\frac{2}{3}\sqrt{9 - a^2}\right)^3$$

$$= \frac{4}{27}(9 - a^2)^{\frac{3}{2}} \quad \cdots\cdots\text{(答)}$$

(3) $y = g(x)$ より

$\qquad 5a^2 - 12xa + 3y + 6x^2 = 0$ ……④

④を a の 2 次方程式とみなすと, これをみたす実数 a が存在する条件は, ④の判別式を D' とすると

$$\frac{D'}{4} = (6x)^2 - 5(3y + 6x^2) = 6x^2 - 15y$$

$D' \geqq 0$ より $\qquad y \leqq \frac{2}{5}x^2$

よって, $y = g(x)$ の通過する点全体は, 放物線 $y = \dfrac{2}{5}x^2$ の下側 (境界を含む) である。

また, $|a| \geqq 3$ のとき, $y = f(x)$ と $y = g(x)$ によって囲まれる図形の面積は 0 だから, 求める面積を S_2 とすると, S_2 は $y = x^2 - 3$ と $y = \dfrac{2}{5}x^2$ で囲まれる部分の面積と等しい。

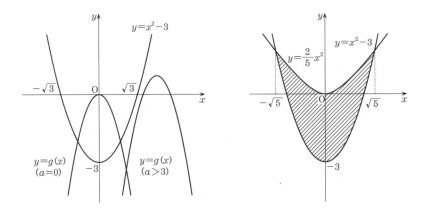

ここで，$y=x^2-3$, $y=\dfrac{2}{5}x^2$ より，2つの放物線の交点の x 座標は

$$\frac{3}{5}x^2-3=0 \quad \text{つまり} \quad x^2=5$$

となるから，$x=\pm\sqrt{5}$ である。
したがって

$$
\begin{aligned}
S_2 &= \int_{-\sqrt{5}}^{\sqrt{5}}\left\{\frac{2}{5}x^2-(x^2-3)\right\}dx \\
&= -\frac{3}{5}\int_{-\sqrt{5}}^{\sqrt{5}}(x+\sqrt{5})(x-\sqrt{5})\,dx \\
&= \frac{3(\sqrt{5}+\sqrt{5})^3}{5\cdot6} \\
&= 4\sqrt{5} \quad\cdots\cdots(\text{答})
\end{aligned}
$$

参考 $y=-2x^2+4ax-\dfrac{5}{3}a^2$ ……②

の通る点 $(x,\ y)$ の存在する範囲は，次のように考えるとよい。②で，a の値を定めると，放物線が1つ定まるが，逆に x, y の値を定めても，それに対応する実数 a の値が1つ定まるとは限らない。例えば，②において，$x=y=0$ とおくと，$a=0$ となる。すなわち，$a=0$ のとき，$y=g(x)=-2x^2$ となり，点 $(0,\ 0)$ を通るが，$x=0$, $y=1$ とおくと，$a^2=-\dfrac{3}{5}$ となり，実数 a は存在しないので $y=g(x)$ は点 $(0,\ 1)$ を通らない。ここで，②を変形して

$$5a^2-12xa+3y+6x^2=0 \quad \text{つまり} \quad a=\frac{6x\pm\sqrt{(6x)^2-5(3y+6x^2)}}{5}$$

この式の x と y にそれぞれの値を代入すると，a が求まるが，それが実数になるのは，判別式 $\dfrac{D'}{4}=(6x)^2-5(3y+6x^2)\geqq0$ のときである。

　直線や曲線の通過領域については，受験参考書などでも調べておこう。

95

a は実数とし、$f(x) = x^3 + ax^2 - 8a^2x$, $g(x) = 3ax^2 - 9a^2x$ とおく。

(1) 曲線 $y=f(x)$ と $y=g(x)$ の共有点Pにおいて両方の曲線と接する直線が存在する。このときPの座標を a で表せ。

(2) 次の条件(i)および(ii)をみたす直線 l が3本存在するような点 (u, v) の範囲を図示せよ。

  (i) l は点 (u, v) を通る。

  (ii) l は曲線 $y=f(x)$ と $y=g(x)$ の共有点Pにおいて両方の曲線と接する。

ポイント (1) 曲線 $y=f(x)$ と $y=g(x)$ の共有点 $P(t, f(t))$ において，両方の曲線と接する直線が存在するとき

  (ア) $f(x) - g(x) = 0$ が重解 $x=t$ をもつ

  (イ) $f(t) = g(t)$ かつ $f'(t) = g'(t)$ が成り立つ

の2つが利用できる。

(2) (i), (ii)をみたす直線 l が3本存在することは，ある a の方程式が異なる3つの実数解をもつことに帰結できる。(1)から(ii)をみたす接線の方程式を導き，(u, v) を代入したあとの式を a の方程式とみればよい。

解法 1

(1)
$$f(x) = x^3 + ax^2 - 8a^2x$$
$$g(x) = 3ax^2 - 9a^2x$$
$$f(x) - g(x) = x^3 - 2ax^2 + a^2x = x(x-a)^2$$

曲線 $y=f(x)$，$y=g(x)$ が共有点で接する条件は，$f(x) - g(x) = 0$ が重解をもつことである。

ゆえに
$$x = a$$
$$f(a) = g(a) = a^3 + a^3 - 8a^3 = -6a^3$$

ただし，$a=0$ のとき，$y=g(x)$ は直線となり，題意に反する。

よって $P(a, -6a^3)$ （ただし，$a \neq 0$） ……(答)

(2) $f'(a) = 3a^2 + 2a^2 - 8a^2 = -3a^2$

点 $P(a, -6a^3)$ における $y=f(x)$ の接線の方程式は

$$y - (-6a^3) = -3a^2(x-a)$$

$$y = -3a^2x - 3a^3 \quad \cdots\cdots ①$$

これが点 (u, v) を通る条件は

$$v = -3a^2u - 3a^3$$

$$3a^3 + 3ua^2 + v = 0 \quad \cdots\cdots ②$$

a についての3次方程式②の実数解1つに対して，①から，接線が1つ得られ，異なる a に対して①は異なる直線を表す。よって，3本の接線が存在する条件は，②が異なる3つの実数解 $(a \neq 0)$ をもつことである。

$h(a) = 3a^3 + 3ua^2 + v$ とおくと

$$h'(a) = 9a^2 + 6ua = 3a(3a + 2u)$$

$h'(a) = 0$ とおくと

$$a = 0, \quad -\frac{2}{3}u$$

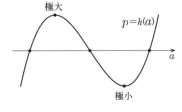

したがって，②が異なる3つの実数解をもつ条件は，$h(a)$ が極値をもち，かつ極大値と極小値が異符号のときであるから

$$\begin{cases} -\dfrac{2}{3}u \neq 0 \\ h(0) \cdot h\left(-\dfrac{2}{3}u\right) < 0 \end{cases}$$

$$v\left(v + \frac{4}{9}u^3\right) < 0 \quad (u \neq 0)$$

すなわち

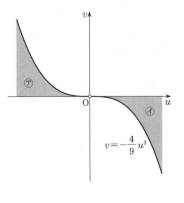

㋐ $\begin{cases} v > 0 \\ v + \dfrac{4}{9}u^3 < 0 \end{cases}$

または

㋑ $\begin{cases} v < 0 \\ v + \dfrac{4}{9}u^3 > 0 \end{cases}$

このとき $v \neq 0$ だから $a \neq 0$ をみたす。

よって，求める点 (u, v) の範囲は上図の網かけ部分。ただし，境界を除く。

$\cdots\cdots$(答)

解 法 2

(1)
$$\begin{cases} f(x) = x^3 + ax^2 - 8a^2x \\ g(x) = 3ax^2 - 9a^2x \end{cases}$$

$$\begin{cases} f'(x) = 3x^2 + 2ax - 8a^2 \\ g'(x) = 6ax - 9a^2 \end{cases}$$

共有点 P の x 座標を t とすると，曲線 $y = f(x)$, $y = g(x)$ の両方と接する直線が存在するから

$$\begin{cases} f(t) = g(t) \\ f'(t) = g'(t) \end{cases}$$

すなわち

$$\begin{cases} t^3 + at^2 - 8a^2t = 3at^2 - 9a^2t \\ 3t^2 + 2at - 8a^2 = 6at - 9a^2 \end{cases}$$

整理して

$$\begin{cases} t(t-a)^2 = 0 & \cdots\cdots(\mathcal{ア}) \\ (3t-a)(t-a) = 0 & \cdots\cdots(\mathcal{イ}) \end{cases}$$

(ア)から　　　$t = 0$　または　$t = a$

$t = 0$ のとき，(イ)から　　$a = 0$

このとき，$y = g(x)$ は直線となり，題意に反する。

$t = a$ のとき，(イ)も成り立つ。

また　　$f(a) = g(a) = a^3 + a^3 - 8a^3 = -6a^3$

よって　　$P(a, -6a^3)$　（ただし，$a \neq 0$）　……(答)

§7 データの分析

96 2018年度(後期)〔5〕[Ⅱ] Level B

15個の実数 x_1, x_2, $\cdots$, x_{15} からなるデータがある。このデータの平均値を $\bar{x}$,標準偏差を s とする。

(1) $|x_i - \bar{x}| > 4s$ を満たす x_i は存在しないことを証明せよ。

(2) $|x_i - \bar{x}| > 2s$ を満たす x_i の個数は3以下であることを証明せよ。

> **ポイント** (1)「存在しないことを証明せよ」という否定文の証明は,背理法が有効である。そこで, $|x_i - \bar{x}| > 4s$ を満たす x_i が存在すると仮定して証明をスタートさせる。
> 次に, $s^2 = \dfrac{1}{15}\sum_{i=1}^{15}|x_i - \bar{x}|^2$ ……(*) であるから,(*) が使えるように, $i=1$ とした $|x_1 - \bar{x}| > 4s$ の両辺を2乗するとよい。
> (2) (1)と同様に背理法で示すとよい。そこで, $|x_i - \bar{x}| > 2s$ ……㋐ を満たす x_i が4個以上あると仮定して証明をスタートさせる。(2)でも,(*) が使えるように,㋐に $i=1$, 2, 3, $\cdots$, k を代入した不等式を作り,両辺をそれぞれ2乗するとよい。

解法

$p_i = |x_i - \bar{x}|$ $(i=1, 2, 3, \cdots, 15)$ とおく。
与えられた条件より

$$s^2 = \sum_{i=1}^{15}\frac{|x_i - \bar{x}|^2}{15} = \frac{1}{15}\sum_{i=1}^{15}|x_i - \bar{x}|^2 = \frac{1}{15}\sum_{i=1}^{15}p_i^2 \quad \cdots\cdots①$$

(1) 背理法で示す。
$|x_i - \bar{x}| > 4s$ を満たす x_i が存在すると仮定し,その x_i を x_1 として考えても一般性を失わない。
このとき, $|x_1 - \bar{x}| > 4s$ (>0) の両辺を2乗すると

$$|x_1 - \bar{x}|^2 > 16s^2 \quad \text{すなわち} \quad p_1^2 > 16s^2$$

であるから

$$p_1{}^2 > 16 \cdot \frac{1}{15}\sum_{i=1}^{15} p_i{}^2 \quad (\text{①より})$$

これより

$$15p_1{}^2 > 16\sum_{i=1}^{15} p_i{}^2$$

$$15p_1{}^2 > 16p_1{}^2 + 16\sum_{i=2}^{15} p_i{}^2$$

$$0 > p_1{}^2 + 16\sum_{i=2}^{15} p_i{}^2 \quad \cdots\cdots②$$

ところで，$p_1{}^2 \geqq 0$，$\displaystyle\sum_{i=2}^{15} p_i{}^2 \geqq 0$ より，$p_1{}^2 + 16\displaystyle\sum_{i=2}^{15} p_i{}^2 \geqq 0$ であるから，②に対して矛盾が生じる。

よって，$|x_i - \bar{x}| > 4s$ を満たす x_i は存在しない。　　　　　　（証明終）

(2)　背理法で示す。

$|x_i - \bar{x}| > 2s$ を満たす x_i の個数が 4 以上であると仮定し，それらの x_i を x_1, x_2, x_3, $\cdots$, x_k $(4 \leqq k \leqq 15)$ として考えても一般性を失わない。

このとき，$|x_i - \bar{x}| > 2s \; (>0) \quad (i = 1, 2, 3, \cdots, k)$ の両辺を 2 乗すると

$$|x_i - \bar{x}|^2 > 4s^2 \quad \text{すなわち} \quad p_i{}^2 > 4s^2$$

これより

$$p_1{}^2 + p_2{}^2 + p_3{}^2 + \cdots + p_k{}^2 > 4s^2 + 4s^2 + 4s^2 + \cdots + 4s^2 = 4ks^2$$

$$p_1{}^2 + p_2{}^2 + p_3{}^2 + \cdots + p_k{}^2 > 4k \cdot \frac{1}{15}\sum_{i=1}^{15} p_i{}^2 \quad (\text{①より})$$

$$15(p_1{}^2 + p_2{}^2 + p_3{}^2 + \cdots + p_k{}^2) > 4k\sum_{i=1}^{15} p_i{}^2$$

$$15(p_1{}^2 + p_2{}^2 + p_3{}^2 + \cdots + p_k{}^2) > 4k(p_1{}^2 + p_2{}^2 + p_3{}^2 + \cdots + p_k{}^2) + 4k\sum_{i=k+1}^{15} p_i{}^2$$

$$\left(\text{ただし，} k = 15 \text{ のとき} \sum_{i=k+1}^{15} p_i{}^2 = 0 \text{ とする}\right)$$

$$0 > (4k - 15)(p_1{}^2 + p_2{}^2 + p_3{}^2 + \cdots + p_k{}^2) + 4k\sum_{i=k+1}^{15} p_i{}^2 \quad \cdots\cdots③$$

ところで，$k \geqq 4$ より，$(4k - 15)(p_1{}^2 + p_2{}^2 + p_3{}^2 + \cdots + p_k{}^2) + 4k\displaystyle\sum_{i=k+1}^{15} p_i{}^2 \geqq 0$ であるから，③に対して矛盾が生じる。

よって，$|x_i - \bar{x}| > 2s$ を満たす x_i の個数は 3 以下である。　　　　　　（証明終）

97

x は 0 以上の整数である。次の表は 2 つの科目 X と Y の試験を受けた 5 人の得点をまとめたものである。

	①	②	③	④	⑤
科目 X の得点	x	6	4	7	4
科目 Y の得点	9	7	5	10	9

(1) $2n$ 個の実数 $a_1,\ a_2,\ \cdots,\ a_n,\ b_1,\ b_2,\ \cdots,\ b_n$ について，$a=\dfrac{1}{n}\displaystyle\sum_{k=1}^{n}a_k,\ b=\dfrac{1}{n}\displaystyle\sum_{k=1}^{n}b_k$ とすると，

$$\sum_{k=1}^{n}(a_k-a)(b_k-b)=\sum_{k=1}^{n}a_kb_k-nab$$

が成り立つことを示せ。

(2) 科目 X の得点と科目 Y の得点の相関係数 r_{XY} を x で表せ。

(3) x の値を 2 増やして r_{XY} を計算しても値は同じであった。このとき，r_{XY} の値を四捨五入して小数第 1 位まで求めよ。

ポイント (1) 左辺を計算すると右辺がでてくる。

(2) 相関係数の公式 $r_{xy}=\dfrac{s_{xy}}{\sqrt{s_x{}^2}\sqrt{s_y{}^2}}$ を用いる。このとき，共分散の計算は(1)の等式が使えることに気づけるかがポイントである。また，分散の計算については，次の公式を用いる。

　n 個の値 $x_1,\ x_2,\ \cdots,\ x_n$ からなるデータの平均値を $\bar{x}$，分散を s^2 とすると

$$s^2=\frac{1}{n}\{(x_1-\bar{x})^2+(x_2-\bar{x})^2+\cdots+(x_n-\bar{x})^2\}$$

また，**参考** のように次の公式を用いてもよい。

$$s^2=\frac{1}{n}\{(x_1{}^2+x_2{}^2+\cdots+x_n{}^2)-(\bar{x})^2\}$$

(3) x の値を 2 増やしたときの相関係数が，(2)で求めた相関係数の x を $x+2$ におきかえるだけで求まることに気づけるかがポイントである。

解法

(1) $a=\dfrac{1}{n}\sum\limits_{k=1}^{n}a_k,\ \ b=\dfrac{1}{n}\sum\limits_{k=1}^{n}b_k$ より

$$\sum_{k=1}^{n}a_k=na,\ \ \sum_{k=1}^{n}b_k=nb \quad\cdots\cdots\text{⑦}$$

となるから

$$\sum_{k=1}^{n}(a_k-a)(b_k-b)=\sum_{k=1}^{n}(a_kb_k-ba_k-ab_k+ab)$$

$$=\sum_{k=1}^{n}a_kb_k-b\sum_{k=1}^{n}a_k-a\sum_{k=1}^{n}b_k+ab\sum_{k=1}^{n}1$$

$$=\sum_{k=1}^{n}a_kb_k-b\cdot na-a\cdot nb+ab\cdot n \quad (\text{⑦より})$$

$$=\sum_{k=1}^{n}a_kb_k-nab$$

よって

$$\sum_{k=1}^{n}(a_k-a)(b_k-b)=\sum_{k=1}^{n}a_kb_k-nab \quad\cdots\cdots\text{④} \qquad\qquad (\text{証明終})$$

(2)

	①	②	③	④	⑤
科目Xの得点	x	6	4	7	4
科目Yの得点	9	7	5	10	9

科目X, Yの得点の平均値をそれぞれ $a,\ b$, 得点の分散をそれぞれ $s_X{}^2,\ s_Y{}^2$ とすると

$$a=\frac{x+6+4+7+4}{5}=\frac{x+21}{5}$$

$$b=\frac{9+7+5+10+9}{5}=8$$

$$s_X{}^2=\frac{(x-a)^2+(6-a)^2+(4-a)^2+(7-a)^2+(4-a)^2}{5}$$

$$=\frac{(4x-21)^2+(-x+9)^2+(-x-1)^2+(-x+14)^2+(-x-1)^2}{5\cdot5^2}$$

$$=\frac{4x^2-42x+144}{5^2}$$

$$s_Y{}^2=\frac{(9-b)^2+(7-b)^2+(5-b)^2+(10-b)^2+(9-b)^2}{5}$$

$$=\frac{1^2+(-1)^2+(-3)^2+2^2+1^2}{5}$$

$$=\frac{16}{5}$$

また，科目Xの得点と科目Yの得点の共分散を s_{XY} とし

$$a_1 = x, \quad a_2 = 6, \quad a_3 = 4, \quad a_4 = 7, \quad a_5 = 4$$

$$b_1 = 9, \quad b_2 = 7, \quad b_3 = 5, \quad b_4 = 10, \quad b_5 = 9$$

とおくと

$$s_{XY} = \frac{1}{5} \sum_{k=1}^{5} (a_k - a)(b_k - b)$$

$$= \frac{1}{5} \left(\sum_{k=1}^{5} a_k b_k - 5ab \right) \quad (\text{①に } n = 5 \text{ を代入した})$$

$$= \frac{1}{5} \left(x \cdot 9 + 6 \cdot 7 + 4 \cdot 5 + 7 \cdot 10 + 4 \cdot 9 - 5 \cdot \frac{x+21}{5} \cdot 8 \right)$$

$$= \frac{x}{5}$$

よって

$$r_{XY} = \frac{s_{XY}}{\sqrt{s_X{}^2} \sqrt{s_Y{}^2}}$$

$$= \frac{\dfrac{x}{5}}{\sqrt{\dfrac{4x^2 - 42x + 144}{5^2}} \cdot \sqrt{\dfrac{16}{5}}}$$

$$= \frac{\sqrt{5}\,x}{4\sqrt{4x^2 - 42x + 144}} \quad \cdots\cdots(\text{答})$$

参考 （分散）＝（2乗の平均）−（平均の2乗）を用いて求めてもよい。

$$s_X{}^2 = \frac{x^2 + 6^2 + 4^2 + 7^2 + 4^2}{5} - a^2$$

$$= \frac{x^2 + 117}{5} - \left(\frac{x+21}{5} \right)^2$$

$$= \frac{4x^2 - 42x + 144}{25}$$

$$s_Y{}^2 = \frac{9^2 + 7^2 + 5^2 + 10^2 + 9^2}{5} - b^2$$

$$= \frac{336}{5} - 8^2$$

$$= \frac{16}{5}$$

(3) $x' = x + 2$ とおく。x を x' にしたときの相関係数を $r_{XY}{}'$ とすると，(2)の結果より

$$r_{XY}{}' = \frac{\sqrt{5}\,x'}{4\sqrt{4\,(x')^2 - 42x' + 144}}$$

よって

$$r_{XY}' = \frac{\sqrt{5}\,(x+2)}{4\sqrt{4\,(x+2)^2 - 42\,(x+2) + 144}} = \frac{\sqrt{5}\,(x+2)}{4\sqrt{4x^2 - 26x + 76}}$$

$r_{XY} = r_{XY}'$ のとき

$$\frac{\sqrt{5}\,x}{4\sqrt{4x^2 - 42x + 144}} = \frac{\sqrt{5}\,(x+2)}{4\sqrt{4x^2 - 26x + 76}}$$

$$x\sqrt{4x^2 - 26x + 76} = (x+2)\sqrt{4x^2 - 42x + 144}$$

$$x^2(4x^2 - 26x + 76) = (x+2)^2(4x^2 - 42x + 144)$$

$$12\,(7x^2 - 34x - 48) = 0$$

$$12\,(7x + 8)\,(x - 6) = 0$$

x は 0 以上の整数より

$$x = 6$$

このとき

$$r_{XY} = \frac{\sqrt{5}\cdot 6}{4\sqrt{4\cdot 6^2 - 42\cdot 6 + 144}} = \frac{6\sqrt{5}}{4\sqrt{36}} = \frac{\sqrt{5}}{4}$$

$2.2 < \sqrt{5} < 2.3$ より

$$0.55 < \frac{\sqrt{5}}{4} < 0.575$$

したがって，r_{XY} の値の小数第 2 位を四捨五入して

$$r_{XY} = 0.6 \quad \cdots\cdots(答)$$

98 2015年度 〔5〕[Ⅱ] Level A

a, b, c は異なる3つの正の整数とする。次のデータは2つの科目XとYの試験を受けた10人の得点をまとめたものである。

	①	②	③	④	⑤	⑥	⑦	⑧	⑨	⑩
科目Xの得点	a	c	a	b	b	a	c	c	b	c
科目Yの得点	a	b	b	b	a	a	b	a	b	a

科目Xの得点の平均値と科目Yの得点の平均値とは等しいとする。

(1) 科目Xの得点の分散を s_X^2, 科目Yの得点の分散を s_Y^2 とする。$\dfrac{s_X^2}{s_Y^2}$ を求めよ。

(2) 科目Xの得点と科目Yの得点の相関係数を，四捨五入して小数第1位まで求めよ。

(3) 科目Xの得点の中央値が65，科目Yの得点の標準偏差が11であるとき，a, b, c の組を求めよ。

ポイント (1) （Xの平均値 $\overline{X}$）＝（Yの平均値 $\overline{Y}$）を利用して得られる結果からX，Yの得点の分散 s_X^2, s_Y^2 を a, b のみで表すことを考える。分散の計算については次の公式を用いる。

n 個の値 x_1, x_2, $\cdots$, x_n からなるデータの平均値を $\overline{x}$, 分散を s^2 とすると

$$s^2 = \frac{1}{n}\{(x_1-\overline{x})^2 + (x_2-\overline{x})^2 + \cdots + (x_n-\overline{x})^2\}$$

(2) X，Yの得点の共分散を s_{XY}, 相関係数を r_{XY} とすると，$r_{XY} = \dfrac{s_{XY}}{\sqrt{s_X^2}\sqrt{s_Y^2}}$ であるから，s_{XY} を計算するとよい。共分散の計算については次の公式を用いる。

2つの変量 x, y に関する n 組のデータ

(x_1, y_1), (x_2, y_2), $\cdots$, (x_n, y_n)

に対し，x, y の平均値をそれぞれ $\overline{x}$, $\overline{y}$ とするとき，x, y の共分散を s_{xy} とすると

$$s_{xy} = \frac{1}{n}\{(x_1-\overline{x})(y_1-\overline{y}) + (x_2-\overline{x})(y_2-\overline{y}) + \cdots + (x_n-\overline{x})(y_n-\overline{y})\}$$

(3) $a < c\left(=\dfrac{a+b}{2}\right) < b$ もしくは $b < c\left(=\dfrac{a+b}{2}\right) < a$ になることに注目できるかがポイントである。いずれの場合も中央値は c になるから

$$c = \frac{a+b}{2} = 65 \quad \cdots\cdots ①$$

を得る。あとは，Y の得点の標準偏差 $\sqrt{\left(\dfrac{a-b}{2}\right)^2} = \left|\dfrac{a-b}{2}\right|$ が 11 になることから

$$\left|\frac{a-b}{2}\right| = 11 \quad \cdots\cdots ②$$

を得るので，①，②より a，b の値を求める。

解法

(1) X の平均値を $\overline{\text{X}}$，Y の平均値を $\overline{\text{Y}}$ とおくと

$$\overline{\text{X}} = \frac{1}{10}(3a + 3b + 4c)$$

$$\overline{\text{Y}} = \frac{1}{10}(5a + 5b) = \frac{a+b}{2}$$

$\overline{\text{X}} = \overline{\text{Y}}$ より

$$\frac{1}{10}(3a + 3b + 4c) = \frac{1}{10}(5a + 5b)$$

すなわち

$$c = \frac{a+b}{2} \ (= \overline{\text{X}} = \overline{\text{Y}}) \quad \cdots\cdots ㋐$$

これより，次の表を得る。

	①	②	③	④	⑤	⑥	⑦	⑧	⑨	⑩
X の得点	a	c	a	b	b	a	c	c	b	c
Y の得点	a	b	b	b	a	a	b	a	b	a
$\text{X} - \overline{\text{X}}$	$\dfrac{a-b}{2}$	0	$\dfrac{a-b}{2}$	$\dfrac{b-a}{2}$	$\dfrac{b-a}{2}$	$\dfrac{a-b}{2}$	0	0	$\dfrac{b-a}{2}$	0
$\text{Y} - \overline{\text{Y}}$	$\dfrac{a-b}{2}$	$\dfrac{b-a}{2}$	$\dfrac{b-a}{2}$	$\dfrac{b-a}{2}$	$\dfrac{a-b}{2}$	$\dfrac{a-b}{2}$	$\dfrac{b-a}{2}$	$\dfrac{a-b}{2}$	$\dfrac{b-a}{2}$	$\dfrac{a-b}{2}$

よって

$$s_{\text{X}}^2 = \frac{1}{10}\left\{3 \times \left(\frac{a-b}{2}\right)^2 + 3 \times \left(\frac{b-a}{2}\right)^2\right\} = \frac{3}{5}\left(\frac{a-b}{2}\right)^2$$

$$s_{\text{Y}}^2 = \frac{1}{10}\left\{5 \times \left(\frac{a-b}{2}\right)^2 + 5 \times \left(\frac{b-a}{2}\right)^2\right\} = \left(\frac{a-b}{2}\right)^2 \quad \cdots\cdots ㋑$$

となるから

$$\frac{s_{\text{X}}^2}{s_{\text{Y}}^2} = \frac{\dfrac{3}{5}\left(\dfrac{a-b}{2}\right)^2}{\left(\dfrac{a-b}{2}\right)^2} = \frac{3}{5} \quad \cdots\cdots (答)$$

(2) 求める相関係数は

$$\frac{\frac{1}{10}\left[4\times\left(\frac{a-b}{2}\right)^2+4\times0+2\times\left\{-\left(\frac{a-b}{2}\right)^2\right\}\right]}{\sqrt{\frac{3}{5}\left(\frac{a-b}{2}\right)^2}\times\sqrt{\left(\frac{a-b}{2}\right)^2}}=\frac{\frac{1}{5}}{\sqrt{\frac{3}{5}}}=\frac{\sqrt{15}}{15}$$

ここで，$(3.8)^2<15<(3.9)^2$ より，$3.8<\sqrt{15}<3.9$ であるから

$$0.25<\frac{\sqrt{15}}{15}<0.26$$

したがって，Xの得点とYの得点の相関係数は

$$0.3 \quad \cdots\cdots(答)$$

(3) (i) $a<b$ のとき

$a<c\left(=\dfrac{a+b}{2}\right)<b$ であるから，Xの得点を小さい順に並べると

$$a, \ a, \ a, \ c, \ c, \ c, \ c, \ b, \ b, \ b$$

となる。このとき，中央値は

$$\frac{c+c}{2}=c$$

となるから，条件より

$$c=65$$

これを㋐に代入して

$$\frac{a+b}{2}=65 \quad \cdots\cdots㋒$$

また，Yの得点の標準偏差が 11 であることと㋑より

$$s_Y=\left|\frac{a-b}{2}\right|=11$$

$a<b$ より

$$\frac{b-a}{2}=11 \quad \cdots\cdots㋓$$

㋒，㋓より

$$a=54, \ b=76$$

(ii) $a>b$ のとき

(i)と同様に考えて　　$c=65, \ a=76, \ b=54$

したがって，$a, \ b, \ c$ の組は

$$(a, \ b, \ c)=(54, \ 76, \ 65), \ (76, \ 54, \ 65) \quad \cdots\cdots(答)$$

（これらは異なる3つの正の整数という条件を満たす）

§8 その他の項目

99 2020 年度 〔2〕 Level A

a を定数とし，$0 \leq \theta < \pi$ とする。方程式

$$\tan 2\theta + a\tan\theta = 0$$

を満たす θ の個数を求めよ。

ポイント $\tan 2\theta + a\tan\theta = 0$ を，正接の2倍角の公式を用いて，$\tan\theta$ についての方程式となるように式変形し，それを解くことによって，$\tan\theta = \alpha$ の形を作って解 θ の個数を a の値に応じて求めるとよい。このとき，θ の定義域に注意する。

解 法

$$\tan 2\theta + a\tan\theta = 0 \quad \cdots\cdots ①$$

$0 \leq \theta < \pi$ より，$0 \leq 2\theta < 2\pi$ であるから，θ の定義域は

$$2\theta \neq \frac{\pi}{2}, \ \frac{3}{2}\pi \quad \text{かつ} \quad \theta \neq \frac{\pi}{2}$$

すなわち

$$0 \leq \theta < \frac{\pi}{4}, \ \frac{\pi}{4} < \theta < \frac{\pi}{2}, \ \frac{\pi}{2} < \theta < \frac{3}{4}\pi, \ \frac{3}{4}\pi < \theta < \pi \quad \cdots\cdots ②$$

(i) $a = 0$ のとき

①は，$\tan 2\theta = 0$ となり，②より，$\theta = 0$ である。

よって，①の解 θ の個数は

$$1 \text{ 個}$$

(ii) $a \neq 0$ のとき

①は，②のとき

$$\frac{2\tan\theta}{1 - \tan^2\theta} + a\tan\theta = 0$$

$$2\tan\theta + a(1 - \tan^2\theta)\tan\theta = 0$$

$$\{2 + a(1 - \tan^2\theta)\}\tan\theta = 0$$

$$(2 + a - a\tan^2\theta)\tan\theta = 0$$

と変形できるから

$$\tan\theta = 0, \ \tan^2\theta = \frac{2+a}{a} \quad \cdots\cdots ③$$

(ア) $\dfrac{2+a}{a} \leqq 0$, すなわち, $-2 \leqq a < 0$ のとき

③は

$\tan\theta = 0$ （$a = -2$ のとき, ③は, $\tan\theta = 0$, $\tan^2\theta = 0$ より $\tan\theta = 0$）

となるから, ②より, $\theta = 0$ である。

よって, ①の解 θ の個数は 　　1個

(イ) $\dfrac{2+a}{a} > 0$, すなわち, $a < -2$, $a > 0$ のとき

③は, $a < -2$, $a > 0$ に注意すると

$\tan\theta = 0$

$\tan\theta = \pm\sqrt{\dfrac{2+a}{a}}$ 　（$\neq \pm 1$）

となるから, ②より, ①の解 θ の個数は 　　3個

したがって, ①の解 θ の個数は, (i), (ii)より

$\begin{cases} -2 \leqq a \leqq 0 \text{ のとき} & 1個 \\ a < -2, \ a > 0 \text{ のとき} & 3個 \end{cases}$ ……(答)

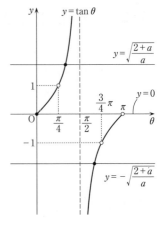

〔注〕 $a = 0$ のとき, ①を

$\tan 2\theta = 0$ 　$\left(\text{定義域は } \theta \neq \dfrac{\pi}{4}, \ \dfrac{3}{4}\pi\right)$

と解釈した場合, 解 θ は 0 と $\dfrac{\pi}{2}$ の 2 個となり, 答えは

$\begin{cases} -2 \leqq a < 0 \text{ のとき} & 1個 \\ a = 0 \text{ のとき} & 2個 \\ a < -2, \ a > 0 \text{ のとき} & 3個 \end{cases}$

となる。

100

$P(0)=1$，$P(x+1)-P(x)=2x$ を満たす整式 $P(x)$ を求めよ。

ポイント　このように整式 $P(x)$ が全くわからない問題では，まず次数を求めるところ
から始めるのが定石である。

そのために，$P(x)=a_nx^n+a_{n-1}x^{n-1}+\cdots+a_0$ $(a_n\neq0)$ とおく（このとき，整式が定数に
なることがあるかどうか必ずチェックすること）。次数に関する方程式を作り，次数を
求める。うまくいかない場合は両辺の最高次数の係数に関する方程式を作り，次数を求
める。次数が決まれば，$P(x)$ を適切に文字置きし，与えられた等式に代入して $P(x)$
を求める。また，〔解法2〕のように，x を 0 以上の整数 n に変更し，$p_{n+1}=p_n+q(n)$
のタイプの漸化式に帰着させ，次の「整式の一致の定理」を用いて導いてもよい。

＜整式の一致の定理＞
　$f(x)$ と $g(x)$ はともに n 次以下の整式とする。このとき，相異なる $n+1$ 個の値
α_i $(i=1,\ 2,\ \cdots,\ n+1)$ に対して
$$f(\alpha_1)=g(\alpha_1),\ f(\alpha_2)=g(\alpha_2),\ \cdots,\ f(\alpha_{n+1})=g(\alpha_{n+1})$$
が成り立つならば，$f(x)=g(x)$ は x についての恒等式である。

解　法　1

$$P(x+1)-P(x)=2x \quad (P(x) \text{ は整式}) \quad \cdots\cdots①$$

・$P(x)$ が定数のとき
$$P(x+1)-P(x)=0$$
であるから，①を満たさない。

・$P(x)$ が n 次式（$n\geq1$）のとき
$$P(x)=a_nx^n+a_{n-1}x^{n-1}+a_{n-2}x^{n-2}+\cdots+a_1x+a_0 \quad (a_n\neq0)$$
とおくと
$$\begin{aligned}P(x+1)-P(x)&=\{a_n(x+1)^n+a_{n-1}(x+1)^{n-1}+\cdots+a_1(x+1)+a_0\}\\&\quad-(a_nx^n+a_{n-1}x^{n-1}+\cdots+a_1x+a_0)\\&=a_n\{(x+1)^n-x^n\}+a_{n-1}\{(x+1)^{n-1}-x^{n-1}\}+\cdots+a_1\{(x+1)-x\}\\&=a_n(nx^{n-1}+\cdots+1)+a_{n-1}\{(n-1)x^{n-2}+\cdots+1\}+\cdots+a_1\\&=na_nx^{n-1}+g(x)\end{aligned}$$
$$\left(\begin{array}{ll}\text{ただし，}n=1\text{ のとき} & g(x)=0\\ n\geq2\text{ のとき} & g(x)=(n-2\text{ 次以下の整式})\end{array}\right)$$
$na_n\neq0$ であるから，①において最高次数を比べると
$$n-1=1 \quad \text{つまり} \quad n=2$$
これより，$P(x)$ は2次の整式とわかるから

$$P(x) = ax^2 + bx + c \quad (a \neq 0)$$

とおくことができ，①に代入すると

$$\{a(x+1)^2 + b(x+1) + c\} - (ax^2 + bx + c) = 2x$$

$$2ax + (a+b) = 2x$$

これは x についての恒等式であるから，両辺の係数を比べて

$$2a = 2 \quad かつ \quad a+b=0$$

すなわち

$$a=1, \ b=-1$$

よって　　$P(x) = x^2 - x + c$

さらに，$P(0) = 1$ であるから

$$c = 1$$

したがって，求める整式 $P(x)$ は

$$P(x) = x^2 - x + 1 \quad \cdots\cdots(答)$$

解法 2

$$P(0) = 1, \ P(x+1) - P(x) = 2x \quad (P(x) は整式) \quad \cdots\cdots ⑦$$

x を 0 以上の整数 n に限定して考えると，⑦は

$$P(0) = 1, \ P(n+1) - P(n) = 2n$$

これより，数列 $\{P(n)\}$ $(n=0, \ 1, \ 2, \ \cdots)$ の階差数列の一般項が $2n$ であることがわかるから，$n \geq 1$ のとき

$$P(n) = P(0) + \sum_{k=0}^{n-1} 2k = P(0) + \sum_{k=1}^{n-1} 2k = 1 + 2 \cdot \frac{1}{2}(n-1)n$$

$$= n^2 - n + 1 \quad \cdots\cdots ④$$

これは $n=0$ のときも成り立つ。

ここで，x の 2 次式 $f(x) = x^2 - x + 1$ を考えると，④より

$$P(0) = f(0), \ P(1) = f(1), \ P(2) = f(2), \ \cdots, \ P(n) = f(n), \ \cdots$$

が成り立つ。

$P(x)$ も $f(x)$ も整式であるから，$P(x)$ が何次式であっても，整式の一致の定理より，任意の実数 x に対して

$$P(x) = f(x) \quad \cdots\cdots ⑨$$

が成り立つ。

よって，⑨は x についての恒等式であるから

$$P(x) = x^2 - x + 1 \quad \cdots\cdots(答)$$

101

　平面上の2つのベクトル $\vec{a}$ と $\vec{b}$ は零ベクトルではなく、$\vec{a}$ と $\vec{b}$ のなす角度は $60°$ である。このとき

$$r = \frac{|\vec{a} + 2\vec{b}|}{|2\vec{a} + \vec{b}|}$$

のとりうる値の範囲を求めよ。

ポイント　ベクトルの大きさを考えるので、$r^2 = \dfrac{|\vec{a} + 2\vec{b}|^2}{|2\vec{a} + \vec{b}|^2}$ について調べるとよいが、

$r^2 = \dfrac{a^2 + 2ab + 4b^2}{4a^2 + 2ab + b^2}$ となり、分子、分母が2次の同次式（すべての項が同じ次数である多項式のこと）になる。そこで、変数を2個から1個に減らすために分子、分母を a^2（もしくは b^2）で割って、$x = \dfrac{b}{a}$ $\left(\text{もしくは } x = \dfrac{a}{b}\right)$ とおくとよい。あとは、x についての方程式とみて「正の解 x をもつ」という存在条件に帰着し、判別式の符号（頂点の y 座標の符号でもよい）、軸の範囲、端点の符号の3点に注目して場合分けを行いながら r の値の範囲を求めるとよい。

解 法

$r = \dfrac{|\vec{a} + 2\vec{b}|}{|2\vec{a} + \vec{b}|}$ より　　$r \geqq 0$

$|\vec{a}| = a\ (>0)$，$|\vec{b}| = b\ (>0)$ とおくと

$$\vec{a} \cdot \vec{b} = a \times b \times \cos 60° = \frac{1}{2}ab$$

であるから

$$r^2 = \frac{|\vec{a} + 2\vec{b}|^2}{|2\vec{a} + \vec{b}|^2} = \frac{|\vec{a}|^2 + 4\vec{a} \cdot \vec{b} + 4|\vec{b}|^2}{4|\vec{a}|^2 + 4\vec{a} \cdot \vec{b} + |\vec{b}|^2} = \frac{a^2 + 2ab + 4b^2}{4a^2 + 2ab + b^2}$$

$a > 0$，$b > 0$ より、$r^2 > 0$ であり、これと $r \geqq 0$ より　　$r > 0$　……①

ここで、分子、分母を $a^2\ (\neq 0)$ で割ると

$$r^2 = \frac{\dfrac{a^2 + 2ab + 4b^2}{a^2}}{\dfrac{4a^2 + 2ab + b^2}{a^2}} = \frac{1 + 2\dfrac{b}{a} + 4\left(\dfrac{b}{a}\right)^2}{4 + 2\dfrac{b}{a} + \left(\dfrac{b}{a}\right)^2}$$

となるから，$x=\dfrac{b}{a}$ （>0）とおくと

$$r^2=\dfrac{1+2x+4x^2}{4+2x+x^2}$$

$$(r^2-4)\,x^2+2\,(r^2-1)\,x+4r^2-1=0 \quad \cdots\cdots②$$

これより，②を x についての方程式とみたとき，②が少なくとも 1 つ正の実数解をもつような r のとりうる値の範囲を求めればよい。

$r^2\neq4$ のとき

$$f(x)=(r^2-4)\,x^2+2\,(r^2-1)\,x+4r^2-1$$

とおくと，放物線 $y=f(x)$ の軸の方程式は，$x=\dfrac{r^2-1}{4-r^2}$ である。

また，$f(x)=0$ の判別式を D とする。

(i) $r^2-4=0$ かつ①，つまり，$r=2$ のとき

②は $6x+15=0$ となり，負の解 $x=-\dfrac{5}{2}$ のみをもつから，$r=2$ は適さない。

(ii) $r^2-4>0$ かつ①，つまり，$r>2$ のとき

$y=f(x)$ のグラフは下に凸の放物線であり

$$\text{軸}：x=\dfrac{r^2-1}{4-r^2}<0, \quad y\text{切片}：f(0)=4r^2-1>0$$

よって，$y=f(x)$ のグラフは x 軸の正の部分と共有点をもたないから，$r>2$ は適さない。

(iii) $r^2-4<0$ かつ①，つまり，$0<r<2$ のとき

(ア) $\dfrac{r^2-1}{4-r^2}>0$，つまり，$1<r<2$ のとき

$y=f(x)$ のグラフが x 軸の正の部分と共有点をもつ条件は

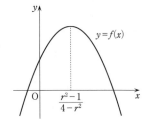

$$D\geqq0 \quad \text{すなわち} \quad \dfrac{D}{4}\geqq0$$

であるから

$$\dfrac{D}{4}=(r^2-1)^2-(r^2-4)(4r^2-1)\geqq0$$

$$r^4-5r^2+1\leqq0$$

$$\dfrac{5-\sqrt{21}}{2}\leqq r^2\leqq\dfrac{5+\sqrt{21}}{2}$$

$1<r<2$ より，$1<r^2<4$ との共通部分をとって

$$1<r^2<4$$

よって

$$1 < r < 2$$

(イ) $\dfrac{r^2-1}{4-r^2} \leqq 0$, つまり, $0 < r \leqq 1$ のとき

$y = f(x)$ のグラフが x 軸の正の部分と共有点をもつ条件は

$$f(0) > 0$$

であるから

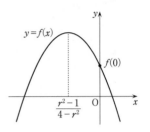

$$f(0) = 4r^2 - 1 > 0$$

$$(2r+1)(2r-1) > 0$$

$$r < -\dfrac{1}{2}, \ \dfrac{1}{2} < r$$

$0 < r \leqq 1$ との共通部分をとって

$$\dfrac{1}{2} < r \leqq 1$$

したがって, (ⅰ), (ⅱ), (ⅲ)(ア), (ⅲ)(イ)をあわせて, r のとりうる値の範囲は

$$\dfrac{1}{2} < r < 2 \quad \cdots\cdots(答)$$

102

3 次方程式 $x^3+ax^2+bx+c=0$ は異なる 3 つの解 p, q, r をもつ。さらに，$2p^2-1$, $2q-1$, $2r-1$ も同じ方程式の異なる 3 つの解である。a, b, c, p, q, r の組をすべて求めよ。

ポイント　3 次方程式 $x^3+ax^2+bx+c=0$ が異なる 3 つの解 p, q, r をもつから

$$x^3+ax^2+bx+c=(x-p)(x-q)(x-r)$$
$$=x^3-(p+q+r)x^2+(pq+qr+rp)x-pqr$$

係数比較して

$$p+q+r=-a, \quad pq+qr+rp=b, \quad pqr=-c$$

である。p, q, r が $2p^2-1$, $2q-1$, $2r-1$ と 1 対 1 に対応することより，p, q, r の値を求める。

解 法

p, q, r はすべて異なり，p, q, r が $2p^2-1$, $2q-1$, $2r-1$ と 1 対 1 に対応するから，その組み合わせは下表の 6 通りがある。

	(i)	(ii)	(iii)	(iv)	(v)	(vi)
$2p^2-1$	p	p	q	q	r	r
$2q-1$	q	r	p	r	p	q
$2r-1$	r	q	r	p	q	p

(i)〜(vi)のそれぞれについて，p, q, r の値を求める。

(i) $2q-1=q$ より　　$q=1$

$2r-1=r$ より　　$r=1$

p, q, r は異なる 3 つの解なので，不適。

(ii) $\begin{cases} 2q-1=r \\ 2r-1=q \end{cases}$ より　　$q=1$, $r=1$

よって，(i)と同じく不適。

(iii) $2r-1=r$ より　　$r=1$

$\quad 2p^2-1=q$　……①

$\quad 2q-1=p$　……②

②を①に代入して，整理すると

$\quad (q-1)(8q-1)=0$　つまり　$q=1, \dfrac{1}{8}$

$q \neq r$ より $\qquad q = \dfrac{1}{8}$

②より $\qquad p = -\dfrac{3}{4}$

よって $\qquad (p,\ q,\ r) = \left(-\dfrac{3}{4},\ \dfrac{1}{8},\ 1\right)$

(iv) $\qquad 2p^2 - 1 = q \quad \cdots\cdots$③

$\qquad\qquad 2q - 1 = r \quad \cdots\cdots$④

$\qquad\qquad 2r - 1 = p \quad \cdots\cdots$⑤

④より $\qquad q = \dfrac{1}{2}r + \dfrac{1}{2} \quad \cdots\cdots$④′

④′と⑤を③に代入して整理すると

$\qquad (r-1)(16r-1) = 0 \quad$ つまり $\quad r = 1,\ \dfrac{1}{16}$

④′, ⑤より

$r = 1$ のとき $\qquad p = 1,\ q = 1$

$r = \dfrac{1}{16}$ のとき $\qquad p = -\dfrac{7}{8},\ q = \dfrac{17}{32}$

よって $\qquad (p,\ q,\ r) = \left(-\dfrac{7}{8},\ \dfrac{17}{32},\ \dfrac{1}{16}\right)$

(v) (iv)と同様にして $\qquad (p,\ q,\ r) = \left(-\dfrac{7}{8},\ \dfrac{1}{16},\ \dfrac{17}{32}\right)$

(vi) (iii)と同様にして $\qquad (p,\ q,\ r) = \left(-\dfrac{3}{4},\ 1,\ \dfrac{1}{8}\right)$

3次方程式 $x^3 + ax^2 + bx + c = 0$ の異なる3つの解が $p,\ q,\ r$ であるから，解と係数の関係より

$\qquad a = -(p+q+r), \qquad b = pq + qr + rp, \qquad c = -pqr$

(i)〜(vi)で得られた $(p,\ q,\ r)$ の4つの組について，$(a,\ b,\ c)$ の値を求めると

$(a,\ b,\ c,\ p,\ q,\ r) = \left(-\dfrac{3}{8},\ -\dfrac{23}{32},\ \dfrac{3}{32},\ -\dfrac{3}{4},\ \dfrac{1}{8},\ 1\right),$

$\qquad\qquad \left(\dfrac{9}{32},\ -\dfrac{249}{512},\ \dfrac{119}{4096},\ -\dfrac{7}{8},\ \dfrac{17}{32},\ \dfrac{1}{16}\right),$

$\qquad\qquad \left(\dfrac{9}{32},\ -\dfrac{249}{512},\ \dfrac{119}{4096},\ -\dfrac{7}{8},\ \dfrac{1}{16},\ \dfrac{17}{32}\right),$

$\qquad\qquad \left(-\dfrac{3}{8},\ -\dfrac{23}{32},\ \dfrac{3}{32},\ -\dfrac{3}{4},\ 1,\ \dfrac{1}{8}\right) \quad \cdots\cdots$(答)

§9 複素数平面

103 2004年度 〔3〕

複素数平面上に異なる3点 z, z^2, z^3 がある。

(1) z, z^2, z^3 が同一直線上にあるような z をすべて求めよ。

(2) z, z^2, z^3 が二等辺三角形の頂点になるような z の全体を複素数平面上に図示せよ。また、z, z^2, z^3 が正三角形の頂点になるような z をすべて求めよ。

解法

z, z^2, z^3 はそれぞれ異なることから
$$z^2 \neq z, \quad z^3 \neq z^2, \quad z^3 \neq z$$
すなわち
$$\begin{cases} z(z-1) \neq 0 \\ z^2(z-1) \neq 0 \\ z(z-1)(z+1) \neq 0 \end{cases}$$
よって　$z \neq 0,\ 1,\ -1$　……($*$)

(1) このとき、z, z^2, z^3 が同一直線上にあるための条件は
$$\frac{z^3-z^2}{z-z^2} = \frac{-z(z-z^2)}{z-z^2} = -z$$
が実数となることである。
すなわち、z も実数となるから
　　z は、$0,\ 1,\ -1$ 以外の実数　……(答)

(2) z, z^2, z^3 の表す点をそれぞれ A, B, C とすると、△ABC が2等辺三角形になるのは、3点 A, B, C が同一直線上になく、すなわち、z が実数でなく、AB = AC、または AB = BC、または BC = AC のときである。
AB = AC のとき
$$|z^2-z| = |z^3-z|$$
$$|z||z-1| = |z||z-1||z+1|$$

(＊)から $\quad |z+1|=1 \quad\cdots\cdots①$

AB＝BC のとき

$$|z^2-z|=|z^3-z^2|$$

$$|z||z-1|=|z|^2|z-1|$$

(＊)から $\quad |z|=1 \quad\cdots\cdots②$

BC＝AC のとき

$$|z^3-z^2|=|z^3-z|$$

$$|z|^2|z-1|=|z||z-1||z+1|$$

(＊)から $\quad |z|=|z+1| \quad\cdots\cdots③$

よって，求める z は，①，②，③より，中心 -1 で半径 1 の円，または，中心が原点で半径 1 の円，または，2 点 0，-1 を両端とする線分の垂直二等分線上の点である。ただし，実軸上の点を除く。

よって，下図の実線部分で，白丸を除く。

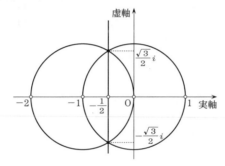

また，△ABC が正三角形となるのは，AB＝BC＝CA のときで，①，②，③の交点となる。

よって

$$z=-\frac{1}{2}\pm\frac{\sqrt{3}}{2}i \quad\cdots\cdots(答)$$

年度別出題リスト